"十四五"时期
国家重点出版物出版专项规划项目

**航天先进技术
研究与应用系列**

王子才　总主编

航天器尺寸稳定结构设计
与验证

Design and Verification of Dimensionally
Stable Spacecraft Structures

罗文波　张新伟　高　峰　著

哈尔滨工业大学出版社
HARBIN INSTITUTE OF TECHNOLOGY PRESS

内 容 简 介

本书较全面地介绍了航天器尺寸稳定结构设计与验证方面的知识与方法,包括尺寸稳定结构设计过程中内部自身影响的品质因素和外部影响的环境因素的作用,以及材料的选择、设计流程、仿真与验证等方面的内容。

本书可供从事航天器尺寸稳定性研究的相关工作人员参考,也可作为高等院校相关领域的研究生和高年级本科生的教学参考书。

图书在版编目(CIP)数据

航天器尺寸稳定结构设计与验证/罗文波,张新伟,高峰著. —哈尔滨:哈尔滨工业大学出版社,2023.1
(航天先进技术研究与应用系列)
ISBN 978 - 7 - 5767 - 0474 - 7

Ⅰ.①航…　Ⅱ.①罗…②张…③高…　Ⅲ.①航天器-形态稳定性-结构设计　Ⅳ.①V47

中国版本图书馆 CIP 数据核字(2022)第 254523 号

航天器尺寸稳定结构设计与验证
HANGTIANQI CHICUN WENDING JIEGOU SHEJI YU YANZHENG

策划编辑　许雅莹　李长波
责任编辑　张　颖　苗金英
封面设计　刘长友
出版发行　哈尔滨工业大学出版社
社　　址　哈尔滨市南岗区复华四道街 10 号　邮编 150006
传　　真　0451—86414749
网　　址　http://hitpress.hit.edu.cn
印　　刷　哈尔滨博奇印刷有限公司
开　　本　720 mm×1 020 mm　1/16　印张 16.75　字数 326 千字
版　　次　2023 年 1 月第 1 版　2023 年 1 月第 1 次印刷
书　　号　ISBN 978 - 7 - 5767 - 0474 - 7
定　　价　98.00 元

(如因印装质量问题影响阅读,我社负责调换)

前言

　　尺寸稳定结构(dimensionally stable structure)是指在各种环境条件下具有良好形状、尺寸保持能力的结构零部件或装配体,结构的这一特性称为尺寸稳定性(Dimensional Stability,DS)。尺寸稳定性可以表征结构保持与其性能相关几何特性的能力。

　　作者最早接触到结构尺寸稳定性这一概念可以追溯到 2009 年资源三号卫星结构的研制。当时是将尺寸稳定结构设计作为一个单纯的热变形抑制问题对待。但随着研究的深入,逐渐发现热变形仅仅是结构尺寸稳定性问题的一部分,而后者是涉及材料、环境、设计、分析和试验验证多方面的综合性技术。在解决问题的过程中,也发现了相关文献的匮乏,虽然各个单项研究的文献较多,但几乎没有对航天器尺寸稳定结构设计进行系统性论述的文献。比较欣慰的是,经过十余年不间断的努力,在结构尺寸稳定结构研制方面已经有了不小的进步。这期间,开发了国内最早的具有自主知识产权的温度场映射软件,打通了目前航天领域所有热分析软件与结构分析软件的接口,实现了航天器全寿命周期的时域和频域在轨热变形分析;开展了国内最早的测量精度达到亚微米的整星级热变形试验;研制的高分七号卫星结构保证了有效载荷成像期间的夹角指向精度优于 0.5"。考虑到相关资料的匮乏,作者希望把自己的经验和对尺寸稳定性问题的理解分享给同行,共同促进我国相关领域专业技术的发展。与此同时,随着航天器性能的提高,对航天器结构尺寸稳定性的要求逐年增加。以遥感卫星为例,其分辨率与尺寸稳定性的指标之间存在高度相关性,而遥感卫星分辨率大概是每 15 年提高一个数量级,对尺寸稳定性要求的提高也是大势所趋,因此,适时对航天器尺寸稳定结构设计的知识进行总结归纳,作为专门的技术门类进行相关知识的推广是必须和必要的。

本书系统全面地描述了航天器结构尺寸稳定性设计与验证相关的影响因素、设计中的材料选择、高稳定性结构的设计、仿真和试验验证方法等方面的内容,汇集了作者在航天器尺寸稳定性方面的最新研究成果。

全书共分为 17 章,第 1 章主要介绍尺寸稳定性的概念、分类及特点,给出了尺寸稳定性问题的系统动力学描述,简要介绍了航天器尺寸稳定结构的研制流程。第 2 章介绍尺寸稳定性的各种内部影响因素,即品质因素对尺寸稳定结构设计的影响。第 3 章介绍尺寸稳定性的各种外部影响因素,即环境因素对尺寸稳定结构设计的影响。第 4 章介绍尺寸稳定结构设计中的常用材料及应用实例。第 5 章介绍尺寸稳定结构设计流程等方面的内容。第 6 章介绍复合材料层合结构、桁架结构、蜂窝板等尺寸稳定结构的构件设计。第 7 章介绍尺寸稳定结构变形主动控制方面的内容。第 8 章介绍尺寸稳定结构分析流程、指标定义、载荷分析和工况制订等方面的内容。第 9 章介绍尺寸稳定结构作为航天器结构需要进行的通用分析方面的内容。第 10 章介绍热弹性分析、湿弹性分析和重力释放分析等尺寸稳定结构分析方法。第 11 章介绍尺寸稳定结构不确定性分析方法。第 12 章介绍基于贡献度的关键部件(区域)识别。第 13 章介绍基于温度场反演的在轨尺寸稳定性分析。第 14 章介绍基于神经网络的在轨变形反演。第 15 章介绍尺寸稳定结构验证流程。第 16 章介绍尺寸稳定结构的变形测量方法。第 17 章对航天器尺寸稳定结构的技术发展做了展望。

本书由罗文波、张新伟、高峰撰写并负责全书的统稿与审校。下列人员在本书部分章节的撰写过程中做出了重要贡献:第 1 章,刘国青;第 2~4 章,白刚;第 5 章,张玲;第 6 章,白刚、张玲、周浩;第 7 章,王晓宇;第 10 章,钱志英;第 11 章,刘国青;第 14 章,王丁;第 16 章,蔡铮。同时感谢北京理工大学郭晓岗副教授、湖南大学韦凯副教授针对点阵结构设计部分提供的宝贵素材,感谢王颖对环境相关内容的校对。

由于作者水平有限,书中难免有不妥之处,如有任何意见与建议,敬请与作者联系(luowb999@sohu.com)。

作 者

2022 年 10 月

目录

第 1 章

绪　论

1.1　概念与内涵

尺寸稳定结构(dimensionally stable structure)是指在各种环境条件下具有良好形状、尺寸保持能力的结构零部件或装配体,结构的这一特性称为尺寸稳定性(Dimensional Stability,DS)。尺寸稳定性可以表征结构保持与其性能相关几何特性的能力。

由温度或吸水引起的结构或材料尺寸变化是日常生活中最直观表现的尺寸稳定性例子,对相应特性的研究与利用有数千年的悠久历史,但是,将材料或结构尺寸变化过程中不同的现象、规律进行归纳总结,得到具有普适性的理论和方法,探究其机理,研究其应用,将尺寸稳定性研究作为一个比较独立的学术研究方向,则是近 50 年才开始的。尺寸稳定性研究大概可以分成以下三个阶段。

第一阶段,20 世纪 70 年代以前,该领域以研究各向同性的金属与合金材料的尺寸稳定性为主。在这个阶段,比较重要的著作有 2 部,第一部是苏联学者 М. Л. 亨金和 И. Х. 洛申克撰写的《精密机械制造与仪器制造中金属与合金的尺寸稳定性(俄文版)》[1],该书主要研究了金属与合金材料在制造和长期保存情况下的尺寸稳定性。在此阶段,也用尺寸不稳定性这一概念描述这一类尺寸变化问题,它是指材料在受到外部条件影响或随着时间变化而发生的所有扭曲、变形或应变的统称。在这一阶段采用该定义的另一部著作是美国学者 Charles

Marschall 和 Robert Maringer 撰写的 *Dimensional instability*：*an introduction*[2]，该书总结了各种金属、合金结构的尺寸稳定性方面的相关内容，也少量介绍了玻璃和陶瓷材料相关的内容。这一阶段的研究多集中于材料特性方面，一般用基本的变形量表征，如应变、位移等，重点在于研究材料尺寸在各种环境条件下的变化规律，主要适用于材料级对象[3]。*Dimensional instability*：*an introduction* 一书在欧美的文献中往往被当作尺寸稳定性的第一部著作，实际上它是在文献[1]之后完成的。

第二阶段，20 世纪 70 年代到 21 世纪初，随着复合材料技术的发展，尺寸稳定性研究从以金属结构为主，逐步扩展到复合材料领域，并且在材料选择、环境效应、尺寸稳定性机理和试验测量等方面都进行了广泛深入的研究。1988 年 8 月 18 日，在圣地亚哥召开的第 33 届国际光学工程学会（SPIE）国际会议上举办了尺寸稳定性专题研讨会，第一次将尺寸稳定性技术在更广泛的范围内介绍给与会者，期间重点讨论了尺寸不稳定性的来源[4]。在这一阶段比较重要的著作是 G. Wolff 撰写的 *introduction to the dimensional stability of composite materials*[5]。虽然该书出版至今已近 20 年，但迄今为止仍然是尺寸稳定性研究最重要、最全面的文献。这一阶段对尺寸稳定性的研究偏重于如何通过合理手段提高尺寸稳定性以满足系统的性能要求，多用于工程设计，与工程指标相关，表征参数除基本的应变和位移以外，还可能是广义的变形，如矢量指向、平面度等，适用于结构和系统级对象[6—7]。

第三阶段，21 世纪初至今，尺寸稳定性技术日益完善，在航天器工程领域已开展了广泛的应用实践，尺寸稳定性指标不断突破提升，并且融合了不确定性分析与优化[8—9]、多学科协同分析等技术[10—11]，该项技术已进入全面发展应用阶段。

1.2　尺寸稳定性分类

根据航天器尺寸稳定结构技术的特点，本书将尺寸稳定性分成两个基本类型：变形可恢复的 Ⅰ 型尺寸稳定性问题和变形不可恢复的 Ⅱ 型尺寸稳定性问题。严格来说，所有的尺寸稳定性问题都是 Ⅱ 型的，正如本书后面章节将详细描述的，无论材料或结构处于何种环境下，即使不施加任何载荷，都将在足够长的时间后产生不可恢复的永久变形，但如果从满足工程所需精度的角度看，航天器结构在一段时间内的某些环境载荷作用下，变形在一定精度范围内是可恢复的，该尺寸稳定性问题就是 Ⅰ 型的，例如，对于一个要求 $10~\mu m$ 量级稳定性的结构来说，$0.1~\mu m$ 的永久变形是可忽略不计的，短期来看，这是一个 Ⅰ 型尺寸稳定性问题;反之,对于一个要求亚微米级尺寸稳定性的结构来说,0.1 μm 的永久变形也不可忽略,那么这就是一个 Ⅱ 型尺寸稳定性问题。换言之,一个尺寸稳定性问题是 Ⅰ 型还是 Ⅱ 型,并不是由出现永久变形的绝对量级决定,而是从工程可接受的尺寸稳定性精度的角度出发给出的分类定义。Ⅰ 型尺寸稳定性问题一般对应线性或广义线性问题,是短期的、可量化分析的,可以通过设计手段提高尺寸稳定性,例如大多数的航天器在轨热变形、重力释放问题等。Ⅱ 型尺寸稳定性问题一般对应非线性问题,是长期的、很难量化分析的,多通过工艺措施提高尺寸稳定性,如材料随时间的蠕变、辐照导致的性能退化等。Ⅱ 型尺寸稳定性问题有三种不同的表现形式[12]:

① 在固定环境中随时间延长而发生的尺寸稳定性变化,如固定载荷下的蠕变。

② 暴露于可变环境后,在固定环境下测量,如材料在载荷释放后的残余变形。

③ 在固定环境下测量,并根据环境路径再次到达固定环境,如材料经历不同的热循环环境后,其变形特性会发生不同的变化。

正确理解和区分 Ⅰ 型和 Ⅱ 型尺寸稳定性问题,对航天器结构的尺寸稳定性设计极为重要,首先,它们的分类与后面要引入的航天器尺寸稳定性指标的分类密切相关;其次,只有清楚 Ⅰ 型和 Ⅱ 型尺寸稳定性问题的关系和区别,才能有针对性地开展设计工作,减少设计的盲目性,因为解决两类尺寸稳定性问题需要采用完全不同的分析方法与设计技术,提高尺寸稳定性的技术途径也存在较大的差异。

1.3　问题特点

与密度、体积和弹性模量等描述物质特性的物理量一样,尺寸稳定性是材料或结构的固有属性,但与这些常见物理量不同的是,航天器结构的尺寸稳定性的内涵更丰富。

常规航天器结构以强度和刚度为主要设计要素,但航天器结构尺寸稳定性的设计指标却往往从有效载荷的要求衍生而来,尽管尺寸稳定结构与一般航天器结构的设计有一些相似之处,但在尺寸稳定结构的材料选择、构型设计、仿真分析和试验验证方法等方面都具有不同于常规结构的设计方法。航天器尺寸稳定结构的设计具有如下特点。

1.3.1　尺度范围小

尺寸稳定性概念在很多行业都存在并广泛使用,如建筑业和纺织业,这些行业的尺寸稳定性大多考虑的是几毫米或几十毫米范围内的变化,但航天器尺寸稳定性讨论的尺寸变化一般是指长度在 $10^{-7} \sim 10^{-6}\,\mathrm{m/m}$(或以 1 个微应变以下表示)的范围,角度在 $0.1'' \sim 10''$ 之间[13-15]。近年,随着高精度科学探测卫星的发展,对尺寸稳定性的需求更为严格,尺寸稳定性的研究已经深入到纳米和皮米尺度[16]。

1.3.2　概念内涵广

尺寸稳定性不是单一或特定的材料特性,而是描述材料、结构特性或与特定要求相关的一系列特性的统称。材料的尺寸稳定性一般用特定单位载荷条件或环境下 $\mathrm{m/m}$ 的变形来表示,其概念与传统的变形定义一致。但航天器结构的尺寸稳定性指标定义则有了比较大的扩展,它既可以像材料一样,定义单位载荷或环境下的 $\mathrm{m/m}$ 变形来表示,也可以是单位载荷下的矢量指向变化、矢量夹角、平面度等描述变形的计算结果,甚至将变形与有效载荷指标进行关联,这使得对尺寸稳定性的评估变得间接而复杂[17]。

1.3.3　影响因素多

航天器结构的尺寸稳定性研究的是微小尺度尺寸的变化,在这一尺度下,航天器结构所处各种环境对材料和结构的尺寸稳定性都存在影响,包括机械负载、温度、湿度、真空、辐照、化学环境等,甚至时间或者载荷的加载历史都是尺寸稳定性的一个影响因素。G. Wolff 认为尺寸稳定性可以表示为应力、温度、水分、时间和辐射等外部影响的一个多元函数[5]。因为需要研究光、机、电、热多场耦合下的尺寸稳定性效应,所以尺寸稳定性问题具有多学科耦合的特点[18-20]。这使得各分系统之间的指标高度耦合,在航天器不同分系统之间分配尺寸稳定性指标也非常困难,各分系统指标的分解往往是一个反复迭代的过程。

1.3.4　问题解决难

将一个受力零件的变形控制在 $10^{-2} \sim 10^{-3}$ 的应变量级,是相对容易的,但在 10^{-6} 甚至更低的应变量级上进行变形控制,则无论什么材料,所有部件都存在一定程度的尺寸不稳定性。所以解决航天器尺寸稳定性问题不是如何才能消除不稳定,而是如何才能将其降低到可容忍的水平[21]。

1.3.5　载荷关联强

航天器的尺寸稳定性要求绝大部分来自于有效载荷,因此,其稳定性要求直接与有效载荷性能相关联。指标的类型、量值的大小都是以有效载荷的要求为最主要的依据。

1.3.6 系统耦合高

航天器尺寸稳定性的性能优劣往往受到整个航天器系统多个零部件的影响,通过单一部件设计达到整个航天器的尺寸稳定性指标非常困难,因此表现出强烈的系统性。由于系统性的存在,在航天器各个零部件之间分配尺寸稳定性指标是很困难的,各部件之间的指标是高度耦合的。

1.3.7 不确定性强

尺寸稳定结构的变形指标多数是微米级,指向变化多在角秒级,这种精度下的计算对模型的不确定性、参数的不确定性非常敏感,计算结果往往包含各种不确定性因素的影响,并且不能忽略,从而使得计算结果可能不再是确定的值,而是散布一个分布区间上,具有一定的不确定性。设计、制造过程中,各种不确定性因素也对产品的尺寸稳定性指标产生非常明显的影响[22—23]。

1.3.8 验证难度大

试验验证过程中针对微米级和角秒级指标的测量、试验环境模拟、试验验证系统的搭建、试验结果的处理、试验实施过程中环境因素的影响评估等方面的问题,都对当前的试验测量技术提出了挑战,甚至相当多的尺寸稳定性指标是地面不可测试的,只能通过间接测量或仿真分析进行验证[24—25]。

1.4 问题描述

在航天器中应用尺寸稳定性技术,需要对尺寸稳定性问题进行准确的刻画。*Dimensional instability：an introduction* 一书的作者 G. Wolff 认为,以应变作为尺寸稳定性的指标,用 Duhamel—Newman 公式,对各种环境效应产生的线性应变进行求和的方式描述其变化规律。其简化形式为

$$\varepsilon = S\Delta\sigma + \alpha\Delta T + \beta\Delta M + \eta\Delta t + \Psi\Delta Q + \cdots \tag{1.1}$$

式中,σ、T、M、t、Q 分别是应力、温度、湿度、时间和辐射通量等外部影响;S、α、β、η、Ψ 分别是柔度、热膨胀系数、湿膨胀系数、时间膨胀系数和辐射膨胀系数等结构系统自身的特性。

式(1.1)适合于材料级尺寸稳定性的描述。如果将其用于描述航天器结构的尺寸稳定性,则过于简化。正如 1.3 节所述,航天器的尺寸稳定性除具有一般

尺寸稳定性尺度范围小这一特点以外,还有载荷关联强、系统耦合高等一些特点,所以,航天器结构的尺寸稳定性不能简单地用一个多因素响应线性叠加的公式进行表达,此处可以将其表示为一个具有一般意义的动力系统,即

$$R:\boldsymbol{X} \to \boldsymbol{S} \tag{1.2}$$

式中,$\boldsymbol{S}=[s_1,s_2,\cdots,s_n]$,表示结构稳定性指标的 n 维矢量;$\boldsymbol{X}=[x_1,x_2,\cdots,x_m]$,表示对尺寸稳定性影响的 m 维输入矢量;R 是作用于输入矢量、输出响应变量的映射,是航天器结构系统尺寸稳定性输入/输出关系的数学表达。

对比式(1.1)和式(1.2),可以通过分析两者的差异来更进一步解释航天器结构尺寸稳定性问题的特点。

① 材料级尺寸稳定性一般是一维变量,以应变为指标,而航天器结构尺寸稳定性指标可以是多维的,除了用应变作为指标外,还可以是位移、矢量指向、平面度等,甚至在一些多学科耦合集成设计中,其指标直接以光学物理量表示。

② 材料级尺寸稳定性可以表示为各个影响因素的函数,一些简化情况下还可以展开为各个影响因素响应的线性叠加,但航天器结构的尺寸稳定性几乎不可能用显式的函数表示与输入的关系。

③ 两者的研究目的不同。材料级尺寸稳定性研究的重点在于输入与输出响应特性关系的研究,而航天器结构尺寸稳定性的研究目的除关心输入/输出关系以外,还关心映射 R 的研究。

基于以上特点,将式(1.2)与航天器尺寸稳定结构设计过程相关联,可以更清楚地了解尺寸稳定性设计过程中都有哪些主要的工作内容,这些研究内容可与式(1.2)进行类比如下:

① 输入/输出关系研究。研究输入是如何影响输出以及各个输入分量之间的耦合关系。输入对应于工程设计中的外部环境,关于外部环境对尺寸稳定性影响的叙述见第 2 章。

② 系统设计。研究如何设计结构,使之满足尺寸稳定性指标要求,体现在数学关系上,即是对映射 R 进行优化。

以上两条可以看作是描述尺寸稳定性的数学映射,关系到工程应用的推广。此外,在尺寸稳定性设计过程中,还存在一个系统评价问题,即实现尺寸稳定性的方法可以有多种,如何评价一个系统的优劣,或者针对多方案进行选择时,如何取舍,这涉及评价标准的问题。航天器结构除尺寸稳定性之外,还有很多其他的物理特性会参与到尺寸稳定性设计中,影响设计方案的选择,这些物理特性称为尺寸稳定结构的品质因素。关于品质因素对尺寸稳定性影响的叙述见第 3 章。

1.5　结构设计需求

随着航天器性能的提高,对尺寸稳定性技术的需求也逐年增加。这首先体现在精度指标的提高,其次是有尺寸稳定性需求的航天器的种类也日益增加。以遥感卫星为例,其分辨率与尺寸稳定性的指标之间存在高度的相关性,而遥感卫星分辨率大概每 15 年提高一个数量级,其分辨率的变化如图 1.1 所示。尺寸稳定性对各类航天器性能的影响见表 1.1。

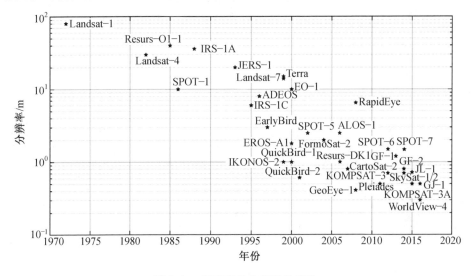

图 1.1　遥感卫星分辨率的变化

表 1.1　尺寸稳定性对各类航天器性能的影响

航天器种类	影响对象	应用实例
遥感、测绘卫星	单个有效载荷的指向,不同有效载荷之间的夹角	WorldView 系列[26]、GeoEye 系列[27-28]、高分二号卫星[29]、高分多模卫星[30]、资源三号卫星[31]、高分七号卫星[32]
天文物理学航天器	长时间高精度指向	哈勃空间望远镜[33]、詹姆斯·韦布空间望远镜[34-35]、开普勒望远镜[36]、Solar－B 太阳观测卫星[37]
大型通信卫星天线	天线指向与增益	反射面天线[38-39]
SAR 卫星	型面精度	SIR－A/B/C[40]、SRTM[41]、Terrasar－X[42]
重力卫星	关键位置距离	GRACE[43]、GOCE[44]

将尺寸稳定性的需求落实到对结构设计的要求,包括以下三方面的设计内容。

(1) 有效载荷自身结构稳定性设计。

各类现代高精度有效载荷内部结构复杂,受地球红外线辐射、太阳照射,内部大功率器件发热器件的影响较大,保证有效载荷自身的良好温度场环境难度较大。为了保证较高水平的温度稳定性需要给热控更多的功耗和资源,以致航天器难以承受;此外,对部分高精度有效载荷,即使采用最先进的热控技术,仍然需要通过尺寸稳定结构的设计,以保证其在轨性能正常。

(2) 连接有效载荷与航天器平台的适配结构稳定性设计。

高精度有效载荷与航天器主结构一般通过专门设计的载荷适配结构进行连接。卫星主结构与有效载荷之间应该是变形解耦的,即星体的变形不应该对有效载荷的性能产生影响,否则单纯进行有效载荷的尺寸稳定性设计,很难保证其在轨性能满足指标。

(3) 不同有效载荷之间的稳定性设计。

对于一些测绘卫星,如采用多线阵相机进行测绘的卫星,需要保持多个相机之间以及相机与星敏感器之间的相对指向关系,此时,多有效载荷的共基准安装和减少变形传递的尺寸稳定结构设计是必需的。

1.6 研制流程

正如 1.5 节所言,航天器尺寸稳定结构设计是个系统而复杂的过程,这个研制的流程包括以下几个方面。

1. 任务分析与指标确定

从航天器顶层任务规划出发,基于航天器任务需求,提出航天器的尺寸稳定性要求,对航天器的尺寸稳定性的相关设计功能、性能和指标进行细化和量化,确定尺寸稳定性的类型。任务分析包括轨道、环境、工作模式、载荷特点、指标形式等多方面分析内容。

任务分析和指标确定是尺寸稳定性设计的第一步。任务分析的目的是确认是否需要对结构进行尺寸稳定性设计。对需要进行尺寸稳定性设计的结构不进行相应的设计,可能使航天器性能降低,以致航天器的任务失败;反之,进行不必要的尺寸稳定性设计,则意味着浪费时间和经费。

未能准确识别尺寸稳定性问题而使得航天器处于异常运行状态最著名的一个例子是哈勃空间望远镜。因为其未能识别出柔性太阳翼进出阴影时支撑桅杆热变形导致的内部双"C"形柱面出现的接触,而使得太阳翼出现了对成像不可接受的扰动,以致不得不在轨将柔性太阳翼更换为刚性太阳翼[45]。这方面的另一个例子是 Gaia 卫星。Gaia 卫星的任务是精确测量恒星的位置、距离和运动。它利用两个视场进行测量,两个视场的角度必须精确保持,但在轨期间实际测量表明,视场夹角变化比发射前分析预示的值大两个数量级,虽然已经证实是温度变化导致的夹角变化,但引起夹角变化的机理一直没有研究清楚[46]。

2. 影响因素识别

航天器结构尺寸稳定性受到各种环境因素的影响,是否将某个影响因素作为研究对象,需要结合任务分析的结果以及指标的类型,准确识别后续设计中需要予以考虑的影响因素,既不能遗漏影响因素,也不能将影响可忽略不计的因素纳入设计流程。对影响因素不正确的识别,可能导致设计失败或付出不必要的时间和经济成本,设计时必须给予足够的重视。

3. 关键部件识别

尽管多数尺寸稳定性结构的指标可能受到整个航天器的影响,但是,各个部位的影响程度不同,需要识别出对尺寸稳定性影响最大的几个部件,有针对性开展尺寸稳定性设计,可以降低尺寸稳定性设计的难度,缩短设计时间。

4. 材料选择

根据指标任务分析的结果,确定结构选用的材料。一般而言,温度是尺寸稳定性影响的主要因素,因此,热膨胀系数小的材料优先选择,但与此同时,还应该考虑承受主动段发射载荷、在轨使用环境、湿膨胀效应等因素对尺寸稳定性的影响,在综合考虑各种因素的基础上,选择合适的结构材料。

5. 尺寸稳定性结构设计

开展具体的尺寸稳定性结构设计,包括几何构型、内部连接设计、外部连接设计、工艺因素的考虑等,如果是复合材料层合结构,还需要进行铺层设计。

6. 仿真分析

首先通过载荷分析确定载荷条件,然后选择合适工况,建立仿真分析模型并进行仿真分析。如果分析结果表明尺寸稳定性结果不能满足总体要求,可能需要回到前面的步骤重新进行设计工作。除尺寸稳定性相关分析以外,航天器结构设计中的强度、刚度和各种工作环境下的力学响应也应同时计算,以航天器结构综合性能最佳为最终设计目标。

7. 投产产品或试验件

在分析表明结构尺寸稳定性指标满足要求之后,需要投产产品或试验件,试验件的形式既可以与实际产品一致,也可能是实际产品的局部试验件或缩比件,或者是某个典型的几何构型的试验件。

8. 试验验证

尺寸稳定性结构设计的最后一步是对结构进行试验验证,与航天器结构其他类型的指标验证方式不同,由于载荷工况模拟困难、测量精度的限制及时间经费等因素的影响,通过试验对尺寸稳定性指标进行直接验证在多数情况下是不可能的。因此,尺寸稳定性试验的目的多是验证分析模型,通过修正的分析模型对在轨稳定性指标的满足情况进行仿真分析,确定指标的满足度。

1.7　本书章节安排

本书系统全面地描述了航天器尺寸稳定结构设计与验证相关的影响因素,设计中的材料选择,结构尺寸稳定的设计、仿真和试验验证方法等方面的内容,力图全面、完整和系统地阐述航天器结构尺寸稳定性设计与验证的各个方面。

本书的总体架构如下:

① 问题的提出与基本概念(第 1 章)。

② 基础知识(第 2 ~ 4 章)。

③ 研制流程与设计(第 5、6 章)。

④ 结构变形控制(第 7 章)。

⑤ 分析技术(第 8 ~ 11 章)。

⑥ 关键部件识别(第 12 章)。

⑦ 变形反演技术(第 13、14 章)。

⑧ 验证流程(第 15 章)。

⑨ 变形测量(第 16 章)。

⑩ 技术展望(第 17 章)。

各章节具体内容如下。

第 1 章,绪论。介绍尺寸稳定性的概念、分类及特点,给出了尺寸稳定性问题的系统动力学描述,将尺寸稳定结构的设计内容分解为输入、系统和输出三项,简明扼要地给出了尺寸稳定结构设计要解决的问题,同时简要介绍了航天器尺寸稳定结构的研制流程。

第 2 章,品质因素。介绍尺寸稳定性的各种内部影响因素,即品质因素对尺寸稳定结构设计的影响,重点强调尺寸稳定结构设计的系统性和工程特点。

第 3 章,环境因素。介绍尺寸稳定性的各种外部影响因素,即环境因素对尺寸稳定结构设计的影响,包括对尺寸稳定性的直接影响和间接影响,各个影响因素的特点,影响的程度以及多因素的耦合效应。

　　第 4 章,材料。介绍航天器尺寸稳定结构设计中的常用金属、合金和多种复合材料的特性、适用范围及在尺寸稳定结构设计中的应用实例。

　　第 5 章,研制内容与流程。介绍尺寸稳定结构设计流程等方面的内容,对方案、初样和正样各个阶段尺寸稳定结构研制的工作内容进行叙述。

　　第 6 章,尺寸稳定结构设计。介绍复合材料层合结构、桁架结构、蜂窝板和点阵等尺寸稳定结构的构件设计。

　　第 7 章,结构变形控制。介绍尺寸稳定结构变形主动控制方面的内容,主要介绍了桁架式和组装式结构的变形控制。

　　第 8 章,分析过程。介绍尺寸稳定结构分析目的、内容、模型建立、载荷分析和指标计算方面的内容。

　　第 9 章,通用分析。尺寸稳定结构首先应该满足作为航天器结构的一般力学特性,因此本章介绍航天器结构通用分析方面的内容。

　　第 10 章,尺寸稳定性分析。介绍尺寸稳定结构设计中常用的热变形分析、湿变形分析和重力释放分析等尺寸稳定结构分析方法。

　　第 11 章,不确定性分析方法。鉴于不确定性对尺寸稳定结构影响非常显著,因此本章介绍了尺寸稳定结构的不确定性分析方法,并就不确定性在单向板、层合板和蜂窝板中的传递情况进行了介绍。

　　第 12 章,关键部件(区域)识别。给出一个量化的方法,从航天器的所有结构部件(区域)中识别出贡献度最大的结构部件(区域),以此作为设计的关键点,为简化尺寸稳定结构设计提供了一个方法。

　　第 13 章,基于温度场反演的在轨尺寸稳定性分析。介绍一种在轨温度场的反演方法,以此反演温度场为热载荷计算高分七号在轨尺寸稳定性指标,并对计算结果进行分析,说明计算在轨实际变形指标的意义。

　　第 14 章,基于神经网络的在轨变形反演。介绍基于 LSTM 网络,以少量温度测点数据为输入,尺寸稳定性指标为输出的在轨变形反演方法。

　　第 15 章,验证流程。介绍尺寸稳定结构验证的流程,并详细介绍验证过程中的验证方法分类、验证中的策划、验证方案与大纲、实施、验证总结等各个环节的重点。

　　第 16 章,变形测量。介绍尺寸稳定结构在变形测量中的几种常用方法,以及各个方法的应用实例。

　　第 17 章,尺寸稳定结构技术发展展望。对不确定性、高精度计算和在轨测量与状态反演方面的需求进行展望。

本章参考文献

[1] 亨金,洛申克. 精密机械制造与仪器制造中金属与合金的尺寸稳定性[M]. 蔡安源,杜树芳,译. 北京:科学出版社,1981.

[2] MARSCHALL C,MARINGER R E. Dimensional instability:an introduction[M]. Oxford:Pergamon Press,1977.

[3] BRUIN W D. Dimensional stability of materials for metrological and structural applications[J]. CIRP Annals-Manufacturing Technology,1982,31(2):553-560.

[4] MARSCHALL C W, HAGY H E. Dimensional stability workshop[C]. Bellingham:SPIE,1990.

[5] WOLFF E G. Introduction to the dimensional stability of composite materials[M]. Pennsylvania:Destech Publications Inc. ,2004.

[6] CABEZA I,PRADIER A. Dimensional stability verification of an optical bench for space applications under thermal vacuum environment [C]. Noordwijk:ESA,CNES and DARA,1996.

[7] EDESON R, AGLIETTI G S, TATNALL A R L. Conventional stable structures for space optics:the state of the art[J]. Acta Astronautica,2010,66(1):13-32.

[8] TANAKA S, ARAI M, GOTO K, et al. Quantitative investigations on the dimensional stability of a cfrp reflector model against temperature variations[J]. Transactions of the Japan Society for Aeronautical and Space Sciences,2019,62(5):275-283.

[9] TANAKA S,IKEDA T,SENBA A. Sensitivity analysis of thermal deformation of CFRP laminate reflector due to fiber orientation error[J]. Journal of Mechanical Science and Technology,2016,30(10):4423-4426.

[10] YOON J S, KIM H I, HAN J H, et al. Effect of dimensional stability of composites on optical performances of space telescopes[J]. Journal of Aerospace Engineering,2014,27(1):40-47.

[11] GRACEY R, BARTOSZYK A, COFIE E, et al. Structural, thermal, and optical performance (STOP) modeling and results for the James Webb Space Telescope integrated science instrument module [C]// Modeling, Systems Engineering, & Project Management for Astronomy

VI. Bellingham，WA：SPIE，2016，9911：522-541.

[12] DOLGIN B P，MOACANIN J，O'DONNELL T P. Theoretical limits of dimensional stability for space structures［C］//Optomechanics and Dimensional Stability，Bellingham，WA：SPIE，1991,1553：229-239.

[13] 高洪涛，罗文波，史海涛，等. 资源三号卫星结构稳定性设计与实现[J]. 航天器工程，2016，25(6)：18-24.

[14] 冉将军，许厚泽，沈云中，等. 新一代 GRACE 重力卫星反演地球重力场的预期精度[J]. 地球物理学报，2012，55(9)：2898-2908.

[15] CIFIE E，MATZINGER L，KUHN J，et al. JWST ISIM distortion analysis challenge［R］. NASA Document ID 20040082141，NASA Technical Reports Server,2004.

[16] MACHADO J C，HEINRICH T，SCHULDT T，et al. Picometer resolution interferometric characterization of the dimensional stability of zero CTE CFRP [J]. Advanced Optical and Mechanical Technologies in Telescopes and Instrumentation,Bellingham,WA：SPIE，2008，7018：1174-1185.

[17] 钱志英，罗文波，殷亚州，等. 高分七号卫星结构尺寸稳定性设计与验证[J]. 中国空间科学技术，2020，40(5)：10-17.

[18] CULLIMORE B，PANCZAK T，BAUMANN J，et al. Automated multidisciplinary optimization of a space-based telescope[J]. SAE Transactions，2002,34：288-296.

[19] KAHAN M A，LEVINE-WEST M B，SCOLA S，et al. Development and implementation of a generic analysis template for structural-thermal-optical-performance modeling[J]. Optical Modeling and Performance Predictions Ⅷ，Bellingham，WA：SPIE，2016，9953：68-88.

[20] KAHAN M A，HOFF C，CADY E，et al. High-precision thermal，structural，and optical analysis of an external occulter using a common model and the general purpose multi-physics analysis tool Cielo［J］. Optical Modeling and Performance Predictions V,Bellingham,WA：SPIE，2011，8127：199-211.

[21] PAQUIN R A. Dimensional instability of materials：how critical is it in the design of optical instruments? ［J］. Optomechanical Design：a Critical Review，1992,10265：160-180.

[22] SRIRAMULA S，CHRYSSANTHOPOULOS M K. Quantification of uncertainty modelling in stochastic analysis of FRP composites［J］. Composites Part A Applied Science & Manufacturing，2009，40 (11)：

1673-1684.

[23] HINCKLEY M. Statistical evaluation of the variation in laminated composite properties resulting from ply misalignment[J]. Proceedings of SPIE - The International Society for Optical Engineering, Bellingham, WA:SPIE,1990, 27(3):497-511.

[24] FLEDDERMANN R, WARD R L, ELLIOT M, et al. Testing the GRACE follow-on triple mirror assembly [J]. Classical & Quantum Gravity, 2014, 31(19):195004.

[25] VOIGT D, BERGMANS R H. Dimensional stability validation and sensor calibration with sub-nanometer accuracy[J]. International Conference on Space Optics 2012,Bellingham,WA:SPIE, 2017, 10564: 864-869.

[26] FIGOSKI J W. The ball commercial platform and their applications, QuickBird, QuiksCat and IceSat[C]//IAF, International Astronautical Congress, 49th, Melbourne, Australia,1998.

[27] WILLIAM S. GeoEye Corporate Overview[M]. Virginia: Stennis Space Center, 2007.

[28] DIAL G, COLE A, LUTES J. The GeoEye Satellite Constellation[M]. Virginia:Stennis Space Center, 2007.

[29] 潘腾,关晖,贺玮."高分二号"卫星遥感技术[J].航天返回与遥感,2015,36(4):16-24.

[30] 姜洋, 范立佳, 于龙江, 等. 高分多模卫星图像定位精度保证设计与验证[J]. 航天器工程, 2021, 30(3): 69-75.

[31] 曹海翊,刘希刚,李少辉,等."资源三号"卫星遥感技术[J].航天返回与遥感,2012,33(3):7-16.

[32] 钱志英,罗文波,殷亚州,等.高分七号卫星结构尺寸稳定性设计与验证[J].中国空间科学技术,2020,40(5):10-17.

[33] COULTER D R. NASA's terrestrial planet finder missions[J]. Optical, Infrared, and Millimeter Space Telescopes. Bellingham,WA:SPIE, 2004, 5487: 1207-1215.

[34] NEAM D C, GERBER J D, AIKENS D M, et al. Structural design and a-nalysis for an ultra low CTE optical bench for the Hubble Space Telescope corrective optics [J]. International Society for Optics and Photonics, 1992, 1690:273-286.

[35] BARTOSZYK A, CARNAHAN T, HENDRICKS S, et al. JWST ISIM primary structure and kinematic mount configuration[EB/OL]. [2022-07-

14]. https://ntrs.nasa.gov/api/citations/20040081416/downloads/20040081416.pdf.

[36] WALL M. NASA solicits new mission ideas for ailing kepler spacecraft [J]. Space news, 2013, 24(32):17.

[37] OZAKI T, NAITO K, MIKAMI I, et al. High precision composite pipes for SOLAR-B optical structures[J]. Acta Astronautica, 2001, 48(5): 321-329.

[38] 张正尧,江世臣,王萌,等. 星载天线反射面型面热变形影响因素分析[J]. 航天器环境工程,2021,38(2):130-137.

[39] 陈杰,周荫清. 星载 SAR 相控阵天线热变形误差分析[J]. 北京航空航天大学学报,2004(9):839-843.

[40] STOFAN, ELLEN R., EVANS, et al. Overview of results of spaceborne imaging radar-C, X-band synthetic aperture radar (SIR-C/X-SAR) [J]. IEEE Transactions on Geoscience and Remote Sensing, 1995, 33(4): 817-828.

[41] RODRIGUEZ E, MORRIS C S, BELZ J E. A global assessment of the SRTM performance[J]. Photogrammetric Engineering & Remote Sensing, 2006, 72(3): 249-260.

[42] PITZ W, MILLER D. The terrasar-x satellite[J]. IEEE Transactions on Geoscience and Remote Sensing, 2010, 48(2): 615-622.

[43] KAYALI S, MORTON P, GROSS M. International challenges of GRACE Follow-On[C]// 2017 IEEE Aerospace Conference. Piscataway, NJ:IEEE, 2017:1-8.

[44] DRINKWATER M R, HAAGMANS R, MUZI D, et al. The GOCE gravity mission: ESA's first core Earth explorer[C]//Proceedings of the 3rd international GOCE user workshop, Noordwijk, The Netherlands: European Space Agency, 2006: 6-8.

[45] FOSTER C L, TINKER M L, NURRE G S, et al. Solar-array-induced disturbance of the Hubble Space Telescope pointing system[J]. Journal of Spacecraft and Rockets, 1995, 95(4): 634-644.

[46] PRUSTI T, BRUIJNE J, BROWN A, et al. The Gaia mission[J]. Astronomy & Astrophysics, 2016, 595(A1):1-36.

第2章

品 质 因 素

2.1 概 述

尺寸稳定结构设计是一个系统问题。单方面地满足尺寸稳定性指标,并不意味着就一定是一个优良的航天产品,需要进行多因素影响评估,根据各因素的权重,经综合考虑后选定最佳设计方案。这些影响方案选择的因素称为尺寸稳定结构的品质因素。需要指出的是,品质因素可能与尺寸稳定性指标直接相关,也可能间接相关,甚至可能与尺寸稳定性无任何关系,但是,这些因素却可能决定了最终方案的取舍,例如材料的密度。与此同时,品质因素的权重对于不同的工程需要是不同的,需要具体问题具体分析,很难有一个普适的标准对各个因素的权重做一个硬性的规定,这是由尺寸稳定性问题的工程背景所决定的。

2.2 密 度

密度并不与材料的尺寸稳定性有直接的关系,但作为航天器结构设计的主要约束,结构质量是必须首先考虑的因素。例如殷钢,虽然具有非常好的尺寸稳定性,但是由于其密度过大,除了作为局部连接件以外,目前几乎没有大型航天器结构件完全采用殷钢制造,这一点是航天器结构与地面设备之间最大的差异之一。但近年,随着增材制造技术的发展,殷钢材质的点阵结构已经出现,并表现出较好的性能,这使得殷钢这一尺寸稳定结构材料在航天器结构中的大规模应用在不久的将来成为可能[1]。

2.3 刚度与比刚度

刚度是指材料或结构抵抗变形的能力的一个广义定义。对于材料,它是指弹性模量等材料数据;对于结构,它是指结构抵抗静态载荷时表现出来的宏观抗变形能力,或以 1 阶固有频率为指标表示的动刚度。对于有尺寸稳定性要求的结构,应尽可能地提高刚度[2],原因如下:

① 对于给定的质量,结构刚度越高,重力及其释放对变形的影响越小。

② 刚度较高的结构在发射过程中即使发生共振,在同样的加速度响应下,因为固有频率较高,而变形与频率的平方成反比,则应力和变形的振幅通常较低,这对保持振动载荷下的尺寸稳定性非常重要。

③ 各种操作过程中的响应也因为结构具有较高的刚度,而使得变形较小,有利于维持尺寸稳定性。

④ 对于结构装配体,尺寸稳定结构与其他结构相互作用,较好的刚度使得其不容易受到外部其他结构变形的影响。

比刚度是将密度和刚度联系起来综合考虑的材料特性,比刚度表示为弹性模量与密度的比值,比刚度越大,相同质量材料的结构效率就越高,这也是考虑材料利用效率的一个非常重要的因素。

2.4 热 膨 胀

温度是最常见的引起尺寸不稳定的非机械参数,因为绝大部分物体会由于温度改变而发生收缩或膨胀[3]。热膨胀系数(Coefficient of Thermal Expansion,CTE)是度量固体材料热膨胀程度的物理量,单位长度、单位面积或单位体积的物体,温度升高单位摄氏度时,其长度、面积或体积的相对变化量可用线膨胀系数、面膨胀系数和体膨胀系数表示,即

$$\begin{cases} \alpha(T) = \dfrac{1}{L}\dfrac{\mathrm{d}L}{\mathrm{d}T} \\[2mm] \beta(T) = \dfrac{1}{S}\dfrac{\mathrm{d}S}{\mathrm{d}T} \\[2mm] \gamma(T) = \dfrac{1}{V}\dfrac{\mathrm{d}V}{\mathrm{d}T} \end{cases} \tag{2.1}$$

式中，L、S 和 V 分别为长度（m）、面积（m^2）和体积（m^3）。

工程中常用的是材料的平均热膨胀系数 $\alpha(T)_m$，它定义为在一定的温度区间内，温度每变化 1 ℃，单位长度变化的算术平均值，即

$$\alpha(T)_m = \frac{L - L_{ref}}{L_0(T - T_{ref})} \tag{2.2}$$

式中，L、L_{ref}、T、T_{ref}、L_0 分别为变形后长度（m）、基准温度下长度（m）、当前温度（℃）、基准温度（℃）和初始长度（m）。

线膨胀系数的单位为 ℃$^{-1}$ 或 m/(m·℃$^{-1}$)。线膨胀系数的数值一般都比较小，多在 10^{-6} 量级，因此为表示方便，也将线膨胀系数的单位以百万分之一的形式表示为 10^{-6}℃$^{-1}$。

即使在室温附近的小范围温度内，膨胀特性一般也不是线性的。CTE 实际是给定温度范围内应变/温度曲线的割线梯度。在很小的温度范围内，在一些材料中也观察到了路径依赖性、速率依赖性和滞后现象[4]。滞后的温度效应会对结构产生显著的累积效应，这是由于在其使用寿命中可能经历了大量的热循环。

有些材料沿各个方向的线膨胀系数是相同的，例如大部分金属。而有些材料，沿不同方向线膨胀系数是不同的，例如碳纤维，沿纤维长度方向与垂直纤维长度方向的热膨胀系数大多有明显的差异。绝大部分材料都具有热胀冷缩的特点，其热膨胀系数为正值[5]，少部分材料会随着温度的升高，体积不变或减小，这类材料称为负膨胀材料[6]。

在进行尺寸稳定结构设计时，低 CTE 值有两个方面的含义：工作温度下的低 CTE 和从室温到工作温度的低 CTE。前者影响相对尺寸稳定性的指标，后者影响绝对尺寸稳定性的指标[7]。设计指标类型的不同，意味着选取材料标准的不同。

图 2.1 是某碳纤维复合材料单向层热膨胀系数随温度变化曲线[8]。图中曲线较好地诠释了热膨胀系数随温度变化的复杂性。从图中曲线可以观察到如下现象：

① 三个方向的热膨胀系数不同。

② 升温和降温的热膨胀系数在一些方向和一些温度区间不同。

③ 一些方向的热膨胀系数几乎不随温度变化，如纵向，但其他方向热膨胀系数在一些温度区间会有较大的变化，如横向。

图 2.1 所示的规律表明，对于高精度的尺寸稳定性结构设计，需要更精确的 CTE 值或详细的 CTE－温度曲线。

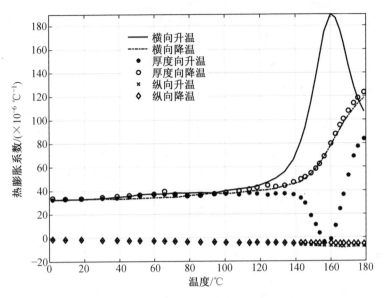

图 2.1　某碳纤维复合材料单向层热膨胀系数随温度变化曲线

2.5　热　容

材料在温度上升或下降时要吸热或放热,在没有相变或化学反应的条件下,材料温度升高 1 K 时所吸收的热量(Q)称为材料的热容(heat capacity),单位为 J/K,材料在温度 T 时的热容可表示为

$$C_T = \left(\frac{\partial Q}{\partial T}\right)_T \tag{2.3}$$

单位质量材料的热容称为比热容或质量热容,单位为 J/(kg·K)。1 mol 材料的热容称为摩尔热容,单位为 J/(mol·K)。不同材料的热容不同,同一种材料在不同温度下的热容也不同。工程上经常使用平均热容,即单位质量的材料从温度 T_1 到温度 T_2 所吸收热量的平均值,可表示为

$$c_{\mathrm{m}} = \frac{Q}{T_2 - T_1}\frac{1}{m} \tag{2.4}$$

平均热容是一个近似估计,$T_1 \sim T_2$ 的范围越大,其精度越差,使用这一定义时需要注意其使用范围。

当加热过程在恒压下进行时,所测定的比热容称为质量定压热容(c_p);加热过程是在保持物体容积不变的条件下进行时,所测定的热容称为质量定容热容(c_V),两者的表达式为

$$c_p = \left(\frac{\partial Q}{\partial T}\right)_p \frac{1}{m} = \left(\frac{\partial H}{\partial T}\right)_p \frac{1}{m} \tag{2.5}$$

$$c_V = \left(\frac{\partial Q}{\partial T}\right)_V \frac{1}{m} = \left(\frac{\partial E}{\partial T}\right)_V \frac{1}{m} \tag{2.6}$$

式中，Q 为热量；E 为内能；H 为焓。

固体材料受热膨胀是晶格振动加剧的结果，而晶格振动加剧也就是原子热运动能力的增大，升高温度时能量的增加正是热容的定义，因此，热膨胀系数与热容密切相关，两者随温度变化的曲线呈近似平行的关系，其比值近似为常数。

由热容定义可知，热容越大，吸收相同热量后的温升越低，因此，从尺寸稳定性角度来看，热容大有利于维持尺寸稳定。

2.6 导 热 性

材料的导热性用导热系数和热扩散率描述。 导热系数（thermal conductivity），又称热导率，是指在稳定传热条件下 1 m 厚的材料两侧表面的温差为 1 K，在一定时间内沿 x 方向通过 1 m² 面积传递的热量，单位为 W/(m · K)。表达式为

$$\lambda_x = -\frac{q''_x}{\dfrac{\partial T}{\partial x}} \tag{2.7}$$

导热系数公式只适用于稳定传热的情况，即在传热过程中材料在 x 方向上的各处温度是恒定的，与时间无关。对于石英等晶体材料，在常用温度范围内热导率随温度上升而下降。

热扩散率（thermal diffusivity）是指在一定的热量得失情况下，反映物体温度变化快慢的一个物理量，它表示物体在加热或冷却过程中，温度趋于均匀一致的能力。它的大小与物体的热导率 λ 成正比，与物体的质量定容热容 c_V 成反比，单位为 m²/s。可表示为

$$K = \frac{\lambda_x}{c_V} \tag{2.8}$$

对于尺寸稳定结构，希望采用高导热性材料，因为导热性差的材料可能在结构中产生温度梯度，这种梯度会导致较大的应力和不必要的变形。

2.7 吸 湿 性

根据国家标准《纤维增强塑料吸水性试验方法》（GB/T 1462—2005）的表

述[9]，固体材料与液体相接触时，液体分子会向固体材料内部扩散，并以物理或化学的方式存在于固体中，宏观表现为固体材料质量增加，质量增加的大小和速度是材料固有的性质，即材料的吸水性或吸湿性。一般表述吸湿性可用下列方式：

① 绝对吸水量。

② 单位表面积吸水量。

③ 相对于试样质量的吸水百分率。

航天器结构中的有机材料，尤其是环氧树脂和其他复合材料基体易受吸湿性影响。对于双组分复合材料，其水分吸收定义为

$$M_m = \frac{M_m^f V^f \rho^f + M_m^m V^m \rho^m}{V^f \rho^f + V^m \rho^m} \tag{2.9}$$

式中，上标 m 和 f 分别表示基体和纤维；M、V 和 ρ 分别对应各自的吸水量、体积和密度。

不同的纤维和基体的吸水特性不同，如在相同条件下，Kevlar 纤维和环氧树脂的吸水量相近，而碳纤维吸湿性较低，因此，Kevlar/ 环氧树脂复合材料中的含水量通常是碳 / 环氧树脂复合材料的两倍。

湿气是除温度载荷外引起有机材料形变的最重要环境条件。与热膨胀系数的定义方式类似，湿膨胀系数（Coefficient of Moisture Expansion，CME）用于描述材料的湿膨胀特性，且习惯以前面叙述的第三种方式表示材料的吸湿特性。

假设 M 表示混合物中溶质质量百分比，湿膨胀系数 CME 单位是微应变 / 水分变化百分比（ΔM），即

$$CME = \beta_{ij} = \frac{\varepsilon_{ij}}{\Delta M} \tag{2.10}$$

式中，ΔM 为材料的质量变化，$\Delta M = \Delta W / W_0 \times 100\% = \Delta(c/\rho) \times 100\%$，其中 W_0 为材料初始质量，c 为水分浓度，ρ 为材料干燥状态下的密度；ε_{ij} 为相应方向的湿膨胀引起的应变。

式（2.10）表明，湿膨胀系数与方向有关，不是各向同性的。例如单向碳环氧复合材料在相对湿度为 50% 左右的状态下进行干燥的过程中，纤维长度（或轴线）方向上每米收缩大约 35 μm，相应的横向（或径向）膨胀为 $(3 \sim 4) \times 10^{-3}$。在一些精度要求不高的湿膨胀计算中，纤维方向的湿膨胀可以假设为 0，一些手册中也往往直接给出纤维长度（或轴线）方向的湿膨胀为零，但在高精度计算中，其值必须精确给定，否则会给出不精确的结果。

树脂基复合材料的吸湿膨胀过程可以分为两个阶段，如图 2.2 所示[10]。

第一阶段主要是由复合材料本身的缺陷、裂纹和树脂本身吸水造成的，在温度和湿度的共同作用下，水分较快地通过空隙和裂纹进入材料的内部；第二阶段

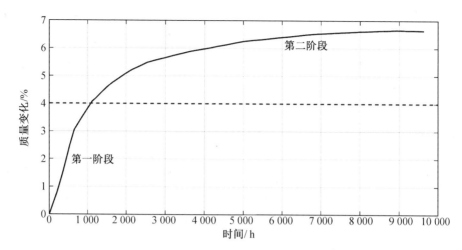

图 2.2　树脂基复合材料吸湿过程

水的吸收过程较为复杂,树脂在第一阶段吸水后,材料中的高分子会发生化学变化,其中的极性亲水基团会吸水,另外材料本身也会发生后固化,又会产生大量的亲水基团,进一步吸水。由图2.2可见,第二阶段的曲线变化明显比第一阶段变缓,所需时间也更长。

至今尚未发现因吸湿而引起收缩的材料,这一点与热膨胀系数有可能是负值的情况不同。与温度效应不同的是,湿度环境不会使材料立刻产生变形,材料吸湿或湿气释放过程较为缓慢,通常需要经过较长的时间才能够达到平衡。

复合材料湿膨胀的影响因素很多,主要包括纤维模量、湿膨胀系数、树脂平衡含水量、纤维体积含量、相对湿度、暴露时间、温度、扩散常数和层压板厚度等。解吸过程中的应变测量在干燥空气、流动干燥空气或惰性气体和真空中进行时,往往得出不同的结果,因此,有必要明确计算湿膨胀时所取参数的测量环境。

对于厚度为 h 的板,材料含水量可近似表示为[11]

$$G = 1 - \exp[-7.3(D_z t/h^2)^{0.75}] \tag{2.11}$$

式中,G 为材料含水量;D_z 为沿厚度方向的扩散率;t 为时间。

扩散率与溶剂浓度和温度相关。对于碳纤维环氧树脂基复合材料,D_z 的典型值为 $(3 \sim 30) \times 10^{-8}$ mm^2/s。

热扩散率与温度的关系可表示为

$$D = D_0 \exp(-Q/RT) \tag{2.12}$$

式中,Q 为扩散的活化能;R 为气体常数。

碳纤维的 Q 值约为 3 500 J,D_0 在 0.09 $\sim$ 0.3 mm^2/s 之间。

2.8　微 屈 服

在常规的航天器结构中，一般以屈服强度，即产生 0.2% 塑性应变所需的屈服应力值作为强度设计极限，并在一定安全裕度下开展设计。但是对于有尺寸稳定性要求的结构，在 0.2% 塑性应变出现以前，在更低量级的塑性应变导致的尺寸变化，可能已经使得结构的尺寸稳定性不满足要求。为此，在尺寸稳定结构中，必须定义更低塑性应变对应的屈服强度，为尺寸稳定性设计提供一个更精确的强度校核依据。

材料的微屈服是指塑性应变很小时材料的应力与应变关系（通常指 $(1 \sim 2) \times 10^{-6}$ 的残余应变量），它反映了材料在短时负载作用下抵抗塑性微变形的能力[12]，此时对应的强度称为微屈服强度（Micro Yield Strength，MYS），也被称为精密弹性极限（Precision Elastic Limit，PEL）。

与较高应力水平下的屈服不同，微屈服强度并不总是可重复的。这很大程度上取决于材料的加载和热处理历史，以及进行试验的方式。此外，传统的 0.2% 应变与微应变之间没有关系，因此不能用前者来推断后者[13-14]。

下面分别介绍几种材料的微屈服性质。

2.8.1　金属材料的微屈服

金属的微屈服行为是少数晶粒或区域内有位错短程运动的结果。当应力增高到能激发大量晶粒或区域内的位错开动时，迅速贡献出较大量的塑性变形，此时材料已进入了宏观屈服阶段初期。根据位错理论，Brown 和 Lukens 提出了金属材料微屈服应力同微塑性应变之间的关系[15]，即

$$\varepsilon_p = \frac{\rho d^3 (\sigma - \sigma_0)^2}{2G\sigma_0} \tag{2.13}$$

式中，ε_p 为塑性应变；ρ 为可动位错密度；d 为晶粒尺寸；σ_0 为第一个位错运动所需的应力；σ 为施加的应力；G 为剪切模量。

式（2.13）可以写为

$$\sigma = \sigma_0 + K\varepsilon_p^{1/2} \tag{2.14}$$

式中，K 为材料组织结构敏感系数，$K = 2G\sigma_0/(\rho d^3)$。

式（2.13）和式（2.14）构成了描述金属材料微屈服规律的 Brown - Lukens 关系，它是根据只存在晶界对位错的障碍这一基本假设推导得到的，原则上只适用于纯金属多晶体。但实际工程应用中的一些合金和金属基复合材料，也满足 Brown - Lukens 关系，例如退火态、固溶态和充分时效态的 2024 铝合金。但对

于具有时效强化效果处理状态下的 2024 铝合金,则不符合 Brown – Lukens 关系。

2.8.2　金属基复合材料的微屈服

金属基复合材料是由金属基体和硬质分散相组成的复合体,此种微观结构决定了其在受力过程中变形的非协调性,因此在基体的某些部位易产生应力集中而引发塑性变形,进入微屈服。在宏观屈服之前的这段过程是微观塑性积累和微结构演化(特别是位错组态和运动)的过程,它与复合材料发生了宏观屈服后的塑性变形相比有很大不同,主要体现在复合材料基体中的热残余应力水平和位错组态的不同,因而其表现出的行为也不同。在金属基复合材料的微屈服行为中,热残余应力是一个重要的影响因素。由于金属基复合材料增强体与基体的热膨胀系数有显著差异,在材料制备冷却后或经历一定的热处理,必然在其内部产生较大的热残余应力,通常在基体内为拉应力,在增强体内为压应力,如果增强体和基体的热膨胀系数差异较大,即使温差变化不大,也可产生较大的热残余应力。如果基体局部区域受到的热应力达到了基体的屈服强度,将会直接引发塑性变形,使所受到的热应力发生部分松弛。

在短纤维增强金属基复合材料的微屈服过程中,材料内部包括分散的增强体弹性区、界面微塑性变形区和基体弹性区三种区域。在基体弹性区和增强体弹性区内,材料的本构关系符合弹性力学广义 Hooke 定律。在微塑性变形区,材料的总应变 ε 包括弹性应变 ε_e 和塑性应变 ε_p,满足 ε_e 广义 Hooke 定律,ε_p 满足 Brown – Lukens 关系。

对于纤维体积含量大于某一阈值(如 10%)的金属基复合材料来说,金属基复合材料的 MYS 随增强纤维体积含量呈线性增加。

2.8.3　树脂基复合材料的微屈服

对树脂基复合材料微屈服的研究比较少,仅进行了少量的试验[16-17]。试验表明,纤维方向的 MYS 非常高,这一点与金属材料存在明显的不同。树脂基复合材料的 MYS 对内部损伤状态非常敏感,并且与应力、温度以及水分的循环均有关。

2.9　微　蠕　变

微蠕变(microcreep)是表征材料在长期负载下微塑性形变抗力的指标,是指在恒定的外加载荷作用下随时间变化的永久应变。蠕变导致固体变形,这种变形与时间有关,并且可以由远低于传统弹塑性分析预期的载荷引起,它可以是可恢复的、不可恢复的或部分恢复的。

蠕变对温度具有强依赖性,一般主要考虑高温应用。在许多金属材料的微屈服区也可能发生室温蠕变,这是由于与温度有关的原子振动加速了位错滑移的发生。固体在非零温度下处于加载状态的时间越长,发生这种情况的可能性就越大[18]。

从分析上讲,蠕变可以被视为黏弹性问题[19],在使用复合材料的情况下,蠕变是弹性纤维在黏弹性基体中的变形叠加。对微蠕变研究目前开展得比较少,对尺寸稳定性的影响尚处于研究中[20]。一般来说,它需要通过定制测试来确定所需的材料参数,或者确保高尺寸稳定性路径中不包括会产生蠕变的构件。

2.10　变形系数

变形系数分为稳态变形系数(CTE/K)和瞬态变形系数(CTE/D)[21]。稳态变形系数定义为材料热膨胀与热传导系数之比,其值越小,则稳态热梯度造成的热变形越小。瞬态变形系数定义为材料热膨胀系数与热扩散系数之比,其值越小,达到热平衡的时间以及由此造成的热变形越小。

2.11　纤维体积含量

树脂基复合材料中的纤维体积与总体积之比称为纤维体积含量。纤维体积含量是树脂基复合材料热膨胀系数最主要的影响因素之一。研究表明,纤维体积含量在树脂基复合材料的尺寸稳定性材料参数灵敏度分析中,具有最大的影响权重[22]。在采用树脂基复合材料进行尺寸稳定结构设计时,除了需要确定纤维的材料外,还需要确定纤维体积含量,否则热膨胀系数会出现较大的偏差。

2.12　边界效应

在材料中,越接近表面,材料受到的约束越小,边缘、角部或自由表面具有与内部材料不同的应力状态。一般而言,对于各向同性材料,边界效应的作用尺寸与结构的最小特征尺寸有关。如在远离边界尺寸约等于层压板的厚度与梁结构最大横截面的距离上,边界效应将消失,这个规律符合圣维南原理[23]。对于高度各向异性的复合材料,边界效应衰减长度可能远远大于最大横截面尺寸,尤其是夹层结构,端部效应会在试件宽度几倍的距离内传播。这一点是设计尺寸稳定结构时必须要考虑的,尤其是对尺寸稳定结构试验件进行材料特性测试时,夹具的设计、变形测量的位置等试验状态的考量,必须剔除边界效应的影响[24]。

2.13 残余应力

复合材料的残余应力是由复合材料成形历程引起的复合材料各个组分之间的内应力。相关经历包括制造或制造顺序、热处理、机械加工、潮湿环境变化或辐射损伤等。残余应力产生的原因是因为复合材料一般在高温下制造成形,其组成的各种组分具有不同的属性,特别是刚度和热膨胀系数,当材料逐渐恢复到常温时,这些不同特性的组分之间会残留一部分应力,即残余应力[25]。残余应力取决于组分的时变特性,如固化过程中的化学反应和随后的基体黏弹性行为[26]。在复合材料的制造和使用的全寿命中,残余应力会一直累积或释放,结果导致复合材料结构的尺寸变化。应力松弛是常见的应力释放现象,可以用幂律模型来模拟,并通过准静态拉伸试验获得黏弹性参数,以预测应力松弛行为[27]。

金属材料也是如此。研究表明,残余应力是磨削后表面以下深度的函数[28]。如果进行常规磨削,表面附近会有很高的残余应力,然后表面下方的残余应力会逐渐减小到非常小的压应力。使用粗磨会得到更高和更深的残余应力,而使用轻磨,可以在表面上得到较小的压应力,然后在内部得到非常低的应力。

2.14 微 裂 纹

复合材料在制造、储存和使用过程中产生的残余应力可能超过局部强度,复合材料因此会产生内部损伤,其表现形式为纤维、基体或界面开裂,纤维或基体塑性、黏弹性或黏塑性变形以及这些因素的组合。损伤可能包括纤维断裂或开裂、纤维拉拔和缺陷或空隙的增长[29]。

微裂纹也由应力循环、吸湿或脱湿、辐射和机械应力引起,并且在各种载荷作用下,微裂纹会逐渐扩展,此效应会降低机械性能,特别是刚度。损伤会增加气体和水分的渗透性。当裂缝和空隙形成时,以及在使用过程中它们增长或收缩时,会导致尺寸的变化。因为刚度降低,在宏观上表现CTE和MYS会发生变化,这也间接影响了尺寸稳定性[30]。

2.15　几何尺寸

　　材料的热膨胀系数不但与温度有关,还与结构尺寸有关,对于低尺寸稳定要求,这种尺寸影响效应可以忽略,但对于航天器高尺寸稳定性要求,这种影响不可忽略。经研究,金属圆棒材料的热膨胀系数与金属圆棒的直径有关,两者存在一个近似的拟合函数关系[31]。目前,尺寸效应对热膨胀特性影响的研究非常欠缺,这也说明了进行结构的典型样件和实际产品全尺寸热变形测试的必要性。

2.16　老　　化

2.16.1　时间老化

　　一个结构没有受到任何载荷或者仅受到静态平衡力系(如在重力场中自由放置的物体)的作用且内部应力非常低的情况下,其尺寸是否会随着时间发生变化取决于以什么量级进行评价。如果评价的尺寸变化是毫米量级,可以确定,它不会产生任何变形;如果评价尺寸的变化量级是微米,甚至更小量级上的尺寸变化,则可以确定其尺寸一定会发生变化。例如,1895—1948 年期间,国际米原器的长度一直在缓慢地减少,每年减少约 2.5×10^{-8} m[32]。对几种常用的尺寸稳定材料进行研究表明,即使是像微晶玻璃(Zerodur)、殷钢、重膨胀玻璃(ULE)这些尺寸稳定性非常好的材料,其尺寸也会随着时间发生变化[33]。一般认为,材料随时间发生的变化是生产制造过程中的残余应力释放的结果。

2.16.2　物理老化

　　物理老化是非晶态材料中的一种热可逆过程,是材料从高于玻璃化温度(T_g)向低于 T_g 的次级温度转化过程中的体积弛豫过程,所有的纤维增强树脂都存在物理老化效应。通过向聚合物基体中添加硬无机填料粒子,可以减轻复合材料中的体积不稳定性。美国国家航空航天局(NASA)的研究表明,物理老化对复合材料的所有随时间变化的性能,特别是机械性能、黏弹性、黏塑性和应力断裂性能有着相当大的影响。随着树脂性能的变化,脆性、动态疲劳以及屈服和裂纹扩展也发生了变化[34-37]。

2.16.3　化学老化

化学老化是指高分子材料在使用的过程中,由于受到热、氧、水、光、微生物、化学介质等环境因素的综合作用,高分子材料的化学组成和结构会发生一系列变化,物理性能也会相应变差,如发硬、发黏、变脆、变色、失去强度等。对于复合材料来说,不同材料之间界面处的性质更易受到化学老化的影响。对于航天器中的复合材料而言,化学老化最主要的因素是湿热反应。研究表明,虽然树脂在老化过程中性能会降低,但树脂基复合材料的拉伸强度主要由纤维决定,因此湿热老化对复合材料开孔拉伸强度影响不大。但是,由于在湿热过程中孔边缘暴露在环境中,相对于内部,孔边缘树脂及纤维/树脂界面受到湿热环境的损伤较大,从而导致受拉时孔边缘应力集中系数降低,造成湿热老化过程中开孔拉伸性能降低。这是因为水分进入树脂基体后,树脂性能降低。随着水分的吸收和扩散,树脂中形成了裂纹等缺陷,因此树脂基体的性能在老化过程中一直降低[38]。

2.16.4　热老化

热老化是指材料在高温下会出现再结晶、晶粒生长和升华等现象。化学反应是金属基复合材料的主要问题,解决问题的方法是开发纤维/基体的非反应性组合和纤维保护涂层。树脂基复合材料的基体氧化是降解的主要原因,低应力和低温度水平对热老化效应影响相对较弱。

2.16.5　后固化

后固化是化学老化的一种特殊形式,是一种随着时间发生附加交联的过程。例如在碳纤维/环氧树脂复合材料中,较长时间内交联等化学反应往往会提高 T_g,进一步影响尺寸稳定性。在较高的温度和较低的压力下,这种效应往往会增加,使得机械和尺寸稳定性往往随时间发生变化。

目前的老化效应研究水平还比较低,缺乏严格的理论方法,基本上是通过经验公式、有限元分析以及试验进行老化性能的预测和研究。

2.17　出　气

任何固体材料在大气环境下都能溶解、吸附一些气体。当材料置于真空中时就会因溶解、解吸而出气。材料出气的原因是材料内溶解气体解溶和表面吸附的气体脱附,解溶往往是最主要的出气原因[39-40]。常用的出气速率单位是 $Pa·L/(s·cm^2)$。材料的出气速率除与材料性质有关外,还与材料的制造工艺、储存状态和预处理状态(如清洗、烘烤和表面处理等)有关。

材料出气速率是温度和时间的函数,形式为

$$\lg q = \lg q_0 - a \lg t \tag{2.15}$$

或

$$q = q_0 \exp\left(-\frac{E}{RT}\right) \tag{2.16}$$

式中,q 为出气速率;q_0 为常数;t 为时间;E 为出气活化能;R 为摩尔气体常数;T 为热力学温度;a 为出气速率的衰减系数。

由上述公式可见,出气速率是时间的慢变常数,即时间延长 1 个数量级,出气速率只降低半个或 1 个数量级。

2.18　理论极限

鉴于尺寸稳定性对于航天器性能的重要性,自然希望能够使用或制造零膨胀、零变形的材料,以获得绝对的尺寸稳定结构,但是,原子的热力学振动影响了材料的机械尺寸稳定性。根据分析,对于大多数材料而言,在室温下,质量为 1 kg 的 10 m 长的杆将以 0.01 Å(1 Å = 0.1 nm)的振幅振动。另外,对于复合材料来说,由于各种组分的膨胀系数和热扩散率不同,即使是设计为零膨胀的复合材料结构,在温度变化过程中,各个组分呈现出变形延迟或迟滞,结果导致在变形的过程中,零膨胀结构表现出的宏观变形 CTE 约等于最刚性组分 CTE 的两倍。此外,结构中的温度、能量等即使在宏观上表现为定值,但在结构内部,尤其是在微观尺度上,不同组分之间必定存在温度变化和能量流动,这也会导致结构出现宏观尺寸稳定性问题[41]。

正是基于上述原因,研制零膨胀材料从理论上就是不可实现的。因此,航天器结构尺寸稳定性设计的目标不是消除尺寸稳定性问题,而是通过降低尺寸稳定性的不利影响使结构设计满足总体指标要求。

本章对尺寸稳定结构各个品质因素的描述,给出了进行尺寸稳定结构方案设计时需要考虑的结构自身性质方面因素。本章列出了尺寸稳定结构的主要品质因素,但并不是全部品质因素。尺寸稳定结构设计时,需要考虑哪些具体的品质因素,予以考虑的各个品质因素的权重如何,都需要根据工程需要进行设定。

本章参考文献

[1] 彭智权.Invar36 合金的激光选区熔化成形及热处理工艺研究[D]. 廊坊:北华航天工业学院,2021.

[2] 凯斯·B.道尔.光机集成分析[M].连华东,王小勇,徐鹏,译. 2 版.北京:国防工业出版社,2015.

[3] WOLFF E G. Introduction to the dimensional stability of composite materials[M]. Pennsylvania:Destech Publications Inc,2004.

[4] PAQUIN R A. Dimensional instability in materials:how critical is it in the design of optical instruments? [J]. Optomechanical Design:A Critical Review,1992,10265:160-180.

[5] BASHFORD D P,EATON D,PRADIER A. The use of high stiffness material and dimensionally stable materials in spacecraft applications. [EB/OL]. [2022-07-13]. https://cds. cern. ch/record/399350/files/p9. pdf.

[6] 刘亚明. 几种典型材料负膨胀机理的第一性原理研究[D]. 郑州:郑州大学,2016.

[7] UTSUNOMIYA S,KAMIYA T,SHIMIZU R. CFRP composite mirrors for space telescopes and their micro-dimensional stability[C]. San Diego:SPIE,2010.

[8] AHMED A,TAVAKOL B,DAS R,et al. Study of thermal expansion in carbon fiber reinforced polymer composites[EB/OL]. [2022-07-13]. https://www. researchgate. net/publication/262006977 _ Study _ of _ Thermal _ Expansion _ in _ Carbon _ Fiber _ Reinforced _ Polymer _ Composites/link/00b49538ba84ddfd8e000000/ download.

[9] 全国纤维增强塑料标准化技术委员会.纤维增强塑料吸水性试验方法:GB/T 1462—2005[S]. 北京:中国标准出版社,2005.

[10] 郑路,常新龙,赵峰. 湿热环境中复合材料吸湿性研究[J].纤维复合材料,2007,24(2):37-39.

[11] WOLFF E G. Moisture and viscoelastic effects on the dimensional stability of composites[C]. San Diego:SPIE, 1990.

[12] 吴晶,李文芳,蒙继龙. 金属基复合材料的微屈服行为[J]. 材料科学与工程,2002(4):594-596.

[13] MARSCHALL C,MARINGER R E. Dimensional instability-an introduction[M]. Oxford:Permagon Press,1977.

[14] DOMBER J,HINKLE J,PETERSON L. Experiment design to quantify material microyield[C]//44th AIAA/ASME/ASCE/AHS/ASC Structures, Structural Dynamics, and Materials Conference, April 07-10 2003. Norfolk, Virginia:Springer,2003.

[15] 亨金,洛申克.精密机械制造与仪器制造中金属与合金的尺寸稳定性[M]. 蔡安源,杜树芳,译. 北京:科学出版社,1981.

[16] MARSCHALL C, MARINGER R, CEPOLLINA F. Dimensional stability and micromechanical properties of materials for use in an orbiting astronomical observatory[C]//13th Structures, Structural Dynamics, and Materials Conference, San Antonio: Springer,1972.

[17] FREUND N P. Measurement of thermal and mechanical properties of graphiteepoxy composites for precision applications [J]. ASTM Special Technical Publication, 1975,580: 133-145.

[18] 席国强,邱建科,雷家峰,等. Ti－6Al－4V 合金的室温蠕变行为[J]. 材料研究学报，2021, 35(12): 881-892

[19] LEMAITRE J, CHABOCHE J L. Mechanics of solid materials[M]. Cambridge:Cambridge University Press, 1994.

[20] HU H,SUN C T. The characterization of physical aging in polymeric composites[J]. Composites Science & Technology, 2000, 60(14):2693-2698.

[21] 李景镇. 光学手册:下卷[M].西安:陕西科学技术出版社,2010.

[22] LIAW D, SINGHAL S, MURTHY P, et al. Quantification of uncertainties in composites[C]//34th Structures, Structural Dynamics and Materials Conference. La Jolla, CA: Technical Papers. 1993:1-6.

[23] WHITNEY J M, DANIEL I M, PIPES R B. Experimental mechanics of fiber reinforced composite materials[M]. Upper Saddle River:Prentice-Hall, 1982.

[24] KURAL M H, ELLISON A M. Induced errors during thermal expansion testing of graphite fiber reinforced metal matrix composites[J]. Sampe Journal, 1980, 16(5):20-26.

[25] SIM H B, LEE B S. Effects of fiber forms on thermal anisotropy in fibrous composites[J]. Korean Journal of Materials Research,1995, 5(2): 215-222.

[26] VALENCIA L B, ROGAUME T, GUILLAUME E, et al. Measurement and modelling of thermochemical properties of porous materials as a function of temperature during multi-stage decomposition processes. [EB/OL]. [2022-07-13]. https://www. researchgate. net/publication/260405775 Measurement and modelling of thermochemical properties of porous materials as a function of temperature during multi-stage decomposition processes/link/545d05e90cf27487b44d484d/download.

[27] ARAO Y,KOYANAGI J,OKUDOI Y, et al. Residual stress relaxation in CFRP cross-ply laminate[J]. Journal of Solid Mechanics and Materials Engineering, 2010, 4(11):1595-1604.

[28] MARSCHALL C W, HAGY H E, PAQUIN R A. Dimensional stability workshop[C]. San Diego：SPIE，1990.

[29] 张锦阳. 碳纤维/氰酸酯材料本构模型建立及加工微裂纹研究[D]. 哈尔滨:哈尔滨工业大学,2017.

[30] BOWLES D E. Effect of microcracks on the thermal expansion of composite laminates[J]. Journal of Composite Materials，1984，18(2):173-187.

[31] 杨思炫. 机械零件热膨胀规律影响研究[D]. 合肥:合肥工业大学，2017.

[32] BRUIN W D. Dimensional stability of materials for metrological and structural applications [J]. CIRP Annals - Manufacturing Technology，1982，31 (2)：553-560.

[33] BERTHOLD J W, JACOBS S F, NORTON M A. Dimensional stability of fused silica, Invar, and several ultralow thermal expansion materials[J]. Applied Optics，1976,15(8)：1898-1899.

[34] GATES S. Matrix dominated stress/strain behaviour in polymeric composites: effect of hold time, nonlinearities and rate dependent stress-strain behaviour of advanced polymer matrix composites[J]. NASA Technical Memorandum，1991，10:4070.

[35] GATES T S, FELDMAN M. Time dependent behavior of a graphite/thermoplastic composite and the effects of stress and physical[EB/OL]. [2022-07-13]. https://ntrs. nasa. gov/api/citations/19940018807/downloads/19940018807. pdf.

[36] GATES T S, VEAZIE D R, BRINSON L C. A comparison of tension and compression creep in a polymeric composite and the effects of physical aging on creep behavior[EB/OL]. [2022-07-13]. https://ntrs. nasa. gov/api/citations/19960045294/downloads/19960045294. pdf.

[37] 谢丹,薛峰. 物理老化对环氧树脂蠕变性能的影响[M]. 合肥:中国科学技术大学出版社，2000.

[38] 张晓云,曹东,陆峰,等. T700/5224复合材料在湿热环境和化学介质中的老化行为[J]. 材料工程,2016,44(4):82-88.

[39] 达道安. 真空设计手册[M]. 北京:国防工业出版社,2004.

[40] 杨春光,肖尤明,陈楠,等. 真空下非金属材料放气模型与研究综述[J]. 真空，2006(3):48-50.

[41] DOLGIN B P, MOACANIN J, O'DONNELL T P. Theoretical limits of dimensional stability for space structures[C]. San Diago：SPIE,1991.

第 3 章

环 境 因 素

3.1 概 述

　　环境因素对应于式(1.2)的输入 X,它表达了尺寸稳定结构的外部环境(或称为广义载荷)特性。航天器结构在整个寿命周期中,主要包括 4 类环境:地面环境、发射环境、在轨环境和再入环境,如图 3.1 所示。4 类环境均包括温度、湿度、力学载荷等因素。为了便于叙述,本章从温度效应、辐射效应、湿气效应、力学载荷、真空环境、原子氧效应等方面逐节介绍。

　　各个环境因素对尺寸稳定性的影响是不同的,这些影响可分为直接作用效应和间接作用效应两类。直接作用效应,如机械载荷的力和力矩,作用在结构上之后,打破了结构原来的平衡受力状态,直接使结构产生变形。间接作用效应,如辐射效应,首先引起材料机械性质的变化(如弹性模量),破坏了原来的结构受力平衡,并最终导致结构宏观尺寸的变化。环境效应影响形式如图 3.2 所示。间接效应使尺寸稳定结构设计变得复杂,即设计过程中不但要考虑哪些因素直接使结构产生变形,还要考虑结构与环境的耦合效应;不仅要分析当前使用环境下的尺寸稳定性,还要考虑结构从生产制造到在轨使用全寿命周期所经历各种环境的时间历程。

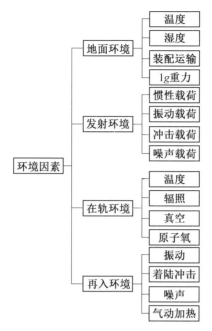

图 3.1 环境因素

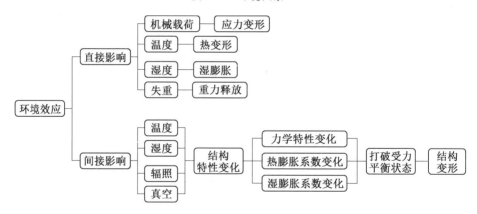

图 3.2 环境效应影响形式

3.2 温度效应

3.2.1 产生机理及后果

温度环境在地面、发射、在轨和再入过程中都存在,其中再入阶段涉及的尺寸稳定性设计问题相对较少,其他三个阶段温度环境产生的机理如下。

1. 在轨温度环境

在轨温度环境是航天器尺寸稳定结构设计过程中要考虑的主要温度环境。不考虑太阳与行星的辐射时,宇宙空间的能量密度约为 $10^{-5}\,\mathrm{W/cm^2}$,相当于温度为 4 K 的物体发出的热量,这种极端温度环境称为冷黑环境。航天器在轨期间,当运行于地球阴影区时,主要经历外部冷黑环境;在地球光照区,对于大于 180 km 的近地轨道,航天器会受到太阳直射、地球对太阳的反射和地球红外的加热温度环境影响[1]。除外部环境因素以外,航天器上各个单机和有效载荷工作过程中的发热也会影响航天器的温度场。内部和外部环境的综合作用的结果是,航天器的温度随轨道高度、季节和有无热控措施有很大差别,并随时间时刻变化。低地球轨道运行周期约 90 min,航天器表面温度一般在 172～566 K 范围内变化;地球同步轨道运行一周约 24 h,温度变化范围更大,一般在 103～393 K 范围内变化[2]。在轨温度场的非均匀分布将使光学系统的尺寸稳定性发生变化,进而产生离轴、离焦和倾斜等误差以及光学元件的热弹性变形引起的镜面面形畸变等[3],也可能使得星上天线产生型面和指向误差[4],还可能诱发卫星产生热致振动,引起动力学问题[5]。

2. 地面温度环境

地面温度环境对尺寸稳定结构的影响主要是在制造、装配、试验以及运输等过程中,如复合材料结构制造高温固化成形、地面高低温环境试验等过程中的温度环境。地面阶段温度环境的影响贯穿从航天器制造至出厂、发射、入轨工作的整个时间区间,有些影响在产品出厂前显现出来,如温度环境对初始制造精度的影响;有些则可能是在航天器入轨后才能显现出其影响,如本节后面描述的制造过程中产生的残余应力对尺寸变化的影响,发射前是无法预测和测量的,但入轨后则可能引起不可接受的尺寸变化。

3. 发射过程温度环境

一般情况下认为航天器发射的主动段热环境是适宜的,但在某些极端环境条件下,发射主动段卫星的热分布和热变形是关系卫星顺利入轨与否的一个重要因素。在主动段内卫星与整流罩会有热交换发生,并导致通信卫星温度的变化。在主动段内的大气中间层内有高空大气对流[6],在某些极端情况下会导致发射过程中整流罩温度升高。如针对某卫星发射过程中的热变形进行分析表明,舱板在抛罩时刻的最大变形已经接近结构局部精度的要求量级[7],这说明对发射过程中热变形也需要予以重视。

3.2.2　温度环境影响机理

温度环境对尺寸稳定结构有直接影响的品质因素是热膨胀特性,此外,在尺寸稳定结构的设计中,温度环境对其他品质因素的影响也至关重要。温度环境对金属、合金材料和复合材料的影响机理是不同的。

1. 金属与合金材料

目前考虑温度环境对金属与合金材料的影响主要是在生产制造过程中的材料处理。在材料的热循环处理过程中,会出现组织与晶粒尺寸的变化以及晶界的迁移。在热循环作用下,材料会出现微孔型破损和微裂纹的聚集。

2. 复合材料

纤维增强树脂基复合材料通常在高温下固化,然后冷却至室温环境条件。由于纤维和基体材料的不均匀性、差异较大的热膨胀特性以及两种材料的机械性能不同,使得很容易在复合材料中产生热应力[8],尤其是纤维和基体材料的界面位置。工作环境中的热循环会加剧这种影响,并导致微裂纹的产生,在每个热循环过程中的最低温度决定了复合材料中可能出现的最大应力水平。

因为纤维的热膨胀系数一般都比较低,而基体的热膨胀系数都较高,所以,裂纹的扩展主要是由基体的膨胀(或收缩)所驱动。基体的选择通常受最大预期工作温度的影响,最大预期工作温度定义了最小可接受基体玻璃化转变温度 T_g,进而定义了固化温度。残余应力保持在基体中的温度直接与树脂 T_g 有关。高固化温度和使用中的最低温度决定了微裂纹出现的两个条件。

3.2.3 温度对材料性能的影响

温度对材料性能的影响有以下两种:

① 温度对材料性能的影响是可恢复、可重复的,材料性能可表示为当前温度的函数,这是温度效应在尺寸稳定性设计中可量化分析和设计的部分。

② 温度对材料性能的影响是不可恢复的,即材料性能在经历温度环境后,出现永久不可恢复的变化。温度环境的这种影响是复杂的,温度对材料性能的影响不仅与温度变化的范围有关,还与结构在温度环境下所经历的时间历程有关,很难建立一个与实际情况完美符合的数学模型进行描述。

前一种情况在尺寸稳定结构设计中的应用是比较清晰的,后一种情况则往往容易被忽略,本节主要讨论后一种情况的影响。

1. 温度对 CTE 的影响

一般来说,复合材料 0° 轴上的热膨胀系数由基体和纤维共同决定,90° 方向上的热膨胀系数主要由基体决定。复合材料的热膨胀系数除了与组成和相关参数有关外,还受到材料的原始状态、热不匹配应力随温度变化率的影响有关。复合材料的热膨胀计算公式为

$$\alpha_c = \alpha_m + A \frac{\mathrm{d}\sigma_m}{\mathrm{d}T} \tag{3.1}$$

式中，α_c 为复合材料的热膨胀系数；α_m 为基体的热膨胀系数；A 为依赖于加热速度的常数；σ_m 为热错配应力。

对于碳纤维树脂基复合材料而言，树脂的热膨胀系数比碳纤维的热膨胀系数大一个量级，则在材料加热的过程中，基体内的热错配应力可以由拉应力转化为压应力。当拉应力松弛，同时压应力增加时，即 $\frac{\mathrm{d}\sigma_m}{\mathrm{d}T} < 0$，则 $\alpha_c < \alpha_m$；当压应力松弛时，$\frac{\mathrm{d}\sigma_m}{\mathrm{d}T} > 0$，$\alpha_c > \alpha_m$。

研究表明对于树脂基复合材料，经历一定次数的热循环后，复合材料的横向热膨胀系数的绝对值增大。树脂基复合材料的纤维和树脂基体的热膨胀系数差异较大，在升温过程中存在一定程度的纤维对树脂基体的拉应力。在原始材料经过热循环后，材料内界面脱粘导致界面层对树脂基体的变形约束减小，因此横向热膨胀系数增大。由于纤维的弹性模量通常远大于树脂基体的弹性模量，因此树脂基复合材料的纵向热膨胀系数主要取决于纤维的热膨胀系数。在经历一定次数的热循环后，热应力使得纤维和基体之间产生界面脱粘，使得基体内的残余应力消除。

对于 SiCp/Al 等金属基复合材料，由于基体金属与增强体颗粒的热膨胀系数相差较大，热循环会在材料内部产生较大的残余热应力。热循环后的残余应变随热循环次数的增加而减小。由于作为基体金属的屈服强度低，每一次热循环所产生的热应力都足以使它发生塑性变形，因此残余热应力会得到释放。研究表明，经历少量次数热循环后，金属基复合材料的热膨胀系数即趋于稳定。

2. 温度对力学性能的影响

（1）热循环对金属和合金材料力学特性的影响。

温度环境对金属和合金材料的效应是，经过热循环后，材料的蠕变和长期强度降低。对于由热膨胀系数相差比较大的相组成的合金材料进行热循环处理，可增加材料的短期负载与长期负载下微塑性变形的抗力[9]。

（2）热循环对树脂基复合材料力学特性的影响。

一般来说，热循环对树脂基复合材料的作用效应分为三个阶段：① 在热循环初期，树脂基体发生后固化，分子交联密度增加，力学性能提高；② 当热循环达到一定次数和温度以后，由于纤维与树脂基体热膨胀系数不匹配造成应力集中，超过了界面结合强度之后，就会出现纤维与树脂界面脱粘，使得材料的力学性能下降；③ 再当热循环次数达到一定次数后，树脂或界面的变形已能够有效松弛热应力时，材料的力学性能会基本趋于稳定[10-13]。除由纤维和基体组成的层合结构特性受到热循环的影响外,像蜂窝夹层板这一类复合结构的力学性能同样受到热循环的影响[14]。三个阶段后,总的效应是使得复合材料的力学性能下降[15]。

3.2.4 温度效应防护

温度效应是不可消除的,目前在工程实践中以及一些基础研究中,也总结了一些设计或工艺以及材料选择方面的准则,以尽量降低其不利影响。这些手段包括以下几种。

1. 通过应力和(或)热循环进行预处理

在经历一定数量的热循环之后,材料的力学性能会基本趋于稳定。因此,将复合材料结构在地面进行重复热循环,直到发射前微裂纹的数量处于稳定状态,已成为航天器尺寸稳定结构保持高尺寸稳定性的习惯做法。大多数微裂纹发生在结构遇到的前几个(一般不多于 10 个)循环中,然而实际情况是复杂的,在进行热循环之后,材料特性会因为组分、制造历程、升降温范围和速率的不同而出现不同的变化规律,有些材料的特性甚至永远不会达到稳定状态。目前这方面的研究还很欠缺,针对具体结构,通过热循环降低其微裂纹产生数量的有效性大多通过试验的方法进行确认。

2. 使用增韧的高应变基体

目前航天器结构中的复合材料采用多种树脂,对于尺寸稳定结构来说,应选用抗微裂纹性能较高的树脂,例如,氰酸酯比环氧树脂具有更好的抗微裂纹能力。

3. 选取低固化温度的制造工艺

因为高固化温度和使用中的最低温度决定了微裂纹出现的两个条件,所以,制造过程中的低固化温度有利于减少微裂纹。

4. 降低残余应力水平

通过热循环或振动等措施,可有效释放制造过程中的残余应力。

5. 合理设计层合板的铺层角

仿真计算和试验表明,复合材料层合板对微裂纹的抵抗能力与铺层角有关。波音公司通过其开发的 INCAP 程序计算得出,0°和±30°纤维方向组合得到的层合板铺层角,对于抵抗微裂纹的扩展十分有利,尤其是±22.5°的层合板,即使重复热循环交变峰值达到液氮温度也没有出现微裂纹。

6. 在材料表面增加防护层

通过在材料表面覆盖涂层,可以降低热循环过程中材料内部的温度变化峰值,这也就减少了微裂纹的产生。如哈勃空间望远镜光学桁架结构上覆盖了防护涂层后,其微裂纹在热循环之后没有增加。

除上述叙述的措施以外,还有一些可以采用,如使用织物增强复合材料、降低基体 CTE、提高基体刚度、使用具有较少负 CTE 的低模量纤维、最大限度地增加树脂界面纤维的浸润性、使用低孔隙率复合材料等。

3.3　辐射效应

3.3.1　辐射环境特点

航天器在轨道上遭遇的带电粒子的辐射环境,包括天然粒子辐射环境和高空核爆炸后所生成的核辐射环境。天然粒子辐射的主要成分为电子和质子,具有能谱宽、强度大的特点,主要包含以下几种。

1. 太阳电磁环境

太阳是太阳系中唯一的强辐射源,每秒钟向空间辐射的功率为 3.86×10^{25} kW。太阳电磁辐射是指在电磁波段范围内的太阳输出,太阳常数为 1 353 W/m^2,其 99% 的能量集中在 $10 \sim 2\,500$ nm 的波谱范围内[16]。紫外辐射是太阳电磁辐射的主要形式,其波长范围在 $10 \sim 400$ nm,所提供的能量大约为太阳常数的 9%。紫外又分为波长在 $200 \sim 400$ nm 的近紫外辐射和波长在 $10 \sim 200$ nm 的远紫外辐射。波长介于紫外线和 γ 射线间的电磁辐射称为 X 射线,其中波长在 $0.1 \sim 10$ nm 的称为软 X 射线。远紫外射线和软 X 射线在太阳总辐射能中所占比例很小,但其对航天器用材料及器件的影响却十分重要。

2. 空间带电粒子辐射

空间辐射环境中的带电粒子主要分为地球辐射带粒子、宇宙射线粒子和极光粒子 3 种。

地球辐射带是在近地空间被地磁场捕获的高强度的带电粒子区,按其分布的位置可分为内辐射带和外辐射带。内辐射带位于赤道上空海拔 $600 \sim 10\,000$ km,主要成分是质子和电子;外辐射带位于赤道上空海拔 $10\,000 \sim 60\,000$ km,主要成分是电子。地球辐射带内电子的能量范围在 $4.0 \times 10^{-4} \sim 7.0$ MeV,质子的能量范围在 $0.1 \sim 400$ MeV,并伴有少量的 α 粒子和重粒子[17]。

宇宙射线是宇宙空间能量较高的带电粒子。宇宙射线来自银河系称为银河宇宙射线,由不同元素的离子组成,能量极高,达 $10^2 \sim 10^{13}$ MeV,但其通量很低,为 $1 \sim 4$ cm$^{-2} \cdot$ s^{-1}。一般认为其成分 85% 为质子,12.5% 为 α 粒子,1.5% 为从元素锂到铁的原子核,1% 为电子。太阳在耀斑爆发期间辐射出大量高能带电粒子,称为太阳宇宙射线,其成分99%是质子,其次是α粒子,少量是电子,另外还有少量的碳、氮和氧等重核离子,故太阳宇宙射线又称为太阳质子。这些粒子的能量一般在几兆至数百兆电子伏之间。

极光粒子高度范围为 $65 \sim 1\ 100$ km,主要是电子,能量小于 50 keV,通量达 10^{10} $cm^{-2} \cdot s^{-1}$;其次是质子,通量比电子小得多,能量也比较低。

3.3.2 对材料性能的影响

1.太阳紫外辐射的影响

紫外波段虽然能量在太阳常数中所占的比例很低,但是由于光子能量高,会使得大多数材料的化学键被打断,造成材料性能退化。所以在地球轨道上,研究长时间的空间电磁辐射对材料性能的退化主要是针对紫外波段的。

太阳紫外辐射会导致聚合物表面的交联,从而造成材料表面软化或者碎裂,改变了材料的表面形态和光学性能,导致机械性能恶化[18-19]。长期的紫外辐射作用还可能会影响树脂基复合材料的机械性能。如对碳纤维 M40/环氧树脂648复合材料在紫外辐射前后的性能进行对比测试表明[20],辐射初期真空紫外线对材料的损伤作用小,随着辐射剂量的增加,环氧树脂基体中的化学键遭到破坏,有小分子挥发性产物析出,使质量损失量加大,质量损失呈递增趋势。在各个辐射剂量范围内,碳纤维复合材料的质量损失均低于环氧树脂基体,说明碳纤维的抗紫外辐射性能优于环氧树脂基体,并对树脂基体起到一定的保护作用。随着辐射剂量的增加,树脂基体破损严重,导致纤维和基体的界面结合力下降,层间剪切强度值降低。

光谱发射率测试表明,所有的聚合物薄膜在紫外和可见光波段的反射率都有所增大,这表明材料表面的化学结构发生了变化,反射率的增加改变了原有的热控状态,可能引起结构出现不期望的热环境变化。

紫外辐射具有累积效应。在固定辐射剂量率的长期辐射下,当总辐射剂量超过一定值后,发生不可逆的化学反应,形成新的成分和分子链结构,从而导致高分子材料性能下降。在紫外辐射下高分子材料内部产生大量强极性自由基,这些极性自由基重新结合后形成分子链的交联及其他多种小分子,改变了高分子材料的组成和结构,最终导致材料性能的下降。随着辐射时间的延长,相当于外界对高分子材料持续做功,那些倾向于交联的高分子材料其交联程度增加,使强度和韧性增大,最终导致其变脆;而那些倾向于发生降解的高分子材料将变得薄弱,并不断释放出小分子气体,如 H_2、H_2O 等,破坏高分子材料原有成分而使其性能退化。累积效应通常导致不可逆的化学反应,一般绝缘高分子材料达到永久破坏的程度所需总剂量达 10^5 Gy 以上,具体到某种高分子材料破坏到一定程度所需总辐射剂量主要通过实际测量的方法来确定。

总之,紫外辐射有以下特点[21-22]:

① 只对结构外表面暴露材料产生影响,而对内部材料几乎无影响。

② 紫外辐射对高分子聚合物的影响较大,对金属材料影响很小。

③ 高轨环境下紫外辐射强度略高于低轨。

④ 紫外辐射使复合材料玻璃化转变温度 T_g 提高,老化前期提高幅度相对较大,后期变化不明显。

2.空间带电粒子辐射的影响

带电粒子的辐射损伤机理分为两种,包括电离作用机理和原子位移作用机理,空间电子和质子可产生电离作用,入射粒子的能量使被辐射物质的原子发生电离,同时入射能量被物质吸收,因此,电子更侧重于传递热量;低能质子可产生原子位移作用,即入射粒子使被击中的原子脱离原来的晶格位置,进而造成晶格缺陷。带电粒子(包括质子和电子)辐射能够导致树脂材料表面的分子链发生断裂或交联,使航天器材料的光学、热学、电学、力学等性能均发生一定程度的改变,这种改变对材料性能而言,既可能是提高也可能是降低,这取决于具体的特性和辐射环境条件。例如电子辐射下树脂基体降解和交联作用同时存在。研究表明:500 kGy 的辐射增加了碳纤维增强聚氨酯复合材料样品的拉伸强度和弹性模量,此时,材料拉伸性能的改善是由于电子辐射引起的交联反应导致的。但当施加 1 000 kGy 的辐射剂量时,试样的机械性能出现恶化的趋势,此时,是分子链的断裂逐步发展成树脂的降解反应占主导地位[23]。

采用质量厚度所表征的射程近似地与吸收物质的密度无关。电子在碳纤维/环氧树脂复合材料中的入射深度一般是 $0.1 \sim 0.3$ mm。一般碳纤维/环氧树脂复合材料表面层都是由厚度约为 20 μm 的环氧树脂构成,电子与碳纤维/环氧树脂复合材料发生的交互作用可以深入到纤维与树脂基体之间的界面层,并且通过对界面层的作用使复合材料的性能发生改变。质子在碳纤维/环氧树脂复合材料中的入射深度约为 2 μm,难以对复合材料中的界面层产生影响。因此,在研究质子与碳纤维/环氧树脂复合材料发生的交互作用时,一般是研究质子与树脂基体的交互作用。环氧树脂会发生由辐射诱发的蠕变。辐射诱发蠕变的机制是随辐射剂量增加,分子链的断裂程度加剧,由此导致环氧树脂的蠕变[24]。

辐射效应对材料的作用是复杂多样的,对材料不同性能的影响程度也是不同的。目前已知辐射可能对复合材料的塑性[25]、CTE[26-28]、微裂纹[29]、质量[30]、吸湿性、微屈服[31] 等性能产生影响,这几乎涵盖了尺寸稳定性相关的所有特性。

3.3.3 辐射防护

为减小辐射对结构的影响,首先要考虑抗辐射能力强的材料;其次,对于一些树脂基复合材料,在表面用防护涂层进行涂覆,例如有机硅树脂防护涂层。结构不同的有机涂层对太阳远紫外的敏感程度不同,含环氧环、C—N 和支链的有机涂层最易受到远紫外破坏而裂解;Si—O、苯环、C═O 在远紫外辐射环境下相对稳定。

3.4 湿气效应

树脂和大多数有机材料的吸湿性是现代复合材料尺寸稳定性设计所面临的主要问题。例如,航天器复合材料结构在入轨处于真空环境后,湿气的释放很容易导致望远镜光学图像失焦或天线微波信号失真。研究表明,湿气是除温度载荷外引起有机材料形变的另一个重要环境条件。

湿气释放是一个缓慢的过程,在释放过程中,伴随着航天器的变形,直至湿气释放结束或达到一个可忽略的水平。因此,有必要考虑树脂基复合材料结构在入轨初期的变形对有效载荷性能的影响,这部分误差是初始常值偏差的一部分。

湿气释放一方面引起航天器结构的宏观形变;另一方面,湿气释放产生的应力可能导致纤维和基体连接界面的微观损伤,因此,有必要对湿气释放效应进行抑制,目前常用的方法包括以下几种[32-34]。

1. 选择高模量纤维

纤维本身是不吸湿的,利用其不吸湿和高模量特性,有助于抑制湿膨胀变形。

2. 低吸湿效应的树脂

复合材料的吸湿主要是树脂基体部分的物理特性,基体种类不同,其吸湿性也不同,氰酸酯在吸湿性上优于环氧树脂。

3. 表面涂层

许多涂层已应用于碳纤维 / 环氧树脂,包括铝箔、金属合金共晶、电镀镍和贵金属、溅射或离子沉积金属、浸涂涂层、油漆和有机膜,如聚氨酯、硅酮和聚对苯二甲酸酯。涂层应具有一定的防护能力,以防受到微陨石、原子氧、静电效应和高能量辐射的侵蚀。在进行涂层保护时,应注意由于涂层的引入将使结构的宏观热膨胀系数发生变化,这个变化的影响应该予以关注。

4. 铺层角度设计

通过纤维的铺层角度设计,可以优化特定方向的宏观 CME 使之为 0,甚至为负,但应注意,在 CME 为零附近的铺层角的设计中,CME 对铺层角的偏差特别敏感,这可以通过增加小角度铺层数或增加其他低模量纤维来避免。

5. 铺层顺序设计

在吸收或解吸过程中,因为时刻存在水分的分布梯度,对比 T300/5208 材料 0/90/90/0 铺层与 90/0/0/90 铺层的变形测量结果发现,两者表现不同的 CME。在高模量碳纤维中,这种效应会变弱,但这仍然需要予以关注。

6. 铺层对称设计

通过对复合材料铺层的对称设计,可以在一定程度上抑制湿膨胀变形,尤其是结构板的面外变形。

7. 干燥

通过将构件放置在干燥的氮气环境中或反复在真空中干燥,可以消除不可预测和不可接受的水分膨胀变形。

湿气效应往往与热膨胀效应耦合,其变化规律目前仍存在很多认识不清的地方,解决起来往往需要巨大的时间和经费成本。因此,如何以较低代价获得满足指标要求的设计,是尺寸稳定工程设计过程中不得不面对的问题。湿膨胀尺寸稳定性问题的解决包含以下 4 个等级。

(1)低于微应变变化。

层合板由高模量纤维、低吸湿树脂(如氰酸酯)和低缺陷密度(0.1% ~ 0.01%)的金属密封层构成,此结构组合可得到最高等级的尺寸稳定性。需要严格控制金属密封层的厚度,以使得层合板宏观 CTE 为 $(0.00 \pm 0.05) \times 10^{-6} ℃^{-1}$。采用该等级设计的结构中的湿气扩散率非常低,基本上不会影响结构长期储存的尺寸稳定性。

(2)1 ~ 2 微应变变化。

以共晶形式构成复合材料密封层。因为共晶模量较低,且一般较薄,对层合板的热膨胀影响较小,所以该等级需要原始的层合板有接近零的 CTE。

(3)3 ~ 5 微应变变化。

层合板由高模量纤维、低吸水性树脂和一般密度缺陷(1.0%)密封层组成,可以产生预计变化为 ±(3 ~ 5)微应变的复合材料。储存条件和时间必须有所控制。

(4)5 ~ 10 微应变变化。

仅使用高模量纤维和低吸水树脂系统。如果存储中的相对湿度得到控制

（＜50％的相对湿度），则可以达到相当好的尺寸稳定性。

选择合适尺寸稳定性设计等级，可在成本、周期与性能之间获得一个最佳平衡。

3.5　力学载荷

3.5.1　地面载荷

在装卸和运输过程中，已经进行精度检测并校准的航天器结构（包含有效载荷）可能会承受一系列不可预测的载荷，其中最严重的是在运输过程中由于路面起伏过大或短时快速改变受力状态而产生的冲击。这些冲击轻则对尺寸稳定性造成不利影响，重则可能导致产品损坏。地面操作载荷并不是航天器经受的最恶劣力学环境，但是，因为地面操作过程中的载荷形式比较复杂，不确定性因素较多，同时，往往容易被忽视，所以，此处作为单项列出是为了引起重视。

地面试验中的各种载荷对尺寸稳定性也存在影响，有多篇文献报道了尺寸稳定结构在地面力学环境试验期间出现的尺寸稳定性问题，如火星观察者相机[35]、Topsat主镜安装组件[36]、MSX弹道导弹跟踪卫星[37]、RazakSAT Mac相机[38]等。

3.5.2　发射载荷

发射振动是最严苛的环境之一，尺寸稳定结构必须能经受住该载荷。设计为非尺寸稳定的结构在主动段产生的变形一般并不会影响航天器的功能，但在尺寸稳定结构上出现的微小变形却可能是灾难性的。

3.5.3　重力释放

大多数尺寸稳定结构是在地面1g重力环境下精测和标定，入轨后在0g环境下工作。重力释放一方面影响标定精度，另一方面也可能在结构中产生部分残余变形，因此，在地面标定过程中，尽管可以通过一定的方法对重力影响予以剔除，但重力释放过程中的残余变形仍然会降低结构的尺寸稳定性[39]。

3.6　真空环境

航天器在轨运行时处于高真空环境下，真空度一般可达到 10^{-7} ～

10^{-9} Pa[40]，这种环境对复合材料的树脂基体会产生作用，导致有机材料中气体的逸出，产生一定的质量损失。而且随着轨道升高，气压降低，这一逸气过程将越发激烈。有些材料在真空中释放气态挥发物，除了引起潜在的清洁度和污染问题，还会导致尺寸变化。吸湿材料在真空环境下很可能在空间中失去水分，从而导致进一步的尺寸变化。多孔材料中截留空气的损失也可能是一个问题。可以采用片状单元模型分析单向复合材料两个方向的膨胀系数与逸气系数之间的关系[41]。试验表明：环氧树脂基体和氰酸酯基体的复合材料质损率（TML）分别为 $0.033\% \sim 0.06\%$ 和 $0.014\% \sim 0.029\%$，对应的尺寸变化量分别为 $2 \sim 8\ \mu m$ 和 $1 \sim 3\ \mu m$。此外，理论分析和试验都表明，氰酸酯基体的吸气率优于环氧树脂，具有更好的真空环境适应能力。

3.7   原子氧效应

3.7.1   原子氧特点

在 $200 \sim 1\,000$ km 的轨道高度内，原子氧（Atomic Oxygen，AO）是中性大气中的主要成分，大约占 80%，特别是 $300 \sim 500$ km 高度范围内，原子氧占有绝对优势。原子氧是紫外光与氧分子相互作用并使其分解而形成，其密度随太阳活动周期、地球磁场强度、轨道高度、时间及季节的变化而变化，在低地球轨道中原子氧的粒子密度为 $10^5 \sim 10^9$ cm^{-3}[2]。

3.7.2   原子氧对材料的损伤

中性大气本身是静止的，但相对于航天器的高速碰撞，原子氧的撞击动能约为 5 eV[2]，通量为 1×10^{15} cm^{-2} · s^{-1}，这使其具有极强的氧化剥蚀能力。

原子氧对材料的剥蚀作用是相当严重的，这是因为：一方面，原子氧具有很强的氧化性，可能与材料直接发生化学反应；另一方面，当航天器以 8 km/s 的速度飞行时，其表面原子氧束流可达到 $10^{12} \sim 10^{16}$ cm^{-2} · s^{-1}[2]，因此引起材料的表面性能的变化。AO 具有高化学活性，其氧化作用远大于分子氧。碰撞动能会产生高温，这种高温氧化、高速碰撞对材料的侵蚀作用非常严重。因此，原子氧被认为是 LEO 航天器表面最危险的环境因素之一。

大部分聚合物材料对原子氧环境敏感。不同聚合物材料的原子氧反应率与其结构有很大关系：大分子和高芳香族结构的聚合物反应慢，高分子和乙醚结构的聚合物反应快，氟化聚合物的反应率低。

含有 C、H、O、N、S 的聚合物材料与原子氧相互作用后，其分子键断裂，生成

CO、CO_2、水蒸气等气相挥发物,造成材料质量、厚度损失,物理和化学性质发生变化。这些聚合物材料的原子氧反应率大致相同,在 $2 \times 10^{-24} \sim 4 \times 10^{-24}$ cm³/atom。

原子氧撞击材料表面时会发生多种物理化学过程,但对不同材料起决定作用的过程不同,造成原子氧侵蚀机理也不同。原子氧与聚合物的最基本的反应机理如下[42]:

① 提取:AO 从聚合物分子中拉出一个 H 原子或 C 原子。

② 添加:AO 化合进入聚合物单体分子中。

③ 置换:AO 从聚合物中拉出一个原子的同时立即化合进去。

④ 析出:AO 作用下,分子析出未成对电子的 H 原子。

⑤ 嵌入:AO 射入两个相邻的原子(如 C、H)之间。

对于航天器结构中经常用于尺寸稳定结构的碳纤维/环氧树脂复合材料试件进行试验测试表明,受到原子氧侵蚀后,材料损失接近 0.125 mm,相当于层合板的单个铺层厚度。对于单向增强试件,机械性能的降低与试件横截面积的减少成正比。对于非单向增强试件,这种降低更明显。这主要是因为试件因原子氧侵蚀厚度降低所致。由于 0° 层作为铺层的一部分,当在优化弯曲刚度时,一般铺在表面或接近于表面部位,这样可显著地改变刚度,因此当原子氧侵蚀后,表面 0° 层损失,造成刚度和强度显著降低,而且由于铺层不平衡,会产生弯扭耦合,使试件发生翘曲,这将导致尺寸稳定性改变。

3.7.3 原子氧防护

原子氧防护方法主要如下。

1. 研制耐原子氧剥蚀的新材料或对材料进行改性防护

在聚合物分子结构中引入特定元素所做的体材改性防护,将特定元素基团或特定元素纳米颗粒引入聚合物材料的分子结构,使聚合物材料在遭受 AO 冲击时在原位生成 AO 惰性层,阻止 AO 对聚合物基体造成进一步侵蚀,这样的防护方法即为体材改性防护。引入元素包括 P、Zr、Si 等。

体材改性防护的优势在于,采用化学合成的方式将防护基团引入聚合物基体的分子结构,防护层与聚合物基底之间为强结合力的化学键合,且膜层成分一致可以避免应力,不会在存储、运输以及使用过程中开裂、脱落。但是,外部基团的引入可能降低聚合物薄膜的原有力学性能,因此,在开发改性材料过程中,应尽量保证在不影响聚合物基体原有性质的前提下提升聚合物材料的 AO 防护能力。

2. 在基底材料上沉积防护涂层

研究表明大部分金属氧化物涂层都具有一定的原子氧防护能力,以 SiO_2、

Al_2O_3性能最好,是目前国内外应用最普遍的防护涂层。一种使用有效的防护涂层必须满足以下条件[43]:

① 能长期抵抗原子氧高温氧化、高速碰撞产生的侵蚀。

② 柔韧,耐磨蚀。

③ 抗紫外线辐射及其他空间环境的损伤退化,而且不改变基底材料的光学和热学性能。

④ 质地轻薄,附着力强。

⑤ 航天器设计的其他特殊要求。

3.8 微振动与热致振动

航天器在轨运行过程中,可能会由于反作用轮、推力器以及控制力矩陀螺的作用而产生振动问题。这些振动的特点是一般不会导致结构的破坏,但会降低一些高精度有效载荷的性能[44-45]。航天器的一些大型柔性附件,如大型天线等结构,还会因为与在轨热载荷发生动力学耦合而产生热致振动问题[46-47]。微振动和热致振动都有自己独特的研究特点,其重点在于振动的抑制,其研究内容已超出了本书的范围,因此,后续的论述中不再将微振动和热致振动的内容进行展开叙述。

3.9 多因素效应

如前面两节所述,存在多种影响尺寸稳定性的内部和外部因素,这些因素单独作用和协同作用时,对尺寸稳定性的影响是完全不同的,对高尺寸稳定结构,有必要研究多因素耦合作用下的尺寸变化规律。已知的耦合效应包括以下几种。

3.9.1 湿热耦合效应

温度和湿度共同作用下的湿热环境对复合材料结构的力学性能有很大的影响。吸湿和温度交变是湿热环境下复合材料性能下降的主要原因。层间剪切强度、拉伸强度、压缩强度、破坏应变、刚度等复合材料主要的力学性能往往会随着吸湿量的增加而降低[48-49]。试验表明,湿热耦合作用对复合材料开孔拉伸和压缩强度影响规律有所不同,体现了湿热耦合作用的复杂性[50]。

3.9.2 热与真空的耦合效应

热循环会增加复合材料中的微裂纹,真空环境下的逸气现象会导致材料的质损,两者耦合将加速材料性能的在轨劣化。研究表明,真空热循环导致复合材料损伤的主要原因是纤维和界面的脱粘以及沿界面的滑动。变弱的连接界面、一些微孔和微裂纹的存在,促进了真空热循环期间材料损伤的出现[51]。

3.9.3 热循环与辐射的耦合效应

热循环与辐射耦合效应的研究不多,目前有一些比较初步的结论。一般认为,复合材料在辐射、热循环综合条件下力学性能的变化主要存在两种效应:第一种效应是因为辐射、热循环综合环境作用下基体内部的自由基发生交联和韧化,使得树脂基体成为一体化网格,材料力学性能提高。第二种效应是辐射使树脂基体降解,发生局部化学键断键和分子链断链,小分子析出,力学性能降低;树脂基体内部不能全部发生交联反应,内部交联区域与未被影响区域因化学网格、空间网格不匹配产生内应力与错配能,力学性能下降;热循环过程中因为基体与增强体热膨胀系数差异产生的循环热应力会在树脂基体内部以及增强体与基体的界面等薄弱区域引发微裂纹和界面脱粘,热应力作用下裂纹逐步扩展,进而导致复合材料性能的损伤和退化。综合环境作用下材料性能变化主要取决于哪种效应占主导地位[52-53]。

3.9.4 原子氧与紫外辐射的耦合效应

紫外辐射环境和原子氧环境对航天器表面材料的协同作用机理复杂。因材料而异,会出现不同的作用结果,主要有如下几种情况:

① 紫外线单独作用下材料变化不明显,而原子氧单独作用效果明显;原子氧单独作用下和紫外/原子氧协同作用下,材料表面均发生了氧化,如含氟聚酰亚胺膜[54]。

② 在没有真空紫外辐射时,原子氧反应速率很小,而在原子氧与真空紫外线共同作用下,热原子氧反应率明显上升,如凯夫拉(Kapton — H)、特氟隆(Teflon)、镀银 Teflon 和聚氯乙烯等材料[55]。

③ 原子氧与紫外辐射耦合作用可以提高材料的抗原子氧剥蚀能力,如 Kapton。

因此,紫外辐射对原子氧与材料耦合作用的影响是增强或是削弱因不同的材料而异,目前还没有统一的判定依据,对于具体的材料需进行有针对性的试验分析才能获得可靠的结论。一般而言,含 SiO_x 的聚合物基复合材料在紫外辐射后抗原子氧剥蚀能力会有所提高。

3.9.5　原子氧与热循环的耦合效应

热循环对空间用纤维增强聚合物基复合材料的影响主要是由于纤维和树脂热膨胀系数不同导致材料内部产生热应力。当热应力达到一定限值时出现界面脱粘或基体内部的微裂纹。原子氧对材料的作用主要是氧化剥蚀,当材料表面存在缺陷时会产生掏蚀效应。若热循环产生的裂纹临近材料表面就有可能在原子氧的作用下扩大损伤;而反过来,原子氧的剥蚀造成材料微观形貌的改变,导致在热循环作用下产生的材料内部热应力大小及分布发生改变,从而使得材料内部微裂纹大小、方向、密度等发生改变。

试验表明,热循环使得复合材料树脂基体发生后固化反应,基体键合情况发生改变,原子之间的结合更加紧密,从而令原子氧与材料的交互作用减弱。从某种角度上讲,热循环提高了材料自身的抗原子氧侵蚀能力[56-57]。一方面热循环引发复合材料树脂基体后固化,使其自身力学性能提高;另一方面热循环减弱了原子氧与材料的交互作用,材料性能退化程度较小,因此,原子氧与热循环的耦合效应呈现比较复杂的规律。

3.9.6　小结

由于耦合效应的复杂,使得当前的研究结论多数是针对特定材料、特定环境条件下的试验测量结果总结而成,缺乏有效的理论方法进行一般性的规律描述,所以,当考虑耦合效应对具体航天器结构尺寸稳定性设计的影响时,应对文献中的试验条件、试件状态与当前使用场景进行认真的比对核实,不能简单套用,必要时,重新进行有针对性的试验测试。

本章参考文献

[1] 钟奇,文耀普,李国强.近地热环境参数对航天器温度影响浅析[J].航天器工程,2007(3):74-77.

[2] 黄本诚,童靖宇.空间环境工程学[M].北京:中国科学技术出版社,2010.

[3] 丁延卫,刘剑,卢锷.空间环境对光学成像遥感器尺寸稳定性的影响[J].光学精密工程,2002,10(1):106-109.

[4] 张正尧,江世臣,王萌,等.星载天线反射面型面热变形影响因素分析[J].航天器环境工程,2021,38(2):130-137.

[5] 祝尚坤,何安琦,刘杰,等.地球低轨道卫星天线在轨热致振动分析[J].噪声与振动控制,2017,37(2):213-216.

[6] 陶家生. 航天光学遥感系统总体设计[M]. 北京：国防工业出版社, 2019.

[7] 陶家生, 林骁雄, 王浩攀, 等. 大型高轨通信平台主动段热变形分析[J]. 宇航学报, 2021, 42(2): 259-264.

[8] 姜利祥, 何世禹. 碳（石墨）/环氧复合材料及其在航天器上应用研究进展[J]. 材料工程, 2001(9): 39-43.

[9] 亨金, 洛申克. 精密机械制造与仪器制造中金属与合金的尺寸稳定性[M]. 蔡安源, 杜树芳, 译. 北京：科学出版社, 1981.

[10] 高禹, 杨德庄, 何世禹. 真空热循环对 M40J－环氧复合材料力学性能的影响[J]. 材料研究学报, 2004(5): 529-536.

[11] HENAFF-GARDIN C, LAFARIE-FRENOT M C, GAMBY D. Doubly periodic matrix cracking in composite laminates part 2: thermal biaxial loading[J]. Composite Structures, 1996, 36(1-2): 131-140.

[12] BOWLES D E. Effect of microcracks on the thermal expansion of composite laminates[J]. Journal of Composite Materials, 1984, 18(2): 173-187.

[13] HENAFF-GARDIN C, LAFARIE-FRENOT M C, GAMBY D. Doubly periodic matrix cracking in composite laminates part 1: general in-plane loading[J]. Composite Structures, 1996, 36(1-2): 113-130.

[14] HEGDE S R, HOJJATI M. Performance of composite sandwich structures under thermal cycling[J]. Journal of Composite Materials, 2020, 54(2): 271-283.

[15] KWANG B S, CHUN G K, CHANG S H, et al. Prediction of failure thermal cycles in graphite/epoxy composite materials under simulated low earth orbit environments[J]. Composites Part B, 2000, 31(3): 223-235.

[16] 大林辰藏. 日地空间物理[M]. 冯克嘉, 译. 北京：北京师范大学出版社, 1984.

[17] 濮祖荫. 空间物理前沿进展[M]. 北京：气象出版社, 1998.

[18] 张蕾, 陈荣敏, 何炼. 真空－紫外线对空间材料降解的研究进展[J]. 材料导报, 2004, 18(9): 18-20, 26.

[19] TCHERBI-NARTEH A, HOSUR M, JEELANI S. Influence of nanoclay on the durability of woven carbon/epoxy composites subjected to ultraviolet radiation [J]. Mechanics of Advanced Materials & Structures, 2014, 21(3): 222-236.

[20] 姜利祥, 何世禹, 杨德庄. TiO$_2$ 改性 M40/EP648 复合材料的抗真空紫外辐照性能[J]. 材料研究学报, 2003, 17(4): 427-431.

[21] SKURAT V. Vacuum ultraviolet photochemistry of polymers [J]. Nuclear Inst & Methods in Physics Research B, 2003, 208: 27-34.

[22] 乔琨,朱波,高学平,等. 紫外老化对碳纤维增强环氧树脂复合材料性能的影响[J]. 功能材料,2012,43(21)：2989-2992.

[23] VAN ALLEN J A, LUDWIG G H, RAY E C, et al. Observation of high intensity radiation by satellites 1958 Alpha and Gamma[J]. Journal of Jet Propulsion, 1958, 28(9)：588-592.

[24] VERSHININA M P, REGEL V R, CHERNYI N N. Effect of exposure to ultraviolet light on the strength of polymers[J]. Polymer ence U. S. S. R, 1964, 6(8):1606-1615.

[25] 谌继明. 中子辐照对钒合金强塑性的影响及其温度效应[J]. 核聚变与等离子体物理,2002,22(4)：209-214.

[26] BOWLES D E, TOMPKINS S S, SYKES G F. Electron radiation effects on the thermal expansion of graphite/resin composites[J]. J Spacecraft, 2015, 23(6):625-629.

[27] TENNEY D R, SYKES G F, BOWLES D E. Space environmental effects on materials[C]. Toronto：AGARD,1982.

[28] TENNEY D R, TOMPKINS S S, SYKES G F. NASA space materials research[R]. NASA SP 2368 Part 1,1984.

[29] SYKES G F, FUNK J G, SLEMP W S. Assessment of space environment induced microdamage in toughened composite materials [C]. Seattle：Springer,1986.

[30] 张明. 真空电子辐照对碳纤维/氰酸酯复合材料的影响[J]. 宇航材料工艺,2010,40(6):62-64.

[31] MAZZIO V F, HUBER G. Effect of temperature, moisture and radiation exposures on composite mechanical properties[C]. Cincinnati：SAMPE,1983.

[32] BRAND R A. Strategies for stable composite structural design[EB/OL]. [2022-07-13]. https://wp. optics. arizona. edu/optomech/wp-content/uploads/sites/53/2016/10/Brand-1992. pdf.

[33] WOLFF E G. Moisture and viscoelastic effects on the dimensional stability of composites[C]. San Diego：SPIE, 1990.

[34] UTSUNOMIYA S,KAMIYA T,SHIMIZU R. CFRP composite mirrors for space telescopes and their micro-dimensional stability[C]. Bellingham：SPIE, 2010.

[35] TELKAMP A R, Recent developments with the Mars observer camera graphite epoxy structure [EB/OL]. [2022-07-13]. http://www. eyoungindustry. com/uploadfile/file/20161031/20161031120300_21674. pdf.

[36] GREENWAY P，TOSH I，MORRIS N，Development of the TopSat camera[EB/OL]. [2022-07-13]. https://www. spiedigitallibrary. org/proceedings/Download? fullDOI=10.1117/12.2308010.

[37] SKULLNEY W E，KREITZ H M，HAROLD M J，et al. Structural design of the MSX spacecraft[EB/OL]. [2022-07-13]. https://www. researchgate. net/publication/2874814_Structural_Design_of_the_MSX_Spacecraft/link/55fc431108aeba1d9f3cc23b/download.

[38] KIM E D，CHOI Y W，KANG M S，et al. Medium sized aperture camera for earth observation [EB/OL]. [2022-07-13]. https://www. spiedigitallibrary. org/proceedings/Download? fullDOI=10.1117/12.2308001.

[39] MERKOWITZ S M，CONKEY S，HAILE W B，et al. Structural, thermal, optical and gravitational modelling for LISA[J]. Classical and Quantum Gravity，2004，21(5)：603-610.

[40] 薛大同，张景钦. 真空材料[M].北京：化学工业出版社，2016.

[41] 袁野，鲍赫，李志来. 真空逸气对复合材料尺寸稳定性的影响[J]. 光学精密工程，2015，23(9)：2533-2539.

[42] 童靖宇，刘向鹏，张超，等. 空间原子氧环境对航天器表面侵蚀效应及防护技术[J]. 航天器环境工程，2009，26(1)：1-4.

[43] 李昊耕，谷红宇，章俞之，等. 聚合物材料表面原子氧防护技术的研究进展[J]. 无机材料学报，2019，34(7)：685-693.

[44] 冯振伟，崔玉福，杨新峰. 高精度航天器微振动研究进展[C]. 北京：北京力学会，2016.

[45] 董瑶海. 航天器微振动：理论与实践[M]. 北京：中国宇航出版社，2015.

[46] 张弛，董广明，赵发刚.航天器典型结构热致振动产生条件结构影响因素分析[J].噪声与振动控制，2020，40(5)：33-38.

[47] 胡甜赐，陈素芳，吴松，等.大型空间可展开结构热致振动研究[J].上海航天，2021，38(1)：28-35.

[48] COSTA M L. Strength of hygrothermally conditioned polymer composites with voids[J]. Journal of Composite Materials，2005，39(21)：1943-1961.

[49] ZHOU J，LUCAS J P. Hygrothermal effects of epoxy resin. part Ⅰ: the nature of water in epoxy[J]. Polymer，1999，40(20)：5505-5512.

[50] 彭雷，张建宇，鲍蕊，等.湿热、紫外环境对 T300/QY8911 复合材料孔板静力性能的影响[J].复合材料学报，2009，26(3)：18-23.

[51] SANG Y P，CHOI H S，CHOI W J，et al. Effect of vacuum thermal cyclic exposures on unidirectional carbon fiber/epoxy composites for low

earth orbit space applications[J]. Composites Part B Engineering，2012，43(2)：726-738.

[52] 范存孝. 辐照和热循环条件下 M55J/氰酸酯层压板力学行为[D].哈尔滨：哈尔滨工业大学,2020.

[53] 张永涛. 热循环和电子辐照对 M55J/氰酸酯复合材料结构及性能影响[D].哈尔滨：哈尔滨工业大学,2019.

[54] RASOUL F A，HILL D J T，FORSYTHE J S，et al. Surface properties of fluorinated polyimides exposed to VUV and atomic oxygen[J]. Journal of applied polymer science，1995，58(10)：1857-1864.

[55] KOONTZ S，LEGER L，ALBYN K，et al. Vacuum ultraviolet radiation/atomic oxygen synergism in materials reactivity[J]. Journal of Spacecraft & Rockets，2015，29(3)：203-213.

[56] ZHAI R，LIU Y，TIAN D，et al. Effects of thermal cycling on atomic oxygen interaction with graphite/cyanate composite[M]. Hong Kong：Springer，2017.

[57] 翟睿琼,姜利祥,高鸿,等.热循环对原子氧与树脂基复合材料交互作用的影响[J].航天器环境工程,2011,28(4):507-510.

第4章

材　料

4.1　概　述

尺寸稳定结构的材料选择在首先考虑对尺寸稳定性的有直接影响的品质因素以外,其他的品质因素也是选择依据的一部分。这就要求对所选择材料及其全寿命期间的工作环境有全面的了解,对各个品质因素的权重进行权衡,以保证材料的选择是系统最优的,而不是仅仅考虑尺寸稳定性特性或某一单独因素。进行尺寸稳定结构的材料选择之前,应了解以下要求。

1. 环境

详细了解尺寸稳定结构工作状态所处的光、机、电、热、磁等环境条件,根据不同材料对各种环境的适应能力,有针对性地选择材料,可以达到扬长避短、物尽其用的效果。

2. 使用

当尺寸稳定结构应用于特定的有效载荷时,可能会有一些特殊的需求,如作为天线反射面的尺寸稳定结构会有电性能的要求,某些结构有无磁性要求等。

3. 强度和刚度性能

应选择比强度和比刚度高的材料,在保证具有较高的强度和刚度的同时,降低结构的质量。

4. 工艺

航天器结构材料要通过各种制造工艺手段才能形成结构和机构产品,特别是对于复合材料制品,制造过程也就是材料形成的过程。材料制造工艺性能的优劣直接影响到材料性能的发挥,甚至决定材料的实际使用价值。在工艺要求中,要考虑 4 个方面的因素:结构形状适应性(薄的、大的或形状复杂的零件等)、制造工艺性(复合材料首次制造、毛坯的制造等)、加工工艺性(机加工、成形、连接和表面处理工艺等)和质量检测方法(材料和工艺质量的检测)[1]。

5. 易得性

因为尺寸稳定性的特殊需求,往往导致对材料性能有较极端的需求,在选择材料时应考虑材料加工工艺的稳定性、成形的难易,甚至采购渠道的畅通,这些都是设计选材过程中需要考虑的因素。

6. 使用目录

航天器用材料应优先在材料选用目录所规定的范围内进行选用。超出材料选用目录的材料,应按规定办理目录外材料选用审批手续。

4.2　金属与合金材料

4.2.1　金属与合金材料特点

适合作为航天器结构的金属材料主要包括铝合金、镁合金和钛合金等几种,金属与合金材料具有以下特点。

1. 导电性和导热性

除钛合金以外,航天器结构中的金属大多具有良好的导电性和导热性,这有利于结构的高效导热并快速进入热平衡。

2. 出气特性

除金属镉以外,大部分金属在真空下都只有极少量的出气,这减少了材料应用过程中对航天器的污染和由此引起的结构尺寸的变化。

3. 抗辐射特性

在航天器结构所经历的各种辐射环境下,金属材料的物理和化学性能都比较稳定,具有良好的抗辐射特性。

此外,金属材料还具有延展性好、加工工艺成熟等特点。

4.2.2　铝合金

铝合金是目前航天器应用最广泛的材料之一。优点是密度较低、比刚度较高、成本低、易加工和高导热性等。铝与空气中的氧相互作用在材料表面会生成一层致密的氧化膜,所以,铝合金在一般大气中是耐腐蚀的。铝合金在200 ℃以下会保持比较好的性能,但在高温下,其机械性能下降比较严重。在纯铝中加入不同的金属元素,由此形成不同的牌号、类别的铝合金,其中在航天器结构中常用的铝合金类别有防锈铝(如5A02、5A05)、硬铝(如2A12)、超硬铝(如7A04)和锻铝(如2A14)等。航天器常用铝合金材料性能参数见表4.1[2]。

表 4.1　航天器常用铝合金材料性能参数

性能参数	5A02O	5A06O	2A12T4	7A04T6	2A14T6
线膨胀系数 /($\times 10^{-6}$℃$^{-1}$)	24.9	24.7	23.8	24.1	23.6
热导率 /(W・m^{-1}・K^{-1})	155.4	117.6	121.8	155.4	159.6
比热容 /(kJ・kg^{-1}・K^{-1})	0.96	0.92	0.92	0.96	0.84
电导率 /($\times 10^6$S・m^{-1})	21.0	14.0	13.7	23.8	23.2
密度 ρ/(g・cm^{-3})	2.68	2.64	2.78	2.85	2.80
拉伸模量 E/GPa	69.6	66.7	70.6	70.6	70.6
比刚度 /($\times 10^6$m^3・Pa・kg^{-1})	25.97	25.26	25.47	24.77	25.21

因为铝合金热膨胀系数比较高,所以目前主要作为航天器一般结构材料使用,例如航天器主结构、蜂窝夹层结构面板及埋置件、仪器支架、单机设备机箱、连接法兰和密封容器等。此外,对于尺寸稳定性要求不高的结构,铝合金可以作为碳纤维面板夹层结构的铝蜂窝芯或者蜂窝板的埋置件。

4.2.3　钛合金

钛合金的特点是强度刚度好、比刚度高、导热性差、密度比铝合金高。如航天器结构上常用的 TC4 钛合金其抗拉强度 $\sigma_b \geqslant$ 890 MPa,屈服强度 $\sigma_{p0.2} \geqslant$ 825 MPa,在高温下的性能也很好,400 ℃时其抗拉强度 $\sigma_b \geqslant$ 590 MPa。钛合金主要用于航天器标准件、耐高温和承载较大的结构部件。因为其热膨胀系数中等(8.6×10^{-6}℃$^{-1}$),也可用于尺寸稳定性要求一般的结构。钛合金的微蠕变可能发生在室温环境下应力低至25%的屈服强度,并高度依赖于先前的热处理过程,这与将钛合金作为普通结构时的蠕变要求有很大的差异。钛合金的高低温机械性能很好,一般可在 $350 \sim 450$ ℃ 长期使用,低温可使用到 -196 ℃。钛合金的缺点是耐磨性较差、制造工艺较复杂和材料成本较高。

4.2.4　殷钢

殷钢(invar)又称因钢、殷瓦钢。殷钢最早由瑞士科学家 Guilaume 在 1896 年发现,是一种含有约 36%[①] 镍的铁镍合金。经过长期发展,殷钢已成为一大类具有相似成分的低膨胀铁镍合金材料的统称。目前常见的殷钢合金有如下三种。

① 殷瓦合金:含 64% 的铁、36% 的镍,也称为殷瓦 36 或 FeNi36。

② 超级殷瓦合金(supervar):含 63% 的铁、32% 的镍、5% 的钴。

③ 可伐合金(kovar):含 54% 的铁、29% 的镍、17% 的钴。

在殷钢合金基本成分基础上,通过添加不同的化学成分可获得不同的性能,如增强加工性(添加 Se)、提高强度(添加 Ti)、降低温度变化灵敏度(添加 Cr 和 Mo)等。殷钢具有良好的尺寸稳定性,通过合适的材料处理方式,其热膨胀系数在 5～30 ℃ 范围内可达到 0.01×10^{-6} ℃$^{-1}$ 的水平。进一步调整材料处理方式,还可以使热膨胀系数更低,适用范围更宽,但这可能导致材料出现其他性能不稳定问题。在低负荷作用下,甚至在热处理过程中诱发的残余应力作用下,容易出现微裂纹。在机械加工过程中,它还需要进行去应力的热处理。超级殷瓦合金除具有极低的热膨胀系数外,还具有良好的时间稳定性。超级殷瓦合金可能有低 CTE 的正值或负值。例如,在 20 ℃ 附近,含 37% 铁、54% 钴和 9% 铬的合金的 CTE 为 -1.2×10^{-6} ℃$^{-1}$[3-4]。虽然殷钢的尺寸稳定性较好,但由于其密度偏大,对于将质量因素看得比较重的航天器结构来说,以前几乎不会采用大型殷钢结构,但是随着增材制造点阵结构殷钢结构的制造工艺逐渐成熟,未来大型殷钢结构的航天应用也指日可待[5]。目前殷钢结构的应用主要在空间相机的结构计量部件[6]、有稳定性要求的接头[7]、复合材料管端部连接件[8]、蜂窝板[9-10] 中的埋置件,以及镜子固定胶接垫和柔性接头[11-13] 等。

4.2.5　铍

铍合金(beryllium)具有优良的机械性能,刚度高(弹性模量大于 300 GPa),密度低(1 850 kg/m^3),具有极高的比刚度。铍是热导率最高的金属材料,热扩散系数极高,具有良好的瞬态热特性。因为铍成本高昂,材料自身具有毒性,无法铸造成形,只能压成圆柱状再进行进一步的加工,因此影响了其大范围使用。但是,由于铍具有极其优异的力热性能,依然是航空航天等领域一些特殊条件下的最佳材料选择[14-17],尤其是詹姆斯·韦布空间望远镜(James Webb Space

---

① 　除特殊说明外,均指质量分数。

Telescope，JWST）选用铍为主镜材料[18]，也从一个侧面证明了铍在目前高稳定性设计方面具有不可替代的作用。

4.2.6 镁合金

镁合金的密度比铝合金低，比强度、比刚度与铝合金基本相当。镁合金材料的阻尼性能好，在动力环境下的响应小，常用镁合金材料铸造成大型贮箱或设备支架，如我国资源二号卫星的载荷舱底板[19]，也可用于当前铝蜂窝板的减重，如作为铝蜂窝板的埋件[20]或采用镁合金作为蜂窝板的蒙皮[21]。但由于镁合金的铸造缺陷以及抗腐蚀能力差带来的设计、制造、使用、储存等方面的困难，加上目前 3D 打印技术的发展，后续可能被 3D 打印的新型材料和结构取代。

4.2.7 镁锂合金

镁合金通过锂的合金化，使合金结构发生变化，合金塑性明显提高。镁锂合金是最轻的金属结构材料之一，镁锂合金具有比强度和比刚度高、弹性模量高、抗压屈服强度高、各向异性不明显、塑性和冲击韧度好、对缺口敏感性低和阻尼性能良好等。

根据合金中锂含量的不同，镁锂合金可分为 3 种类型。当锂质量分数小于 5.7% 时，合金由 α 单相组成，表现出强度高、塑形低的特点；当锂质量分数大于 10.3% 时，合金由 β 单相组成，具有良好的延展性；当锂质量分数在 5.7% ～ 10.3% 时，合金为 α＋β 双相基体，α 相和 β 相的同时存在兼顾了合金的强度和塑形。相关研究已证实，与单相合金相比，具有双相组织的合金在保持较高强度的同时，具有良好的塑性，在特定条件下能表现出一定的超塑性[22]。

目前常用的镁锂合金（如 LZ91、MA21、LA103Z、LA103M 等）密度在 1.47 ～ 1.6 g/cm³，屈服强度在 110 ～ 250 MPa[23]。

镁锂合金也有一些缺点，如化学性能活泼，加工过程中存在易燃易爆的安全隐患，抗腐蚀性能低，绝对强度偏低，材料价格较昂贵等。

我国神舟七号载人飞船释放的伴飞小卫星采用了镁锂合金材料作为主结构框架，使整个卫星质量不超过 40 kg。此外在浦江一号和全球二氧化碳监测科学试验卫星上也应用了镁锂合金材料。通信技术试验卫星三号在预埋件、支架和部分机箱等部位应用镁锂合金材料，使整个卫星减重约 173 kg，大大提高了卫星的有效载荷量[24]。此外，镁锂合金还用于仪器安装板、支架、舱盖和机箱等结构[25-27]。

4.3 树脂基复合材料

复合材料通常是由一种基体材料和一种或多种增强体材料复合而成。树脂基复合材料是以有机合成树脂为基体的复合材料,基体将增强体结合在一起形成连续的整体结构。树脂基体的热膨胀系数均在 $20 \times 10^{-6} \mathrm{K}^{-1}$ 以上,而增强体的膨胀系数显著小于基体。因此,对于树脂基复合材料而言,由纤维性能起决定性作用的连续纤维增强复合材料是重要的尺寸稳定性材料。

4.3.1 基体

目前,在航天器结构中广泛应用的树脂基复合材料中基体材料主要为环氧树脂和改性氰酸酯。环氧树脂具有优良的物理力学性能、电绝缘性能和黏接性能。环氧树脂固化温度相对较低,成形工艺性好,吸湿率较高。氰酸酯树脂固化温度高,固化后具有优良的力学性能、黏接性能和较低的吸湿率[28]。

4.3.2 纤维材料

1. 碳纤维

目前在航天器结构中应用最广泛的是碳纤维。按照碳纤维的原丝种类可以划分为聚丙烯腈基(PAN)碳纤维、沥青基碳纤维和黏胶基碳纤维,其中 PAN 基碳纤维占主要地位,产量占碳纤维总量的 90% 以上。按照力学性能,碳纤维可分为高强度碳纤维、高模量碳纤维和极高模量碳纤维,分别以日本东丽公司生产的 T300 高强度碳纤维和 M40、M55J、M60J 高模量碳纤维为代表。目前碳纤维已广泛应用于航天器结构的中心承力筒[29]、各种管件和接头组成的桁架结构[30]、太阳电池阵的基板[31]、天线反射面结构[32] 等。碳纤维是当前应用最广泛的尺寸稳定结构材料。目前常用碳纤维材料的特性见表 4.2[33-37]。

表 4.2 常用碳纤维材料的特性

牌号	拉伸强度 /MPa	拉伸模量 /GPa	伸长率 /%	密度 /(g·cm⁻³)	热膨胀系数 /(×10⁻⁶℃⁻¹)
T300	3 530	230	1.5	1.76	-0.41
T700S	4 900	230	2.1	1.8	-0.38
M40J	4 410	377	1.2	1.77	-0.83
M55J	4 020	540	0.8	1.91	-1.1
M60J	3 920	588	0.7	1.93	-1.1

2.凯夫拉纤维

凯夫拉(Kevlar)纤维又称为芳香族聚酰胺纤维,适用于航天器结构的是以美国杜邦公司 Kevlar—49 和 Kevlar—149 为代表的高模量和超高模量对位芳纶纤维。Kevlar 纤维具有热稳定性良好(线膨胀系数很小并且纵向线膨胀系数为负值)、强度高、密度低和抗疲劳、耐冲击等特点。凯夫拉纤维工艺性能较好,可以编织和成形较复杂形状的构件。但该材料的压缩强度较低,弹性模量也不高,各向异性严重,有吸湿性,机械加工性能差,因此较少用于尺寸稳定结构。

3.玻璃纤维

玻璃纤维广泛用于树脂基复合材料,俗称玻璃钢。航空航天用的玻璃纤维主要有 S、D 及 E 三种纤维。玻璃纤维具有良好的透波性能和力学性能,在航空航天领域广泛用于电磁窗口即天线及雷达罩的透波复合材料的增强体。透波功能复合材料中最早使用的为 E 玻璃纤维,后来又发展了高强度 S 玻璃纤维、高模量 M 玻璃纤维和介电 D 玻璃纤维。用于雷达罩的专用纤维主要是 D 玻璃纤维、石英纤维和高硅氧玻璃纤维。因其具有相对较低的模量,所以玻璃纤维几乎不用于主结构材料。

4.3.3 单向复合材料

连续纤维在基体中呈同向平行等距排列的复合材料称为单向连续纤维增强复合材料,简称单向复合材料。航天器结构中的单向复合材料大多以很薄的多层浸渍连续纤维(即预浸料)的层合结构形式存在,几乎不用作独立的结构,是构成复合材料结构的最基本设计单元,这种很薄的单向复合材料称为单向层,也就是复合材料结构设计中的铺层。航天器结构中的树脂基复合材料大多是由单向层以各种角度堆叠而成的复合材料层合结构。

目前航天器复合材料结构分析大多基于经典层合板理论,单向层的性质是后续计算复合材料层合结构性能的基础,其参数决定了复合材料层合结构的最终性能,具有决定性的意义。表 4.3 是几种常用碳纤维／环氧树脂单向复合材料在纤维体积分数为 60% 时的物理性质。

此处需要注意表 4.1 和表 4.2 的差别,前者是纤维自身的特性,后者则是纤维和基体两者复合后的特性。复合材料设计和分析过程中的参数选取是基于表4.2,而不是表 4.1,这是复合材料层合结构设计和分析时需要特别注意区分的一点。

表 4.3　常用碳纤维／环氧树脂单向复合材料特性

牌号	拉伸强度 /MPa	拉伸模量 /GPa	伸长率 /%	压缩强度 /MPa	90°拉伸强度 /MPa
T300	1 860	135	1.3	1 470	76
T700S	2 550	135	1.7	1 470	69
M40J	2 450	230	1.1	1 270	53
M55J	2 010	340	0.6	880	34
M60J	2 010	365	0.6	785	32

4.4　金属基复合材料

金属基复合材料(Metal Matrix Composite,MMC)是以金属及其合金为基体,与一种或几种金属或非金属增强相人工结合成的复合材料。

金属基复合材料按增强相形态分为连续增强和非连续增强纤维(颗粒、晶须、短切纤维)两大类,最常用的增强纤维为碳纤维、硼纤维、碳化硅纤维、氧化铝纤维。晶须和颗粒增强体有碳化硅、氧化铝、碳化钛、氮化硅等。金属基复合材料也可以按金属或合金基体的不同分为铝基、镁基、铜基、钛基、高温合金基、金属间化合物基以及难熔金属基复合材料等。

金属基复合材料具有高比强度、高比模量、低热膨胀系数、耐热、耐磨等优良性能,并且由于其性能取决于所选金属或合金基体和增强物的特性、含量、分布等,因此可以根据特定的应用需求来设计和优化性能。金属基复合材料有以下性能特点。

4.4.1　高比强度和高比模量

在金属基体中加入适量高比强度、高比模量、低密度的纤维、晶须、颗粒等增强物,能明显提高复合材料的比强度和比模量。例如用 SiCp 和 SiCf 增强的铝复合材料,密度变化并不大,但纵向抗拉强度分别达到 462 MPa 和 1 370 MPa,比强度和比模量都明显提高。用 SiCf 增强的钛复合材料与钛合金相比,密度减小,比强度和比模量也有显著提高。表 4.4 是加入增强材料前后的几种材料的性能对比,可见,材料性能提升十分明显[33]。

表 4.4　金属基复合材料和未增强金属材料性能比较

材料	密度 /(g·cm^{-3})	抗拉强度 /MPa	抗拉模量 /GPa	比强度 /(N·m·kg^{-1})	比模量 /($\times 10^3$ N·m·kg^{-1})
铝合金	2.768	297	69	10.9	2.54
钛合金	4.429	862	110	19.8	2.54
SiCp/Al	2.768	462	110	17	4.06
SiCf/Al	3.045	1 370	205	46.2	6.86
SiCf/Ti	1.379	1 379	206	39.1	5.87

4.4.2　导热和导电性能

金属基复合材料中金属基体一般占有 60% 以上的体积分数,因此仍保持金属所具有的良好导热和导电性[34]。金属基复合材料采用高导热性的增强物可以进一步提高导热性能,使热导率比纯金属基体还高。良好的导热性可有效地传热散热,减少结构受热后产生的温度梯度。良好的导电性可以防止飞行器结构产生静电聚集。

4.4.3　热膨胀系数小,尺寸稳定性好

金属基复合材料中所用的增强物碳纤维、碳化硅纤维、晶须、颗粒、硼纤维等既具有很低的热膨胀系数,又具有很高的模量,加入相当含量的增强物不仅可以大幅度地提高材料的强度和模量,也可以使其热膨胀系数明显下降,并可通过调整增强物的含量获得不同的热膨胀系数,以满足各种工作情况的要求。

4.4.4　耐磨性好,适合做连接部件

金属基复合材料,尤其是陶瓷纤维、晶须、颗粒增强金属基复合材料具有很好的耐磨性。在基体金属中加入大量硬度高、耐磨、化学性能稳定的陶瓷增强物,特别是细小的陶瓷颗粒,不仅提高了材料的强度和刚度,而且可提高复合材料的硬度和耐磨性。

4.4.5　良好的疲劳性能和断裂韧性

金属基复合材料的疲劳性能和断裂韧性取决于纤维等增强物与金属基体的界面结合状态、增强物在金属基体中的分布、金属和增强物本身的特性等,特别是界面状态,最佳的界面结合状态既可有效地传递载荷,又能阻止裂纹的扩展,提高材料的断裂韧性。

4.4.6　不吸潮、不老化、气密性好

金属基复合材料性质稳定,组织致密,不存在老化、分解、吸潮等问题,也不会发生性能的自然退化。

金属基复合材料在航天器结构、空间光学反光镜上已获得了成功应用。碳化硼增强铝复合材料,替代铝合金和钛合金,已应用于卫星传动构件锥套、天线杆、转向驱动结构件中[35]。例如采用扩散键合技术,将 P100 碳纤维增强的 Gr/Al6061 用于哈勃空间望远镜(HST)的高增益天线臂,在保证高刚度的同时,满足了尺寸稳定性的需求[36]。

4.5　陶瓷基复合材料

陶瓷基复合材料是指一类由无机非金属材料为基体材料的复合材料可分为基体材料和增强材料。按材质,基体材料可分为氧化物陶瓷、碳化物陶瓷、氮化物陶瓷和硅化物陶瓷等;按材料形态,基体材料可分为颗粒、晶须、连续纤维和层状材料等增强复合材料。基体材料由于具有较高的强度和弹性模量而成为主要尺寸稳定性结构的可选择材料。表 4.5 中列出了一些典型的陶瓷增强材料。

表 4.5　典型的陶瓷增强材料

颗粒	不连续纤维		连续纤维	
	晶须	短玻璃纤维	氧化物	非氧化物
SiC	SiC	玻璃	Al_2O_3	B
TiC	TiB_2	Al_2O_3	$Al_2O_3 + SiO_2$	C
Al_2O_3	Al_2O_3	SiC	ZrO_2	SiC
		$Al_2O_3 + SiO_2$	含硅玻璃	Si_3N_4
			B	BN

陶瓷材料具有耐高温、质量轻等优秀性能。通常,陶瓷基复合材料具有较宽的使用温度、较低的密度和低热膨胀系数。目前在高稳结构的增强材料的应用中,以连续纤维增强的陶瓷基复合材料为主。常用陶瓷基体材料包括氧化物陶瓷基体(氧化铝、氧化锆)、氮化物陶瓷基体(氮化硅、氮化硼、氮化铝)、碳化物陶瓷基体(碳化硅、碳化锆、碳化铬)、玻璃陶瓷基体、硼化物陶瓷基体、硅化物陶瓷基体等多种。纤维增韧陶瓷基复合材料多选用碳化硅为基体,陶瓷基复合材料增韧纤维主要有氧化铝纤维、碳纤维和碳化硅质纤维,其中碳化硅工艺最成熟,

品种最多，性能最高。目前在航天中应用最广泛的陶瓷材料包括 C/SiC 和 C/C－SiC。

4.5.1 C/SiC

SiC 复合材料是随航空航天技术的发展而兴起的一种陶瓷基增强复合材料，早期主要用于解决高温条件下的热防护问题。C/SiC 复合材料主要有两种类型，一种是碳纤维/碳化硅材料，另一种是碳颗粒/碳化硅材料，其中碳纤维/碳化硅复合材料是利用碳纤维来增强增韧 SiC 陶瓷，改善陶瓷的脆性，实现抗氧化、耐高温、耐腐蚀等性能；而碳颗粒/碳化硅复合材料利用碳颗粒来降低 SiC 的硬度，实现良好的抗氧化、耐腐蚀、自润滑性能。相比而言，碳纤维/碳化硅材料能适用于高稳结构的制造。JWST 主镜是有史以来发射的最大的 SiC 主反射镜(3.5 m)。

目前，商业化的 C/SiC 空间光机复合材料主要有两种：一种是 Cesic；另一种是 HB－Cesic，后者短切纤维采用了高模高强碳纤维。

例如，美国、德国研制的双光谱红外探测微型卫星(BIRD)上的热点识别系统像机结构，以及 SPIRALE 卫星的两个全光学望远镜均采用 Cesic 进行制造[37]。

4.5.2 C/C－SiC

C/C－SiC 复合材料，即碳纤维增强炭和碳化硅双基体材料，该材料具有密度低、抗氧化性能好、耐腐蚀、低热膨胀系数等优点，是一种能满足 1 650 ℃ 使用的新型高温结构材料和功能材料。20 世纪 70 年代，C/C 复合材料作为轻质结构材料开始广泛地应用于航空航天领域。C/C－SiC 复合材料不仅具有 C/C 复合材料的高比强度、高比模量和低热膨胀系数等优点，还有着优异的高温稳定性、抗热震性能和高温抗蠕变性能。目前，该材料已经应用于耐高温结构材料、摩擦材料、空间光机结构材料等领域，如 GREGOR 空间反射镜[38]。

4.6　玻璃材料

玻璃通常作为光学镜材料。大多数玻璃的 CTE 很低，其硬度与铝相似，相对容易生产具有光学设计所需的非常具体和准确的表面轮廓的玻璃零件，并且也可以抛光以获得可见光波长几分之一的均方根表面粗糙度。玻璃存在随时间变化的尺寸不稳定性。

目前应用较多的玻璃是康宁零膨胀玻璃(Corning ULE)和肖特微晶玻璃(Schott Zerodur)。Corning ULE 是一种钛－硅酸盐玻璃，室温下 CTE 为(0.03 ～

$0.05) \times 10^{-6} \, ℃^{-1}$。Schott Zerodur 是一种纳米复合材料,由晶体石英和一个负 CTE 成分嵌入一个正 CTE 的非晶态玻璃基体组成。

玻璃也可用于结构件。激光干涉空间天线 LISA 光学工作台是一块由 Zerodur 制成的实心板,光学部件安装在其上[39]。

4.7　智能材料

智能材料分为两大类:一类是可以感知外界刺激的智能材料,统称为感知材料,可以用来制成传感器以感知外界环境以及自身工作状态的变化,例如压电材料、形状记忆材料、铁磁材料、光导纤维等;另一类是能够在外界环境或内部状态发生变化后做出恰当响应的材料,该类材料常用来做执行器[40],例如形状记忆材料、压电材料、铁磁材料既可以做感知材料,也可以做执行材料,而某些树脂基复合材料,例如自愈合材料是很好的执行材料。

利用智能材料的性质,将尺寸变化与电学量或磁学量的改变建立联系,从而实现尺寸变化的测量和控制,这是尺寸稳定性从被动控制转向主动控制的一个关键差别。

4.8　负膨胀材料

碳纤维沿纤维方向的热膨胀系数一般是负的,但沿垂直方向的热膨胀系数仍然是正的,石英和玻璃态的二氧化硅在低温条件下存在热收缩现象。但这些特性并不代表它们是真正意义的负膨胀材料。负膨胀材料指覆盖常温且在较宽温度范围内具有负热膨胀特性的材料。最早的负膨胀材料是由美国俄勒冈州立大学的 Sleight 研究团队发现的 ZrW_2O_8,它是一种在 $15 \sim 1\,500\,K$ 范围内都表现为热收缩的材料。目前已发现了多种负膨胀材料族,如 AM_2O_7 族和沸石/类沸石族材料。三维负膨胀材料包括碱金属卤化物、四面体配位结构、赤铜矿结构、立方 ZrW_2O_8、立方 AM_2O_7、硅石和沸石等。还存在一些低维负热膨胀材料,如二维纳米结构、一维纳米结构和零维纳米结构等[41-42]。负膨胀材料在尺寸稳定结构中应用是在正膨胀材料中添加负膨胀材料或将正膨胀材料与负膨胀材料组合设计,制成近零膨胀材料。

本章参考文献

［1］王立，邢焰. 航天器材料的空间应用及其保障技术［J］. 航天器环境工程，2010，27（1）：35-40，44.

［2］陈烈民. 航天器结构与机构［M］. 北京：中国科学技术出版社，2005.

［3］SOKOLOWSKI W M，JACOBS S F，LANE M S，et al. Dimensional stability of high-purity Invar 36［EB/OL］. ［2022-07-13］. https：//trs. jpl. nasa. gov/bitstream/handle/2014/35527/93-1212. pdf? sequence＝1.

［4］CONNORS C J，JACOBS S F. Dimensional stability of superinvar［J］. Applied Optics，1983，22（12）：1794.

［5］GREENWAY P，TOSH I，MORRIS N. Development of the TopSat camera［EB/OL］. ［2022-07-13］. https：//www. spiedigitallibrary. org/proceedings/Download? fullDOI＝10. 1117/12. 2308010.

［6］杨启东. 金属点阵结构增材制造及性能表征［D］. 长沙：湖南大学，2020.

［7］STUMM J E，PYNCHON G E，KRUMWEIDE G C. Graphite/epoxy material characteristics and design techniques for airborne instrument application［C］. San Diego：SPIE，1981.

［8］KILPATRICK M C，GIRARD J D，DODSON K J. Design of a precise and stable composite telescope structure for the ultraviolet coronagraph spectrometer［C］. San Diego：SPIE，1992.

［9］NEAM D C，GERBER J D. Structural design and analysis for an ultralow-CTE optical bench for the Hubble Space Telescope corrective optics. San Diego：SPIE，1992.

［10］OZORES E，AREVALO F，AYUSO A，et al. Development tests for a high stability optical bench［C］. Noordwijk：ESA Publication Division，1992.

［11］PONSLET E. Trade Studies for SNAP secondary Mirror Metering Structure［EB/OL］. ［2022-07-13］. https：//corpora. tika. apache. org/base/docs/govdocs1/228/228284. pdf.

［12］LAMARD J L，GAUDIN-DELRIEU C，VALENTINI D，et al. Design of the high resolution optical instrument for the Pleiades HR Earth observation satellites［C］. Bellingham：SPIE，2017.

［13］张超杰. 空间相机反射镜结构优化及其支撑结构研究［D］. 长春：长春工业大学，2020.

[14] CURTIS J，MORRIS N，SHAUGHNESSY B，et al. A 1 m resolution camera for small satellites［EB/OL］．［2022-07-13］．https://digitalcommons. usu. edu/cgi/viewcontent. cgi? article＝1607&context＝smallsat.

[15] MENZEL W P，BELL J J L，IWASAKI T，et al. Design and analysis of a beryllium three-mirror anastigmat telescope for the JapaneseAdvanced Meteorological Imager（JAMI）［J］．SPIE Proceedings，2005，5658（12）：91-102.

[16] ZHANG Y，SONG L，JIANG W，et al. Study on optimization design and application of beryllium-mirror of space astronomical instruments［J］．SPIE Proceedings，2007，6721（7）：66-72.

[17] YODER P R. Design and mounting of prisms and small mirrors in optical instruments［M］．Bellingham，WA：SPIE，1998.

[18] STAHL H P，FEINBERG L，TEXTER S. JWST primary mirror material selection［J］．Optical，Infrared，and Millimeter Space Telescopes，2004，5487：818-824.

[19] 袁家军. 卫星结构设计与分析［M］．北京：中国宇航出版社，2004.

[20] 赵鑫. 镁合金在卫星铝蜂窝夹层结构板中的应用［J］．宇航材料工艺，2008（4）：48-50.

[21] 周星驰，周徐斌，陶炯鸣，等. 镁合金蒙皮蜂窝板在卫星结构上的应用［J］．航天器工程，2017，26（4）：46-51.

[22] COUNTS W A，FRIAK M，RAABE D，et al. Using ab initio calculations in designing bcc Mg-Li alloys for ultra-lightweight applications［J］．Acta Materialia，2009，57（1）：69-76.

[23] 吴国华，赵炯，刘文才，等. 超轻镁锂合金研究应用现状与展望［C］//第十三届全国铸造年会暨 2016 中国铸造活动周论文集，［出版者不详］，2016：379-387.

[24] 王祝堂. 镁－锂合金使高轨卫星质量减轻 173 kg［J］．轻合金加工技术，2019，47（3）：16.

[25] JACKSON R J，FROST P D. Properties and current applications of magnesium-lithium alloys［R］．NASA SP-5068，Washington：NASA，1967.

[26] FROST P D. Technical and economic status of magnesium-lithium alloys：a report to industrial and defense management［R］．NASA-SP-5028，Washington：NASA，1965.

[27] 王军武，刘旭贺，王飞超，等. 航空航天用高性能超轻镁锂合金［J］．军民两用技术与产品，2013（6）：21-24.

[28] 诸静,郝旭峰,叶周军.碳纤维/氰酸酯复合材料尺寸稳定性能[J].宇航材料工艺,2013,43(4):52-54.

[29] 张春雨,吕凯,张宗华,等.碳纤维承力筒一体化结构设计及试验验证[J].航天器环境工程,2014,31(2):186-190.

[30] 宋可心,张雷,贾学志,等.吉林一号轻型高分辨空间相机碳纤维桁架支撑技术[J].光学学报,2020,40(21):143-148.

[31] 杨艳,殷永霞.神舟十一号飞船太阳翼结构实现国产化[J].中国航天,2016(11):26.

[32] 沃西源,房海军.碳纤维复合材料C波段天线反射面研制[C]//第十七届玻璃钢/复合材料学术年会论文集,[出版者不详],2008:249-252.

[33] 张晓岚,王海涛,张德雄.金属基复合材料在航天器上的应用[C]//第三届空间材料及其应用技术学术交流会论文集,[出版者不详],2011:155-160.

[34] 赵渠森.先进复合材料手册[M].北京:机械工业出版社,2002.

[35] TOOR Z S. Applications of aluminum-matrix composites in satellite a review[J]. Journal of Space Technology, 2017, 7(1):1-6.

[36] RAWAL S P. Metal-matrix composites for space applications[J]. JOM, 2001, 53(4):14-17.

[37] KRÖDEL M R, HABERMEIER J, WALTER I, et al. The TET-1 HSRS camera structure: the second flight heritage of Cesic[C]. San Diego: SPIE, 2010.

[38] VOLKMER R, VON DER LÜHE O, DENKER C, et al. GREGOR telescope: start of commissioning[C]. San Diego:SPIE, 2010.

[39] LIVAS J, ARSENOVIC P, CASTELLUCCI K, et al. Preliminary LISA telescope spacer design[EB/OL]. [2022-07-13]. https://www. lisa. nasa. gov/archive2011/Posters/Livas_COSPAR2010. pdf.

[40] DANO M L, JULLIÈRE B. Active control of thermally induced distortion in composite structures using macro fiber composite actuators[J]. Smart Material Structures, 2007, 16(6):2315.

[41] CHU C N, SAKA N, SUH N P. Negative thermal expansion ceramics: a review[J]. Materials science and engineering, 1987, 95: 303-308.

[42] 刘亚明.几种典型材料负膨胀机理的第一性原理研究[D].郑州:郑州大学,2016.

第 5 章

研制内容与流程

5.1　设计原则

　　常规航天器结构以强度和刚度为主要设计要素,但航天器结构尺寸稳定性的设计指标却往往从有效载荷的要求衍生而来,尽管尺寸稳定结构与一般航天器结构的设计有一些相似之处,但在尺寸稳定性结构的材料选择、构型设计、仿真分析和试验验证方法具有不同于常规结构的设计方法。

　　尺寸稳定结构设计需要遵循一些基本的设计原则,包括以下几种[1-3]。

1. 轻量化

　　结构应是轻巧的,而不是笨重的,因为笨重结构在地面生产和装配过程中的重力对尺寸稳定的影响更大。实现轻量化的途径包括选用轻质材料,精细化载荷识别以避免过设计,采用轻量化的加工工艺(如增材制造)以及构型和设计优化。

2. 高刚度

　　结构应具有较高的刚度,这样发射过程中即使发生共振,振动的幅值也相对较小,有利于保持较好的尺寸稳定性;高刚度可以通过选用高模量材料和针对固有频率的优化设计实现。

3. 低膨胀

　　有尺寸稳定性要求的结构应选用热膨胀系数较小的材料,因为航天器在轨尺寸稳定性最主要的影响因素就是温度。选用低膨胀材料时,也应关注材料的其他特性,如热膨胀系数随温度的变化、材料的强度和刚度特性等。

4. 易加工

结构生产工艺具有稳定性。因为尺寸稳定结构对结构和材料特性要求较高,所以设计过程中往往采用新材料或新工艺,工艺稳定性保证了材料性能的稳定性,而材料性能的稳定是稳定性设计的前提。

5. 适度性

尺寸稳定结构对性能要求大多严苛,但工程设计应以够用为设计目标,不应盲目追求高指标和高性能,慎用新材料、新工艺,谨慎制订试验验证计划,否则尺寸稳定结构设计将事倍功半。

5.2　研制技术流程

完整的航天器尺寸稳定结构研制技术流程如图 5.1 所示。图 5.1 包含了尺寸稳定结构研制过程中涉及的全部工作,这些工作分散于航天器结构研制的各个阶段,有些工作只在某个阶段进行,某些工作则会贯穿整个结构的研制环节。

5.3　各阶段研制内容

在航天器结构设计之前,应该进行尺寸稳定性的需求分析,以确定是否要开展尺寸稳定性设计,一旦得到明确的需求,在航天器结构的整个设计和研制周期中都将满足尺寸稳定性指标作为设计的目标之一,而不能将尺寸稳定性的设计过程随意安排在设计流程中。

5.3.1　可行性论证阶段

可行性论证属于正式开始研制的前期阶段,对于比较成熟或继承性比较好的航天器结构,可以简化或取消这一阶段。

在可行性论证阶段包含如下工作。

1. 需求分析

需求分析与传统结构分系统的需求分析有所不同。传统结构分系统的需求分析是依据总体技术要求,准确理解结构分系统应具备的功能、性能、可靠性等具体要求,将总体需求转化为结构设计的需求定义,从而确定结构分系统必须完

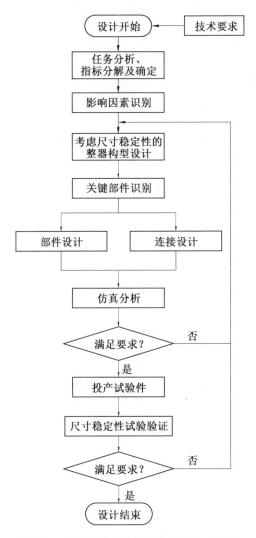

图 5.1　航天器尺寸稳定结构研制技术流程

成的工作过程。而结构的尺寸稳定性因为具有系统性和耦合性的特点,有必要将有效载荷的要求作为需求分析的起点,参与到总体的相关需求分析工作中,与总体共同制定合理可行的尺寸稳定性相关技术要求。由此可见,因为尺寸稳定性需求的存在,结构设计具有了更多的系统级设计的特点。

2. 方案设想

在需求分析基础上,提出尺寸稳定结构的方案设想,给出初步的材料选择和构型设想,分析可行性。

3. 关键项目

根据需要，提炼需要攻关的关键项目并制订实施计划和安排执行。

5.3.2 方案阶段

1. 方案设计

方案设计的目的是确认和修正总体对尺寸稳定性的设计要求，确定尺寸稳定结构的材料选择和构型设计。虽然不需要设计细节，但应确认能够满足总体要求。

2. 初步分析

方案阶段因为很多系统状态细节待定或未知，缺乏足够的信息来支撑详细分析，因此，这一阶段的方案评价多是定性的或大致定量的，不具备详细分析的条件，也无进行详细分析的必要。这一阶段的分析更多是用于多方案对比和选择，或者进行一些假设载荷条件下的包络分析，以估计尺寸稳定性指标的大致范围。

3. 关键技术攻关

一些有高尺寸稳定性指标的结构设计，制造方面往往涉及新材料和新工艺，分析方面可能涉及新的仿真计算方法，试验验证方面可能涉及新的试验测量技术，这些技术和方法对尺寸稳定结构研制的成功具有决定性影响，需要在方案阶段制订解决问题的方案和技术途径。

4. 方案验证

在方案确定后，需要验证方案的正确性。在方案阶段，验证一般是通过分析、类比等方法进行，有时还需要一些材料或典型试验件的试验数据对仿真分析的结果的正确性提供支持。

5.3.3 初样阶段

1. 初样设计

方案阶段结束后，结构分系统的总体功能和技术指标已经实现，但还需要补充设计细节才能达到可以进行制造产品的程度。因此，初样设计的主要目的是给出制造航天器结构产品所必须具有的全部信息。设计工作包括确定和优化零部件的各种几何和物理参数；提供制造产品的工程图样；制订相应的装配、运输、操作、储存等技术规范以及相应的验证和质量保证计划。

2. 初样分析

对于尺寸稳定结构来说，在初样阶段，除常规的结构静动力学等常规分析以外,最重要的分析内容就是尺寸稳定性分析。尺寸稳定性分析务必保证能够覆盖航天器结构全寿命周期经历的全部载荷工况,以确保分析结果能够包络最恶劣工况下的指标。

3. 初样产品制造

初样产品制造包括零部件制造、零部件验收、初样产品装配和初样产品验收等整个初样产品的生产过程。尺寸稳定结构往往涉及新材料、新工艺等"十新"内容,应对产品制造过程中采用的工艺进行评估,以避免因工艺因素导致的尺寸稳定性问题;对产品的精度检测手段和检测方法,应进行测量方法的适应性评估,以保证测量方法能够获得产品的真实性能指标。

4. 编制验证策略

具有不同要求的航天器的尺寸稳定结构设计是不同的,且往往差异较大,需要根据尺寸稳定结构的特点,编制合理的有针对性的验证策略,而不应该生搬硬套其他航天器尺寸稳定结构的验证思路。

5. 试验验证

试验是尺寸稳定结构设计与验证的最有效手段。除非分析结果表明设计有 5 ~ 10 倍的设计裕度,否则,都应该通过尺寸稳定性试验对设计进行验证。考虑到在地面几乎不可能百分之百模拟结构尺寸稳定性分析的载荷环境,因此,尺寸稳定结构的试验验证一般是材料、典型部件试验结合整器(或整舱)试验一起作为完整的试验验证内容,并且一般地面试验的目的不用于验证设计指标,而是作为修正分析模型的依据。

6. 修正分析模型

完成试验验证之后,根据实测的材料数据、典型件数据和整器 / 整舱数据,对分析模型进行修正,并最终根据修正后的模型计算得到的结果对尺寸稳定性指标满足情况进行验证。

5.3.4　正样阶段

正样阶段的重点是通过正样产品的设计、制造和试验,全面验收航天器结构与机构的飞行产品,主要工作如下。

1. 正样设计和正样分析

在正样阶段仅是根据初样设计评审确定的最终技术状态来修改和完善正样产品的设计图样和技术文件,形成一套经过验证的、完整有效的设计图样和技术文件,以便依照这些图样和文件来准确地制造、试验和使用正样产品。

可以将经过初样验证或修正的分析计算模型进行更新,使其与飞行产品的设计状态相一致,并给出最终的尺寸稳定性分析结果,以验证或修正正样设计。

2.正样产品制造

正样产品制造包括零部件制造、零部件验收、正样产品装配和正样产品验收等整个正样产品的生产过程。在正样产品的制造过程中,尤其应该重视初样与正样制造工艺的继承性,除非必要,不要轻易对制造工艺进行改动。制造过程中涉及的其他状态,也应尽量保持初样和正样的一致性,如材料采用同一厂家同一批次,加工的机器和人员相同,检测方法、仪器和人员相同等。

3.试验验证

正样阶段一般不单独进行尺寸稳定结构的试验验证,如果条件允许,可在航天器进行其他操作或试验的过程中(如热试验),以搭载的方式进行变形测试。

5.4 技术要求的重要性

对于一般的航天器结构而言,技术要求是输入,在制订过程中,总体与结构分系统之间尽管也存在迭代和协调,但技术要求一般并不作为结构设计工作的一部分。而作为对航天器尺寸稳定结构的技术要求,则因为其具有系统性、多学科性等特点,与此同时,关于尺寸稳定结构目前尚未形成比较成熟的设计规范与研制流程。工程经验表明,有必要对尺寸稳定结构设计的技术要求本身提出一些需要满足的条件。

(1)明确性。

技术要求应是明确、可量化的,而不应是含糊、具有歧义的。这个要求,结合后面关于指标的定义,可以很清楚其必要性。

(2)可验证性。

技术要求应是可验证的,无论是通过分析进行验证还是通过试验进行验证。

(3)可实现性。

技术要求应是可实现的,不能提出过高的尺寸稳定性要求,导致工程上不能实现。

以上几条虽然简单易懂,但是,在尺寸稳定结构设计过程中还是会遇到不能满足的情况,例如,作者在工作中曾经遇到指向稳定度优于 10^{-6} 角秒这样的技术要求,这既不可测,也不可实现,所以,这种要求导致的结果就是无论如何也设计不出满足要求的尺寸稳定结构。

在制订技术要求之前,应对航天器的尺寸稳定性任务要求进行分析,了解航天器的功能、有效载荷的性能特点和工作、标定与校正模式。具体包括以下几种。

（1）轨道。

不同的轨道具有不同的外部热、辐照、原子氧等环境，了解轨道是尺寸稳定性设计的第一步。

（2）有效载荷特点。

了解载荷的特点，是遥感载荷还是通信载荷，是可见光还是红外探测等，这些载荷的工作状态如何，是单机工作模式还是多载荷协同工作模式，载荷对卫星平台的要求是什么等。

（3）工作模式。

明确有效载荷是全时工作还是分时工作，是否有在轨标定，如果有，标定周期是多少等。

5.5　指　　标

结构尺寸稳定性指标的定义在当前的航天器结构设计体系中有时是不够严谨的，特别容易产生歧义，影响尺寸稳定性设计的正确开展。如 ESA 标准中，将尺寸稳定性划分为发射前测量、标定的短期稳定性和从装配、发射到入轨的长期稳定性。这个划分简单明了，但缺乏更多的技术细节，整个定义仍然是意义不明确的。本书尝试从 5 个维度对尺寸稳定性指标进行更准确和更具工程可操作性的定义。

尺寸稳定性可用公式表示为

$$D_S = f(D(t), D_R(t)) \tag{5.1}$$

式中，$D(t)$ 为表征尺寸稳定性的物理量，如位移、平面度等，t 为时间；$D_R(t)$ 为相应尺寸稳定性物理量的参考值或基准值，可由地面或在轨标定给出。

式（5.1）是尺寸稳定性的一般定义，存在 5 个维度的特性描述。

5.5.1　偏差类型

设尺寸稳定性指标为 D_I，根据尺寸稳定性与指标 D_I 之间的关系可定义尺寸稳定性的偏差类型。

常值偏差定义为

$$D_S - D_I = 常数, \quad 当\ t \geqslant t_1\ 且\ t_1 \ll t_{\text{life}} \tag{5.2}$$

式中，t_1 为入轨后 $D_S - D_I$ 不再随时间发生变化的时间；t_{life} 为航天器的寿命，即入轨后，在与航天器寿命 t_{life} 相比很短的时间 t_1 之后，$D_S - D_I$ 为常值。

当 $D_S - D_1$ 不满足式(5.2)时,称尺寸稳定性的偏差为可变偏差。

5.5.2　基准类型

当式(5.1)与 $D_R(t)$ 无关时,即 $D_S = f(D(t), D_R(t)) = f(D(t))$ 时,尺寸稳定性只与表征尺寸稳定性物理量的变化规律有关,此时称尺寸稳定性是基准无关的,否则,称为基准相关的。

对于基准相关的尺寸稳定性,当基准基于地面标定状态确定,不随时间变化时,即 $D_R(t) = c =$ 常数时,称为静态基准;当基准基于在轨标定确定时,称为动态基准。因为采用动态基准时,一般可以剔除地面装配和主动段发射过程中的常值偏差,所以,采用动态基准的稳定性设计难度相对较低。

当尺寸稳定性与基准无关时,尺寸稳定性只与变形量自身的变化有关,这将使设计难度大大降低。例如,当只关心某一变形量的在轨变化波动区间,而不是变形量本身的大小时,即属于此种情况。反之,如果尺寸稳定性不仅与变形规律有关,还与基准有关,例如,若稳定性指标定义为某平面在轨变形后与地面标定状态的平面度之差,结构稳定性的设计引入这个静态基准后,设计难度将大大增加。

5.5.3　时间特性

当式(5.1)中的指标仅在变量 t 的部分时间区间有要求,其他时间不作要求时,称为分时尺寸稳定性,否则称为全时尺寸稳定性。

当有效载荷的工作模式为分时工作时,在有效载荷非工作期间,尺寸稳定性一般不作要求,此时即相当于分时尺寸稳定性。

5.5.4　物理量

尺寸稳定性需要具体的物理量来表征。就航天器整体层面来说,尺寸稳定性最终的指标与有效载荷性能密切相关,而分配给星体结构的指标一般则为变形量。目前常用于表征尺寸稳定性的物理量包括位移、距离、矢量指向、矢量夹角、平面度等。确定表征尺寸稳定性的物理量时,应注意如下两点。

① 确定的物理量必须能正确关联有效载荷性能指标。如对于安装有效载荷的平面,评价其尺寸稳定性既可以是位移,也可以是平面度或者其他的量,但无论选择哪个物理量,都应该是与载荷的要求确定的函数关系,而不应有任何不确定性因素或者似是而非的关系描述。

② 确定的物理量必须定义清晰严谨,同时,对一些含义相近的物理量也需要仔细区分其差异。如变形 3 mm 类似的说法是不严谨的,容易产生歧义。

5.5.5　函数 / 算法

在分析或试验验证得到表征尺寸稳定性的物理量数值后,根据算法,确定数值与指标之间的函数表达,即确定式(5.1)中的 f。一般常见的表达关系可能是以下两种情况:

① 一段时间内,尺寸稳定性表征物理量波动峰峰值小于给定指标,即

$$\max(D(t)) - \min(D(t)) < D_1$$

② 一段时间内,尺寸稳定性表征物理量变化 RMS 值小于给定指标,即

$$RMS(D(t)) < D_1$$

尺寸稳定性 5 个维度的特性描述如图 5.2 所示。

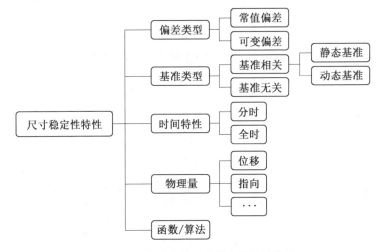

图 5.2　尺寸稳定性 5 个维度的特性描述

尺寸稳定性指标的类型直接决定了设计的难度,例如基准无关尺寸稳定结构要比基准相关尺寸稳定结构的设计难度低一些。识别尺寸稳定性的类型,对正确开展设计、降低设计难度和成本具有重要意义。在定义尺寸稳定性指标时,为使定义全面清晰,建议以属性定义表的形式给出,属性定义表形式见表 5.1。只有尺寸稳定性属性定义表中的元素都具有清晰明确的含义时,其定义才是完整、准确和无歧义的。

表 5.1　尺寸稳定性属性定义表形式

偏差属性	基准属性	时间属性	物理量	函数 / 算法	数值
常值 / 可变	相关 / 无关	分时 / 全时	位移,指向…	峰峰值,RMS…	具体数值

5.6 影响因素识别

尺寸稳定结构设计需要根据轨道、载荷工作模式识别航天器结构的工作环境,包括温度交变、湿气排放和辐射效应等[4]。影响因素决定了材料、分析载荷、试验验证项目等的选取,对后续工作意义重大,遗漏或错误识别影响因素,将对设计产生非常不利的影响。在识别影响因素的过程中,应注意尺寸稳定性指标的类型与环境的相关性,例如,对于基准无关的尺寸稳定性,不考虑地面装配误差,地面的各种工作、装配环境也不作为尺寸稳定性设计中的环境因素进行考虑,即某一环境因素是否纳入尺寸稳定性的设计考虑,依据是结构稳定性指标的类型。

5.7 尺寸稳定结构构型

从尺寸稳定结构设计角度,航天器构型可以分为两类:

① 整体结构型,开展航天器整器尺寸稳定性设计。

② 尺寸稳定性部件与整体结构解耦型,开展部件级尺寸稳定性设计。

因为通过载荷适配结构连接有效载荷和航天器平台的尺寸稳定性设计可以实现整器主结构变形和载荷适配结构之间的部分或完全变形解耦,从而降低尺寸稳定性的设计复杂度,所以,应该以第2类部件级尺寸稳定性设计为首选设计方案。

图5.3是LISA探路者科学模块,为某光学望远镜支撑结构,高精度的科学仪器安装在复合材料蜂窝板上,蜂窝板通过撑杆与星体主结构连接,这是比较典型的通过载荷适配结构实现稳定性设计的结构。

图 5.3 LISA 探路者科学模块

图 5.4 是 GRACE 卫星构型,GRACE 的尺寸稳定性指标之一是在轨期间整星的质心变化优于 3 μm,这个指标是整星的系统指标,不可能通过一个单独部件的尺寸稳定性设计达到稳定性要求,是典型的整星结构尺寸稳定性设计[5]。

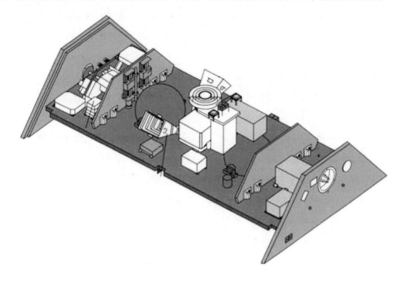

图 5.4　GRACE 卫星构型

5.8　关键部件识别

航天器各个部件对尺寸稳定性的影响是不同的,即使是整器类型的尺寸稳定性结构构型,各个部件的影响权重也会有很大的差异。对于航天器整器尺寸稳定性设计,开展具体设计的第一步是通过贡献度分析或灵敏度分析,识别影响尺寸稳定性的关键结构部件,针对识别出的关键部件,开展部件的尺寸稳定性设计。结构部件尺寸稳定性的贡献度和灵敏度由结构自身特性与外部环境共同确定。例如,以热变形作为尺寸稳定性设计环境的结构,其热膨胀系数和温度载荷一起决定了其对于尺寸稳定性的影响程度。对于温度不变或变化很小的结构,选择热膨胀系数小的材料的意义就明显不大。

5.9　材料选择

材料是尺寸稳定结构设计中最关键的因素,材料选择首先关注其尺寸稳定性性能,重点考虑第 2 章中列出的热膨胀系数、湿膨胀系数、辐射衰减特性等性能与尺寸稳定性要求的匹配性。材料选择应遵守的原则包括以下几种[6]。

① 优先选择热膨胀系数和湿膨胀系数低的材料。

② 优先选择高比强度和高比刚度的材料。

③ 对湿膨胀特性有较高要求的结构尺寸稳定性设计,应对材料吸湿进行严格控制。当所用材料吸湿性不满足设计要求时,考虑使用金属结构或无机基体的复合材料。

④ 优先选择加工工艺成熟且工艺过程控制稳定的材料。

⑤ 当结构部件由多种材料构成时,在关注方向上的材料热膨胀性质应尽量一致。

⑥ 进行材料选择时,应考虑材料对第 2 章各个影响因素的敏感性。

⑦ 材料选择应考虑综合性能,而不是以单一性能为选择依据。

需要特别强调的是第 ⑦ 点。材料选择需要系统的观念,材料选择不能仅关注某一性能而忽视其他性能,而应该通过综合评价,以综合性能作为材料选取的标准。以热膨胀系数这一最主要性能为例,零膨胀材料并不一定是尺寸稳定结构的最佳选择。因为材料的零膨胀特性往往是在某一温度区间内得以实现,在区间之外,其热膨胀特性可能迅速劣化;另外,零膨胀材料其性能往往不稳定,极易受到外界因素影响而劣化。所以,材料选择的一个最重要的准则是在满足技术要求的前提下,选择性能合适的材料,而不是某一性能越高越好。

5.10　部件和连接设计

部件设计包括部件构型、材料选择、详细设计等几个方面,连接设计包括内部连接设计和外部连接设计。部件设计首先应该满足航天器结构的一般强度、刚度和响应特性要求,在此基础上,考虑满足尺寸稳定性的要求。

5.11　仿真分析

尺寸稳定性结构指标很难通过试验进行验证,因此,通过仿真分析确定尺寸稳定性指标的满足情况,对尺寸稳定性验证非常重要,在很多情况下,也是验证结构尺寸稳定性指标的唯一方法。目前仿真分析主要是通过有限元方法获得变形,然后再通过相应的算法或者作为其他学科(如光学)分析工具的输入,得到稳定性指标。

5.12　试验验证

　　试验验证是尺寸稳定性设计的最后一步,也是极为重要的一步。因为航天器整器尺寸稳定性试验实施非常困难,所以,试验验证一般在材料级、典型部件级和组件级三个层次上进行。通过在较低层次上的试验,获取材料与结构的基本物理和力学参数,然后通过整器系统级仿真,得到最终的航天器系统级尺寸稳定性指标评价。

本章参考文献

[1] JACOBS S F. Unstable optics[C]. San Diego：SPIE，1990.

[2] AYDIN L. Design of dimensionally-stable laminated somposites subjected to hygro-thermo-mechanical loading by stochastic optimization methods[D]. Turkey Izmir：Izmir Institute of Technology，2011.

[3] KILPATRICK M C, GIRARD J D, DODSON K J. Design of a precise and stable composite telescope structure for the ultraviolet coronagraph spectrometer[C]. San Diego：SPIE，1992.

[4] BAILLY B,CORNU J,CAPDEPUY B, et al. Dimensionally Stable Structures[EB/OL]. [2022-07-13]. https：//adsabs. harvard. edu/pdf/1996 ESASP. 386. . 361B.

[5] GONÇALVES R D, STOLLBERG R, WEISS H, et al. Using GRACE to quantify the depletion of terrestrial water storage in northeastern brazil：the urucuia aquifer system[J]. Science of the Total Environment，2020，705：135845.

[6] AYDIN L, ARTEM H S. Design and optimization of fiber composites[M]. Sawston：Woodhead Publishing，2017.

第6章

尺寸稳定结构设计

6.1　概　　述

结构的尺寸稳定性能是贯彻整个航天器研制、使用周期的特性,尺寸稳定结构的设计采用的是宇航产品典型的系统性设计方法。本章详细介绍尺寸稳定性结构的设计方法以及常见结构的设计样例。

1.尺寸稳定结构设计原则[1]

(1)力学要素。

结构应是轻质的、基频高、与其他结构不存在共振、动力学响应小。

(2)空间和时间稳定性要素。

结构使用中避免出现微屈服、微蠕变以及随时间产生不可接受的变形等尺寸不稳定效应。

(3)热尺寸稳定性要素。

结构材料的热/湿膨胀系数应较小。对于存在温度梯度的情况,还需要结构具有良好的导热性以尽量降低温度梯度;对于由不同材料组成的结构,还应考虑不同材料之间热变形的匹配情况。这一特性几乎是所有尺寸稳定结构的共同要求。

(4)制造可重复性要素。

尺寸稳定性要求越高,加工造成的性能离散性对尺寸稳定的影响就越大,因此,制造工艺应具备良好的可重复性,同时在设计过程中,应避免工艺性差的设计。

以上各个因素的权重是不一样的,尺寸稳定结构使用要求不同,则对各个因素的取舍有不同的权衡,需要具体问题具体分析。

2. 尺寸稳定结构设计主要步骤

(1) 构型设计。

构型设计是根据总体设计要求,在满足空间包络、质量、刚度和强度等要求的基础上,设计合理的空间结构形式。

(2) 材料选择与材料设计。

根据结构工作环境、使用要求,选定结构材料,如果是复合材料,在选定材料之后还存在一个材料设计过程。

(3) 详细设计。

在几何构型和材料选定的基础上,对结构进行详细设计,包括具体的结构尺寸、接口设计,以及满足总体技术要求的各项功能的具体实现。

6.2　部件构型

尺寸稳定结构的构型设计,需要考虑整星构型、有效载荷安装、变形解耦、刚度和强度以及工艺可行性等需求。目前,可作为尺寸稳定结构的构型包括板式结构、框架结构、杆系结构、桁架结构和筒式结构等几种常见的形式[2-3]。

6.2.1　板式结构

板式结构是最常见的航天器结构件,有均质单层板、层合板、加筋板(桁条加筋、网格加筋等)和夹层板(蜂窝夹层、泡沫夹层、波纹夹层等)等几种结构形式。其中,均质单层板、加筋板在航天器尺寸稳定结构中应用很少,层合板和夹层板应用较多,最常见的夹层板是蜂窝夹层板。如具有高尺寸稳定性要求的LISA[4]、重力恢复和气候试验后续卫星(GRACE－FO)[5]主结构都为蜂窝夹层板结构。

6.2.2　框架结构

框架结构是指由梁式构架通过机械组装、整体机加、铸造或模压复合而成的整体结构。组成构架的梁截面尺寸远小于沿长度方向的尺寸。受使用需求和制造工艺的限制,传统框架结构都是二维的,现在随着结构形式和航天器构型布局的复杂化以及制造工艺的进步,越来越多的三维构架结构在航天器中投入使用。某一体化支架如图 6.1 所示。

框架结构具有较高的强度和刚度,能适应多种机械结构的设计和连接。其主要功能如下:

（1）可作为分舱结构设计的构造基础,提供舱间的结构连接接口,维持所在舱体的整体性。

（2）可作为设备的安装结构,保证设备的安装刚度、精度和指向要求等。

（3）可作为设备安装和在轨运行期间维持高尺寸稳定性的安装平台结构。

框架结构在航天器结构中应用广泛,如法国的 SPOT 卫星和我国的资源三号卫星[6]、高分七号卫星[7]等。

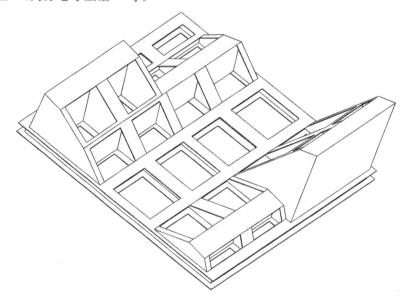

图 6.1　某一体化支架

6.2.3　杆系结构

杆系结构是指由许多直杆组成的系统,它们可以在二维平面中或三维空间中通过接头装配而成,分别称为平面杆系和空间杆系。理论上的杆仅沿轴向传递拉压载荷,连接接头不能传递力矩。实际工程结构如果要真正实现杆的理论特性,需要复杂昂贵的球轴承或特殊设计的接头,因此,为简化设计、降低成本,一般的杆系结构的连接接头都可以传递一定的弯矩,这是工程实际中的杆系结构和理论分析中的杆系结构的差异之处,在进行受力分析时,应清楚其不同之处。

杆系结构在结构设计中的作用如下。

（1）作为大型有效载荷的安装结构。

例如，大型相机或者大型反射面天线。

（2）作为模块化卫星的连接结构。

作为模块化卫星的舱间连接适配结构，使不同舱段结构相对独立，有利于模块化设计的实现。

（3）完成载荷传递的合理过渡。

例如，当航天器不同部分之间存在圆形结构向方形结构进行传力过渡时，杆系结构可作为一个比较合适的设计方案。

（4）实现高的尺寸稳定性。

利用复合材料的各向异性，设计沿杆的轴向具有零膨胀特性是可行的，由此构成的空间杆系结构就具有了零膨胀的宏观特性。

杆系结构在航天器上具有重要功能。杆系结构可用于建立大型空间站（如自由号）的主龙骨结构，用于一些大型空间望远镜的主结构（如哈勃空间望远镜[8]、STARS 望远镜），也用于一些航天器的次结构（如卡西尼土星探测器、SPOT 遥感卫星等），以及辅助的支撑性结构。

6.3　复合材料层合结构

6.3.1　层合结构组成

1. 概述

因为大多数复合材料是各向异性的，因此，与各向同性材料可以几乎不经材料性能设计可直接应用于结构设计不同，复合材料在应用于结构设计之前，需要根据需求对其性能进行设计。复合材料的性能设计要考虑最终产品的使用目的（强度、刚度和尺寸稳定性等）和使用条件（温度、机械载荷和真空等），有针对性地开展设计工作。复合材料层合板是目前航天器中应用最广泛的尺寸稳定结构。因此，本节主要介绍这一类材料的性能设计。

2. 定义

层合板（laminate），又称层压板，是指由两层或两层以上的单向板铺层通过树脂固化粘接在一起构成的复合材料板。层合板的组分材料包括基体和纤维。层合板的材料可以是相同的，也可以是不同的。每层的方向和铺贴的顺序根据设计要求确定，以获得所需的性能。

3. 基体

基体选择要考虑的因素包括:基体浸润纤维的能力、加工性、成本和可得性、层压质量、环境适应性、吸湿性、玻璃化转变温度、密度、流动性、拉伸强度和微裂纹等。

碳纤维增强树脂基复合材料的基体材料包括两类:热塑性基体和热固性基体。当热塑性基体受热超过熔点时,树脂由固相变成液相,具有可塑性。因此,热塑性基体在压力和热量作用下具有模塑成形的能力。最常见的热塑性基体材料是聚醚醚酮(PEEK)、热塑性聚酰亚胺(TPI)、聚苯硫醚(PPS)。最常用的基体材料是热固性基体。通过交联反应,热固性树脂的分子链交联成网状结构,得到不溶不熔树脂材料。宇航结构中最常用的热固性树脂基体材料是环氧树脂和氰酸酯。其中,环氧树脂工艺成熟,应用广泛,但其耐高温和辐射以及吸湿性均不如氰酸酯。目前在尺寸稳定结构中,氰酸酯有逐渐替代环氧树脂的趋势[9]。

4. 纤维

复合材料的纤维选择过程必须与工程应用的设计要求相适应。需要考虑的性能包括强度或刚度、湿热机械性能、单层厚度/丝束尺寸可用性、尺寸和表面处理、浸润、黏合和材料相容性,以及成本和工程可获得性。

目前航天器尺寸稳定结构中常用的碳纤维包括高强度的 T 系列纤维(如 T300 和 T700 等)和高模量的 M 系列(如 M40 和 M55 等)纤维。如果单纯从材料自身的特性看,就热膨胀特性而言,T 系列和 M 系列差异并不大,但复合材料宏观热膨胀特性不止与纤维有关,还与基体有关,为两者共同作用的结果。单向复合材料的沿纤维方向的宏观热膨胀系数 α_{11} 可以用下式表示[10]为

$$\alpha_{11} = \frac{\alpha_{11}^{\mathrm{f}} E_{11}^{\mathrm{f}} V^{\mathrm{f}} + \alpha^{\mathrm{m}} E^{\mathrm{m}} V^{\mathrm{m}}}{E_{11}^{\mathrm{f}} V^{\mathrm{f}} + E^{\mathrm{m}} V^{\mathrm{m}}} \tag{6.1}$$

式中,E_{11}^{f} 和 E^{m} 分别为纤维纵向弹性模量和基体弹性模量;α_{11}^{f} 和 α^{m} 分别为纤维的纵向热膨胀系数和基体的热膨胀系数;V^{f} 和 V^{m} 分别为纤维和基体的体积含量。

式(6.1)可以写成式(6.2)的形式,即

$$\alpha_{11} = \alpha_{11}^{\mathrm{f}} + \frac{(\alpha^{\mathrm{m}} - \alpha_{11}^{\mathrm{f}}) E^{\mathrm{m}} V^{\mathrm{m}}}{E_{11}^{\mathrm{f}} V^{\mathrm{f}} + E^{\mathrm{m}} V^{\mathrm{m}}} \tag{6.2}$$

对于大多数纤维和基体的组合来说,$\alpha^{\mathrm{m}} \gg \alpha_{11}^{\mathrm{f}}$,$E_{11}^{\mathrm{f}} V^{\mathrm{f}} \gg E^{\mathrm{m}} V^{\mathrm{m}}$,所以,式(6.2)可近似表示为

$$\alpha_{11} = \alpha_{11}^{\mathrm{f}} + \alpha^{\mathrm{m}} \frac{E^{\mathrm{m}} V^{\mathrm{m}}}{E_{11}^{\mathrm{f}} V^{\mathrm{f}}} \tag{6.3}$$

α^{m} 一般较大,为降低公式(6.3)中 α^{m} 的影响,需要降低 $\dfrac{E^{\mathrm{m}} V^{\mathrm{m}}}{E_{11}^{\mathrm{f}} V^{\mathrm{f}}}$,在基体和体积比确

定的前提下，E_{11}^{f} 越高，α^{m} 的影响就越小，这是尺寸稳定结构中应用 M 系列碳纤维较多的原因。此外，在航天器整个变形场中，一般希望其他零部件的变形对尺寸稳定结构的影响尽量小，这就要求尺寸稳定结构应具有较高的刚度，这也是尺寸稳定结构采用 M 系列碳纤维更多的原因之一。

5. 添加剂

将纤维粘接在一起，产生特定的形状并传递载荷是基体（或树脂）的基本作用。但有时为了使得碳纤维复合材料具有一些期望的性能，可以考虑在树脂中添加一些物质。如树脂基碳纤维复合材料的导热、导电性能都比较差，通过在树脂中添加碳纳米管或石墨烯，可以显著增强其导热和导电性能。添加剂的加入，改善了复合材料的性能，使其应用更广泛，目前是一个吸引众多研究者的方向。

6.3.2 层合结构的特性

1. 单向特性

对于层合结构来说，最基本的单向特性由纤维和基体的特性共同决定。通过纤维和基体计算单向复合材料的各个工程常数有解析法和数值法。解析法建立在不同准则基础上，也可能包含一些经验公式，数值法一般通过建立详细的有限元模型计算获得。本节主要介绍解析法。目前计算复合材料单向特性的解析法主要包括如下几个公式[10-11]。

（1）混合率（Rule of Mixture，ROM）公式。

单向层合板的各个工程常数由下面的公式得到：

$$E_{11} = V^{f}E_{11}^{f} + V^{m}E^{m} \tag{6.4}$$

$$E_{22} = \frac{E_{22}^{f}E^{m}}{E^{m}V^{f} + E_{22}^{f}V^{m}} \tag{6.5}$$

$$\nu_{12} = V^{f}\nu_{12}^{f} + V^{m}\nu^{m} \tag{6.6}$$

$$G_{12} = \frac{G_{12}^{f}G^{m}}{G^{m}V^{f} + G_{12}^{f}V^{m}} \tag{6.7}$$

式中，E_{11}^{f}、E_{22}^{f}、ν_{11}^{f}、G_{12}^{f} 分别为纤维的纵向弹性模量、横向弹性模量、1－2 平面内纵向泊松比、1－2 平面内剪切模量；E^{m}、G^{m}、ν^{m} 分别为基体的弹性模量、剪切模量和泊松比；V^{f} 和 V^{m} 分别为纤维和基体的体积含量。

混合率概念简单直观，容易计算，但是混合率对各个参数估计的精度不同，实践表明，混合率对层合板纵向弹性模量、1－2 平面内纵向泊松比估计精度较好，与单向材料的试验数据具有较好的一致性。但其他参数则往往精度不高。

（2）修正混合率（Modified Rule of Mixture ，MROM）公式。

为了提高 E_{22} 和 G_{12} 计算精度，提出了如下的参数估计公式：

$$\frac{1}{E_{22}} = \frac{\eta^{f} V^{f}}{E_{22}^{f}} + \frac{\eta^{m} V^{m}}{E^{m}} \tag{6.8}$$

其中

$$\eta^{f} = \frac{E_{11}^{f} V^{f} + \left[(1 - \nu_{12}^{f} \nu_{21}^{f}) E^{m} + \nu^{m} \nu_{21}^{f} E_{11}^{f} \right] V^{m}}{E_{11}^{f} V^{f} + E^{m} V^{m}}$$

$$\eta^{m} = \frac{\left[(1 - \nu^{m^{2}}) E_{11}^{f} - (1 - \nu^{m} \nu_{12}^{f}) E^{m} \right] V^{f} + E^{m} V^{m}}{E_{11}^{f} V^{f} + E^{m} V^{m}}$$

$$\frac{1}{G_{12}} = \frac{V^{f}/G_{12}^{f} + \eta' V^{m}/G^{m}}{V^{f} + \eta' V^{m}}$$

式中，$0 < \eta' < 1$，一般可取 $\eta' = 0.6$。

（3）Halpin Tsai 公式。

Halpin Tsai 公式属于半经验公式。E_{22} 和 G_{12} 的表达式为

$$E_{22} = \frac{1 + \zeta \eta V^{f}}{1 - \eta V^{f}} E^{m} \tag{6.9}$$

$$G_{12} = \frac{1 + \zeta \eta V^{f}}{1 - \eta V^{f}} G^{m} \tag{6.10}$$

其中

$$\eta = \frac{M^{f} - M^{m}}{M^{f} + \zeta M^{m}}$$

$\zeta = 1, 2$，对应于 $M = G_{12}$ 和 E_{22}。

（4）Chamis 公式。

Chamis 公式也是最常用的公式，它的 E_{11} 和 ν_{12} 与混合率相同，但其他公式中的 V^{f} 用 $\sqrt{V^{f}}$ 代替，其表达式为

$$E_{22} = \frac{E^{m}}{1 - \sqrt{V^{f}} (1 - E^{m}/E_{22}^{f})} \tag{6.11}$$

$$G_{12} = \frac{G^{m}}{1 - \sqrt{V^{f}} (1 - G^{m}/G_{12}^{f})} \tag{6.12}$$

因为热膨胀过程中，纤维和基体之间存在相互作用力，所以，单向层合板的热膨胀系数不满足混合率。由此存在多种专门针对热膨胀系数的计算公式，主要的几个公式如下：

（1）Schapery 公式。

$$\alpha_{11} = \frac{E_{11}^{f} \alpha_{11}^{f} V^{f} + E^{m} \alpha^{m} V^{m}}{E_{11}^{f} V^{f} + E^{m} V^{m}} \tag{6.13}$$

$$\alpha_{22} = \alpha_{22}^{f} V^{f} \left(1 + \nu_{12}^{f} \frac{\alpha_{11}^{f}}{\alpha_{22}^{f}} \right) + \alpha^{m} V^{m} (1 + \nu^{m}) - \nu_{12}^{f} \alpha_{11} \tag{6.14}$$

（2）Chamberlain 公式。

Chamberlain 公式的 α_{11} 与 Schapery 公式相同，差别在 α_{22}，即

$$\alpha_{22} = \alpha^m + \frac{2(\alpha_{22}^f - \alpha^m)V^f}{\nu^m(F-1+V^m)+(F+V^f)+\dfrac{E_{11}^m}{E_{11}^f}(1-\nu_{12}^f)(F-1+V^m)} \tag{6.15}$$

式中，F 为填充因子，对于六边形填料，$F = 0.9069$；对于四边形填料，$F = 0.7854$。

（3）热膨胀系数计算的 Chamis 公式。

Chamis 公式的 α_{11} 与 Schapery 公式相同，差别也在 α_{22}，即

$$\alpha_{22} = \alpha_{22}^f \sqrt{V^f} + (1-\sqrt{V^f})\left(1+V^f\nu^m\frac{E_{11}^f}{E_{11}}\right)\alpha^m \tag{6.16}$$

除了上述介绍的公式以外，还有一些公式用于计算单向层合结构的热膨胀系数，如 Van Fo Fy 公式、Rosen and Hashi 公式、Schneider 公式等。目前，不同公式大多是针对某一类材料具有较高的计算精度，而用于其他材料时，精度则往往差强人意。这一方面是单向复合材料热膨胀系数特性自身的复杂性，另一方面复合材料制造工艺也对材料的性能有着明显的影响。体现在工程实践中的现象是，相同材料成分（相同纤维、相同树脂）的产品，不同厂家生产，性能会存在明显的差异。这也是采用公式计算单向复合材料特性与试验不一致的一个主要原因。因此，对于高精度的尺寸稳定结构设计，进行材料级性能测试不可或缺。

当单向复合材料自然坐标系 $x-y$ 坐标轴方向与主轴坐标系 1-2 不一致时，沿 $x-y$ 坐标轴方向与材料主轴方向成夹角 θ 的偏轴方向上热膨胀系数为

$$\alpha_1 = \alpha_x = \alpha_1\cos^2\theta + \alpha_2\sin^2\theta \tag{6.17}$$

$$\alpha_2 = \alpha_y = \alpha_1\sin^2\theta + \alpha_2\cos^2\theta \tag{6.18}$$

$$\alpha_{12} = \alpha_{xy} = 2(\alpha_1-\alpha_2)\cos\theta\sin\theta \tag{6.19}$$

2. 铺层设计

层合板由多个单向层以一定顺序和角度层叠而成，层合板角度与铺层的描述通过一定顺序的角度、符号和下标的组合实现。在仅有温度变化的条件下，层合板变形可以表示为

$$\begin{Bmatrix}\varepsilon_t^0\\k_t\end{Bmatrix} = \begin{bmatrix}A&B\\B&D\end{bmatrix}^{-1}\begin{Bmatrix}N^t\\M^t\end{Bmatrix} \tag{6.20}$$

式中，ε_t^0 和 k_t 分别为由于温度变化引起的中面应变和曲率变化；A 为拉压刚度矩阵；B 为平面内变形与弯曲的耦合；D 为扭转（或弯曲）刚度矩阵。

其中，A、B 和 D 矩阵是各层合板的弹性特性及其相对于层合板中面位置的函数。

层合板的宏观广义热膨胀系数可以用 $\varepsilon_t^0/\Delta T$ 和 $k_t/\Delta T$ 表示。

当 A、B 和 D 矩阵满足某些特殊特定条件时,可以得到以下具有不同特性的层合板。

（1）对称层合板。

各个铺层以中面为对称面的层合板称为对称层合板,如 $0/90/90/0 = (0/90)_s$。对称层合板 B 矩阵为 0,弯曲和拉伸是解耦的,即面内载荷与面外载荷的作用相互独立。对称层合板最大的优点是不会出现热（或湿）翘曲变形,是尺寸稳定结构设计中最常采用的铺层形式。除非有特殊要求,层合板都应采用对称铺层设计。

（2）反对称层合板。

各个铺层关于中面非对称,但关于 x 轴（或 y 轴）旋转对称的层合板称为反对称层合板,如 $45/-45$。反对称层合板在面内具有正交各向异性,没有拉剪耦合效应,也没有弯曲和扭转耦合效应。

（3）均衡层合板。

均衡层合板是指除 $0°$ 和 $90°$（平行于 x 轴或 y 轴）以外的所有角度的层合板仅以 $\pm\theta$ 成对的形式出现,如 $0/+40/-40/90$。

（4）正交层合板。

仅由 $0°$ 和 $90°$ 铺层方向构成的层合板。需要注意的是,正交层合板很容易受到微裂纹的影响。

（5）角度层合板。

不包含 $0°$ 和 $90°$ 铺层方向构成的层合板。角度层合板一般用于满足在特定方向具有预定特性的设计目的。

（6）准各向同性层合板。

A 矩阵是各向同性的,但 B 矩阵不为零,存在面内和面外的耦合,如 $(0/\pm45/90)$ 或 $(0/\pm60)$ 形式的铺层。

尽管理论上存在无穷多的角度铺层组合,但工程经验表明,从满足设计和制造的角度出发,上述几种层合板基本上覆盖了当前工程应用的绝大多数层合板铺层设计。

3. 零膨胀层合板

在以温度载荷为主的尺寸稳定结构设计中,最理想的设计状态是使得复合材料具有零膨胀特性。因为碳纤维一般沿纵向的热膨胀系数是负的,基体的热膨胀系数是正的,这样就可以利用复合材料的可设计性,从原料组分、含量、工艺、铺层、构型各个角度对复合材料开展优化设计,使得理论上零膨胀系数材料或结构成为可能。

（1）全方向零热膨胀系数的设计。

全方向零热膨胀系数是指在中面内任何方向上的热膨胀系数均为零，显然，相当于在中面内具有各向同性的热膨胀系数性质。实现全方向零膨胀系数的条件，即在满足各向同性热膨胀系数层合材料条件的基础上，令膨胀系数为零。

层合板具有各向同性热膨胀系数性质的条件如下：

① 叠层材料总层数 $n \geqslant 2$。

② 各层的材料性质和厚度均相同。

③ 各层纤维方向按下列次序排列。

$$\theta_k = \frac{\pi(k-1)}{n}, \quad k = 1, 2, \cdots, n \tag{6.21}$$

此时等效的各向同性热膨胀系数 α_0 为

$$\alpha_0 = \frac{\alpha_1 E_1 (1 + \nu_{21}) + \alpha_2 E_2 (1 + \nu_{12})}{E_1 + E_2 + 2\nu_{12} E_2} \tag{6.22}$$

令 $\alpha_0 = 0$，可以得到实现层合板全方向零热膨胀系数的基本条件，即

$$\alpha_1 E_1 (1 + \nu_{21}) + \alpha_2 E_2 (1 + \nu_{12}) = 0 \tag{6.23}$$

为了满足式（6.12）的全方向零膨胀系数条件，有以下两种方法：

① 选择合适的材料组分。碳纤维纵向热膨胀系数 α_1 为负值，且 $|\alpha_1| \ll \alpha_2$，$E_1 \gg E_2$，通过选择合适的纤维和基体材料的组分，有满足零热膨胀系数的条件的可能。

② 调整组分材料比例。利用 α_1、α_2、E_1、E_2、ν_{12} 的各个微观力学计算公式，可以得到实现零热膨胀系数的最佳纤维体积含量 V_f 计算公式。

需要说明的是，尽管存在众多的数学模型用于描述各个材料参数的关系，但由于复合材料的组分材料、配比、成形、增强形式都非常复杂，截至目前，并没有某个数学模型能够适用于所有情况。这也导致虽然理论上可以设计全向零膨胀的层合板，但实际获得零膨胀产品则非常困难，往往工程上缺乏可实施性。

在前面的分析中，假设纤维只有一种材料，有可能从理论上就不能实现零膨胀，为此，一些学者提出了通过多种纤维组合实现零膨胀的设计方法，在零膨胀设计方面，具有了更好的可实现性。

（2）单方向零热膨胀系数的设计。

鉴于实际设计过程中，往往很难满足全方向零热膨胀系数要求的条件，工程中往往通过构型优化或任务分析，使得当材料或结构单一方向满足零膨胀时即可实现整体结构的尺寸稳定性指标。如将高稳定结构设计为桁架或杆系，则当组成的杆件轴向为零膨胀时，即可实现整体在温度变化环境下的尺寸稳定。因此，单方向零膨胀系数材料设计具有更好的工程可实施性。

在工程中，常用的铺层形式往往为正交铺层和 $\pm\theta$ 斜交铺层，此时 A_{16}、A_{26}、

N_{xy}^t 均为零,中面内热膨胀系数为

$$\begin{Bmatrix} \bar{\alpha}_{1c} \\ \bar{\alpha}_{2c} \end{Bmatrix} = \frac{1}{\Delta t} \begin{bmatrix} A_{11} & A_{12} \\ A_{21} & A_{22} \end{bmatrix}^{-1} \begin{Bmatrix} N_x^t \\ N_y^t \end{Bmatrix} \tag{6.24}$$

则满足 x 方向为零热膨胀系数的条件为

$$\bar{\alpha}_{1c} = \frac{A_{22} N_x^t - A_{12} N_y^t}{A_{11} A_{22} - A_{12}^2} = 0 \tag{6.25}$$

即

$$A_{22} N_x^t - A_{12} N_y^t = 0 \tag{6.26}$$

需要说明的是,A_{12}、A_{22}、N_x^t 和 N_y^t 均与具体的铺层方式相关,因此可通过优化铺层来实现零膨胀,但限于材料及工艺实现过程,往往无法实现绝对的零膨胀,需要根据精度需要来尽可能趋近于零。另外,通常满足精度要求的铺层方式不止一种,还需要根据其他要求,如刚度、强度、稳定性等,来确定最终的铺层方式。

4. 翘曲

无论是全向零膨胀设计还是单向零膨胀设计,都是对面内变形特性而言,当从三维角度将层合板的面外变形也作为一个需要关注的要素时,层合板的设计又存在一些附加的特性需要关注,尤其是尺寸稳定性作为主要设计目标时。

正如本节所述,当层合板的铺层以中性面对称时,**B** 矩阵为零,此时面内和面外变形没有耦合,湿热载荷不会引起面外翘曲。因此,如果可能,尺寸稳定结构的铺层方式应尽量为对称铺层方式。此外,在非对称铺层中也存在一类湿热载荷下不会产生面外翘曲的铺层组合,称为湿热曲率稳定耦合(Hydrothermally Curvature Stable Coupling,HTCC)铺层,例如下面的铺层方式

$$\left[\theta^1, (\theta^1 + 90)_2, \theta^1, \theta^2, (\theta^2 + 90)_2, \theta^2 \right]_T, \quad \theta^1 \neq \theta^2 \tag{6.27}$$

就结构使用的不同目的而言,面外翘曲并不总是坏事。对于一些曲面结构、形状记忆的应用,利用面外翘曲特性进行有针对性的非对称铺层设计,可以取得良好的效果。

6.3.3 层合板连接设计

层合板连接分为机械连接、胶接连接和同时采用机械连接和胶接连接的混合连接三种连接方式。因为二次胶接可能引入胶的热膨胀问题,机械连接可能引入金属连接件与复合材料之间的热变形匹配问题,所以,从尺寸稳定性设计的角度出发,应尽量采用共固化的形式构成结构的整体。机械连接和胶接连接的优缺点见表 6.1。

表 6.1　机械连接和胶接连接的优缺点

项目	机械连接	胶接连接
优点	(1) 便于质量检测； (2) 能传递大载荷,抗剥离性能好； (3) 允许拆卸和再装配； (4) 没有胶接固化时的残余应力； (5) 装配接触面无须进行专门清洁,连接质量容易保证	(1) 没有连接孔的应力集中,不需要连接件,连接质量轻,效率高； (2) 密封、减振和绝缘性好； (3) 可用于不同材料的连接,无电偶腐蚀问题
缺点	(1) 连接孔处纤维不连续导致应力集中； (2) 传递大载荷的连接孔附近需要局部加强,增加连接质量； (3) 紧固件容易产生电偶腐蚀问题	(1) 连接工艺分散性大,连接质量控制难； (2) 抗剥离能力差,不能传递大载荷； (3) 胶粘剂存在老化易受环境影响

6.3.4　关于层合板的设计要点汇总

根据经验,也积累了一些关于铺层角的设计原则以指导铺层角设计,包括以下几种[12-13]。

1. 有效承载

碳纤维沿纵向和横向具有不同的性能,应充分利用纤维纵向的高性能进行铺层角设计。应设计 $0°$ 层承受纵向载荷,$±45°$ 层承受剪切载荷,$90°$ 层承受横向载荷,避免基体直接受载。

2. 铺层顺序

同一方向的铺层角沿层合板方向应尽量均匀分布,不应过度集中,如果连续铺层超过 4 层,容易出现分层。此外,层合板的面内刚度仅与铺层角组合有关,与角度排列无关,但当可考虑面外变形时,则变形与铺层角顺序有关。

3. 铺层数

相同厚度的层合板,铺层角组合与顺序相同时,理论上不同层数的层合板具有相同的刚度特性。例如,总厚度 2 mm、单层厚度 0.1 mm 的 $[0/+45/-45/90]_5$ 铺层组合和单层厚度 0.05 mm 的 $[0/+45/-45/90]_{10}$ 铺层组合具有相同的宏观力学特性。但是,从减小铺层角不确定性对层合板宏观等效热膨胀系数的影响角度出发,更多的铺层有利于减小不确定性的影响。

4. 对称性

除非特殊要求,应尽量设计以中面为对称的铺层。在具有尺寸稳定性要求的零部件构型上,也应尽量设计为对称形式。避免出现面外或扭曲的变形模式。

6.4 夹层板结构

6.4.1 概述

鉴于目前在航天器结构中应用最广泛的夹层结构是蜂窝夹层结构，所以，本节主要介绍蜂窝夹层结构的设计。

蜂窝夹层板由上、下面板和中间的蜂窝芯子组成，面板与芯子之间采用胶粘剂胶接。面板为强度、刚度较大的薄板材料，芯子为蜂窝状轻质材料。其典型蜂窝夹层结构如图 6.2 所示。

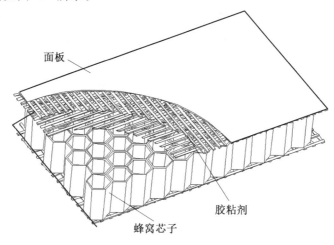

面板

胶粘剂

蜂窝芯子

图 6.2 典型蜂窝夹层结构

当前，用于尺寸稳定结构的蜂窝夹层结构一般由碳纤维面板加铝蜂窝组成，如 GRACE 卫星的仪器安装板。但随着尺寸稳定性指标的提高，目前已有一些碳纤维蜂窝的夹层结构应用于尺寸稳定结构，如 GOCE 卫星的加速度计安装支架[14]。

作为一般结构的蜂窝夹层板具有如下优点。

① 比强度和比刚度高。较薄的上下面板与中间的蜂窝芯组成了一个高刚度、高强度、低密度的复合结构。

② 结构可设计性好。蜂窝夹层板由上、下面板和中间的蜂窝芯子组合而成，在结构设计过程中可以通过材料选择、设计参数优化达到特定的设计目的和性能需求。

③ 表面平滑完整。适应于星上仪器、设备的安装。

④ 结构形式简单,生产周期短,生产成本低。

6.4.2　蜂窝夹层结构设计要求

作为尺寸稳定结构的蜂窝夹层结构设计应满足的一般要求包括以下几种需求。

① 尺寸稳定性需求。蜂窝夹层结构在使用环境下,应具备保持其尺寸变化满足使用需求的能力。

② 强度需求。蜂窝夹层结构受力时不能产生结构破坏或影响使用的有害永久变形。

③ 刚度需求。蜂窝夹层结构在承载单机或有效载荷时,其固有频率应大于规定值,且不会与星体其他结构出现频率耦合。

④ 机械接口要求。蜂窝夹层结构应满足与其他结构及安装于其上的仪器设备的安装要求。

6.4.3　面板设计

航天器结构中常用的面板材料有铝合金(如 2A12T4)、碳纤维(如 M40)、凯夫拉(Kevlar)纤维和玻璃布等。为了避免蜂窝夹层板承载时的拉弯耦合效应以及制造固化过程后引起翘曲变形,上、下面板一般采用相同材料和相同厚度;如果采用复合材料,面板材料的铺层设计应以蜂窝夹层板中面对称设计,为了进一步提高尺寸稳定性,每层的面板自身都应该采用对称铺层设计。

在航天器结构中常用的面板材料有以下几种。

(1) 碳纤维树脂基复合材料。

碳纤维是目前尺寸稳定结构中最常用的面板材料,包括 M40J、M55J、M60J 等牌号的碳纤维。树脂类型主要包括环氧树脂和氰酸脂等。

(2) 凯夫拉纤维树脂基复合材料。

为满足电磁波的透波要求,在天线等有电性能要求的蜂窝夹层板中,可选用凯夫拉纤维作为面板材料。

(3) 铝合金。

铝合金如 2A12T4,根据蜂窝夹层板承载情况不同,面板厚度从 $0.15 \sim 0.5\ mm$ 或更厚。因为具有较高的热膨胀系数,所以,一般不在尺寸稳定结构中直接采用铝面板的蜂窝夹层结构,大多是在无尺寸稳定性要求或不影响尺寸稳定性的其他结构中使用。

对于由纤维这种各向异性材料构成的面板,其设计应遵循如下准则。

(1) 优先选择高刚度材料。

蜂窝夹层板作为一种复合结构,其宏观等效热膨胀特性由面板、胶和芯子的刚度与热膨胀系数共同决定,且这个宏观热膨胀特性又与材料中最高刚度材料的热膨胀特性具有更强的相关性,所以,从夹层板自身尺寸稳定性的控制来讲,需要更高刚度的材料以控制最终热膨胀特性。另外,作为星体结构的一部分,以尺寸稳定性为设计和使用目的的夹层板,在轨热变形过程中,不可避免受到其他结构变形的影响,只有自身具有足够的刚度,才有利于抵抗其他结构变形引起的夹层板自身的变形。

(2)面板的对称设计。

为减少制造成形和受力过程中产生的翘曲,夹层结构的两个面板应该从几何和力学特性上都以蜂窝中面为对称。对于更高的尺寸稳定性要求,最好每个面板自身也是对称铺层,如[0/±45/90]ₛ或[0/±60]ₛ角度组合的铺层。

6.4.4　蜂窝芯子设计

蜂窝芯子的设计包括材料选择和芯子形状与几何参数设计。

航天器结构设计中蜂窝芯子材料通常采用铝蜂窝芯子和凯夫拉纸蜂窝芯子,随着尺寸稳定性要求的提高,一些碳纤维材料的蜂窝芯子也逐步获得应用,但由于目前价格昂贵,限制了其大规模应用。芯子选择的主要依据是蜂窝夹层结构的应用场景。对于一般承载需求的结构,铝蜂窝芯子应用较多,凯夫拉纸蜂窝芯子应用于有透波需求的天线结构,碳纤维蜂窝芯子主要应用于有特别高的尺寸稳定性需求的结构。

蜂窝芯子形状有正六边形、长方形等,通常采用正六边形蜂窝芯子,如图 6.3 所示。选定形状之后,具体的设计包括芯子的壁厚、边长等几何参数。目前芯子的参数设计主要是考虑力学承载方面的需求,如抗压强度与剪切强度等,与尺寸稳定性相关的设计考虑不多。

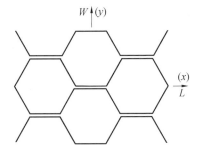

图 6.3　正六边形蜂窝芯子

6.4.5　连接设计

因为蜂窝夹层板承受集中载荷的能力较差,因此,与其他结构或其上安装的单机连接一般是通过在连接位置埋入连接件,通过连接件上的孔或螺孔,采用螺钉实现,埋入的连接件称为埋件。连接的基本方式有直接连接和通过角片连接,如图 6.4 所示。

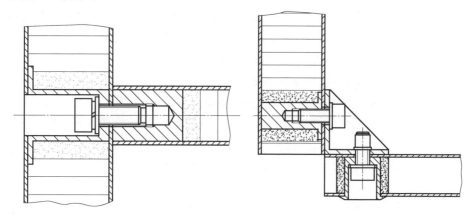

图 6.4　蜂窝夹层板连接形式示意图

　　埋件包括预埋件和后埋件两种。预埋件是在蜂窝夹层板制造完成前埋入夹层板内的埋件。在蜂窝夹层板固化成形前,用泡沫胶把预埋件与蜂窝芯子胶接,再与面板胶接、共同固化。预埋件的缺点是埋件位置在蜂窝夹层板制造前必须确定,固化成形后不能改变,灵活性较差。

　　后埋件是在蜂窝夹层板制造完成后埋入夹层板内的埋置件。在蜂窝夹层板固化成形后,在蜂窝夹层板上开孔,将后埋件埋入孔中,通过灌注胶粘剂进行常温固化。后埋件的优点是埋件安装位置灵活,制造工艺简单,操作方便;缺点是灌注胶用量大引起结构质量增加,其连接强度和刚度略低于预埋件。

　　作为承载的埋件一般采用铝合金材料。当考虑尺寸稳定性时,需要考虑埋件材料与蜂窝夹层结构面板和芯子材料的匹配性。蜂窝夹层结构的尺寸稳定性面内主要由面板决定,面外主要由蜂窝芯子决定。当面板与蜂窝芯子材料不同时,应根据尺寸稳定性的需求方向选择相应的材料。例如,当蜂窝夹层板作为面内变形控制的尺寸稳定结构时,埋件材料应与面板材料匹配。对于碳纤维复合材料面板,可以选择钛合金埋件、碳纤维埋件或殷钢埋件,以尽量保持材料性能匹配。

6.4.6　胶粘剂

　　蜂窝夹层板的面板与蜂窝芯子、埋件与蜂窝芯子、面板之间均通过胶接实现,因此,胶粘剂是蜂窝夹层板中的重要材料,它对蜂窝夹层板的力学性能和制造工艺性能有很大影响。与此同时,因为多数胶粘剂的热膨胀系数都比较大,因此胶粘剂也是结构尺寸不稳定性的最大来源之一。

胶粘剂对尺寸稳定性的影响表现在两方面:蜂窝夹层结构整体面内变形和埋件影响区域问题。

　　影响蜂窝夹层结构整体面内变形的主要因素是面板与芯子之间的胶层,因为胶粘剂热膨胀系数比较大,尽管其模量不高,厚度也不大,但其对蜂窝夹层板整体宏观热膨胀系数的影响仍然比较明显,以一个准各向同性铺层碳纤维为面板的蜂窝夹层结构为例,胶层对宏观热膨胀系数的影响超过 20%,因此对高精度尺寸稳定性设计来说,胶层的影响不能忽略。

　　在蜂窝夹层结构中的埋件附近,一般都需要填充胶,在胶粘剂附近,存在一个由胶粘剂和蜂窝夹层结构本体构成的宏观热膨胀系数较大的区域,这是一个从埋件中心由大到小逐渐过渡到蜂窝夹层结构本体宏观热膨胀系数的区域。经研究,对于普通小型埋件来说,这个影响区域半径大约是 3 cm[15]。因此,在尺寸稳定结构埋件附近的特性需要特别关注。如果蜂窝夹层结构埋件很多,或与精度要求高的连接位置与其他埋件距离过小,都可能产生不希望的变形影响。

　　从连接强度和刚度角度来讲,埋件周围胶粘剂的增加有利于提高局部承载能力,但与此同时也会增加局部胶粘剂对尺寸稳定性的影响,这一点是以承载为主要设计目的的蜂窝夹层结构与以尺寸稳定性为主要设计目的的一大区别,设计时应予以关注。

6.4.7　蜂窝夹层结构分析

　　根据分析目的和精度要求不同,蜂窝夹层结构有以下几种力学分析方法。

1. 三维精细模型[16]

　　如果对蜂窝夹层结构进行高精度变形分析,则需要将蜂窝夹层结构进行精细建模,建模的要求包括以下几种。

　　① 面板和蜂窝芯子通过板单元建模,厚度和材料按实际情况进行设置。如果面板或蜂窝芯子是复合材料夹层结构,则按照层板单元建模。

　　② 结构中埋件按照实际设计,三维模型建模。

　　③ 建模过程中,考虑胶粘剂的影响。

2. 三维等效模型

　　将蜂窝芯子进行力学等效处理,处理后,蜂窝芯子假设为实体,采用三维实体单元建模,上下面板仍然采用板单元建模。

　　假设取芯子材料的弹性模量为 E,剪切弹性模量为 G,正六角形蜂窝壁厚为 t,蜂窝边长为 l,等效弹性常数可按下式计算[17]:

$$E_Z^c = \frac{2Et}{\sqrt{3}\,l} \tag{6.28}$$

$$E_X^C = E_Y^C = \frac{4Et^3}{\sqrt{3}\,l^3} \qquad\qquad (6.29)$$

$$G_{XY}^C = \frac{8\sqrt{3}\,Et^3}{7l^3} \qquad\qquad (6.30)$$

$$G_{YZ}^C = \frac{Et}{\sqrt{3}\,l} \qquad\qquad (6.31)$$

$$G_{ZX}^C = \frac{\sqrt{3}\,Et}{2l} \qquad\qquad (6.32)$$

式中,E_Z^C 为垂直于板面方向的弹性模量;E_X^C、E_Y^C 为板面内 X、Y 两个方向的弹性模量;G_{XY}^C 为 XY 平面的剪切弹性模量;G_{YZ}^C 为 YZ 平面的剪切弹性模量;G_{ZX}^C 为 ZX 平面的剪切弹性模量。其中,X 向为沿芯子的 L 方向,Y 向为沿芯子的 W 向,Z 向垂直于夹层结构平面。

3. 二维等效模型

将蜂窝芯子等效为二维正交异性材料,与上下面板组成层板结构,以二维结构模型进行分析。

在上述三种计算方法中,三维精细模型可以最大程度模拟蜂窝夹层结构的力学行为,但是,模型复杂,计算量大,不适合进行整星规模的计算;三维等效模型可以降低计算建模和分析的工作量,能够反映蜂窝夹层结构沿厚度方向的力学行为,但结构中的埋件与芯子的相互作用模拟的精度不够;二维等效模型则只能模拟蜂窝夹层结构面内的力学行为,沿夹层板厚度方向蜂窝夹层结构内部的力学行为则不能模拟,埋件和蜂窝芯子之间的相互作用也不能模拟,适用于精度要求不是特别高或者在整星级模型下进行力学分析。

6.5　框架结构

6.5.1　框架结构类型

框架结构有以下几种形式。

1. 梁截面构建装配

零件单独制造,然后装配成形。零件可以是金属,也可以是复合材料,甚至是金属和复合材料的组合。装配件制造简单、成本低,在承力结构中得到广泛应用。但是,因为装配结构维形功能较差,连接环节往往引入复杂变形状态,因此,在高尺寸稳定结构中,较少采用装配结构。

2. 金属整体机械加工

通过对金属胚料整体机械加工而成。整体机械加工的框架结构材料大多采用铝合金、钛合金和镁锂合金等。整体机械加工框架刚度好,具有较高的尺寸保持能力。但无法加工形式特别复杂的结构,并且铝合金热膨胀系数较大,因此,在尺寸稳定结构中,金属整体机械加工的框架结构几乎不会采用铝合金材料。

3. 整体铸造

整体铸造的结构材料主要是铸造铝合金和铸造镁合金。铸造结构整体性好,具有良好的维形能力,同时,可以制造形状比较复杂的框架结构。但因为金属结构具有较大的热膨胀系数,因此,尺寸稳定结构一般不使用铸造框架结构。

4. 复合材料铺设

复合材料铺设指的是框架结构整体或主体结构由复合材料铺设而成。航天器结构中多采用碳纤维／树脂基复合材料。因为具有较低的热膨胀系数,因此,碳纤维复合材料铺设的框架结构是航天器中应用比较广泛的一类尺寸稳定结构。

5. 增材制造

增材制造非常适合于制造框架结构,目前,金属、复合材料都可以作为增材制造的基本材料。因为在制造比较复杂的形状结构时具有可制造性好、性能可设计性强和轻量化的特点,所以,尽管目前应用不多,但未来增材制造在尺寸稳定结构设计中必大有可为。

6.5.2　框架结构设计要求

框架结构的设计要求如下:

① 具有较好的强度,满足各种环境下的承载要求,尤其是大型有效载荷或舱段连接局部的强度要求。

② 具有较好的刚度,满足整星和载荷安装局部的固有频率要求。

③ 应合理设计传力路径,确保集中载荷和分布载荷之间的合理传递与转换。

④ 具有较好的尺寸稳定性,在各种环境下,维持其几何外形和尺寸精度的要求。

⑤ 截面设计应考虑成形工艺的限制,如整体机加对截面形式的约束,铸造成形对最小尺寸的约束等。

⑥ 尽量采用一次成形技术,减少二次连接环节产生的尺寸稳定性问题。

对于由复合材料层合结构铺设而成的框架结构,设计时应注意如下原则:

① 结合力学承载与尺寸稳定性综合要求，设计宏观构型。

② 根据尺寸稳定性性能要求以及接口形式，设计基本单元截面构型。

③ 根据尺寸稳定性的铺层角、种类、数量和单层厚度等参数以及单元构型，形成合理的铺层设计。

④ 碳纤维复合材料本体结构构型优先考虑整体成形的构型，在主体结构中尽量减少拼装状态的出现，从而降低因纤维不连续或主体构型零件间胶螺连接因素导致的仿真不准确问题的出现。

⑤ 铺层设计要考虑工艺实施过程中导致的角度转折和纤维搭接对尺寸稳定性的影响，为确保尺寸稳定性在整个结构上的均匀稳定，必须形成合理的纤维连续性设计，确保断点最少，对于不可避免的断点，应在整体构型中对称设计，并明确纤维的拼接形式要求。

⑥ 在接口区的设计，以局部承载为主要考虑因素进行设计，但为降低局部结构不连续带来的尺寸稳定性影响，在局部强化的设计过程中，需减少异种材料使用的数量与尺寸，尽可能选择低热膨胀系数的材料或者与本体结构用碳纤维复合材料的热膨胀系数相近的材料，可选择金属材料与复合材料交替的设计形式。

6.5.3　框架结构设计

目前在航天器结构中，框架结构一般采用金属整体机加、铸造或者复合材料铺设成形，近年，一些增材制造的框架结构也逐渐得到应用。下面就目前应用比较成熟也比较广泛的金属机加（铸造）和复合材料铺设框架结构设计进行介绍。

1. 金属整体机加（铸造）

因为成形工艺不同，金属整体机加（铸造）结构的设计存在差异。主要是受到工艺能力的限制，某些截面的框架结构铸造成形是可行的，但整体机加不可行，反之亦然。虽然加工方法不同，但产品性能类似。从设计角度看，两者存在很多的共同点。金属框架结构因为有比较大的热膨胀系数，在高尺寸稳定结构中较少采用，但在尺寸稳定性要求不是很高的场合，还有比较广泛的应用。例如资源三号卫星的载荷舱顶部构架，高分二号卫星和资源二号卫星载荷舱底板，都是镁合金铸造成形。图 6.5 是资源二号卫星的载荷舱底板。

板式框架结构主要通过梁件承受弯曲载荷和剪切载荷，其截面的设计原则是使之能够承受尽可能大的弯曲载荷和剪切载荷。梁截面有"工"形、"C"形、"L"形和"T"形等几种形式。其中，"工"形和"C"形截面的惯性矩最大，尤其是"工"形截面的腹板对翼板的支撑好，截面对称性好，翼板局部稳定性好，是板式框架结构设计中使用最多的梁截面。

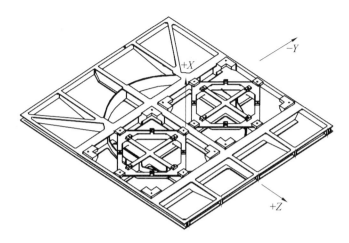

图 6.5　资源二号卫星的载荷舱底板

板式框架结构的连接设计有两种方式：

① 通过螺栓－螺母与其他结构件或有效载荷进行连接,框架上预留通孔。

② 在框架结构连接孔中镶嵌钢丝螺套或安装钢制沉套形成螺纹连接,通过螺钉连接其他结构或有效载荷。

需要说明的是,因为铝合金或镁合金的框架架构相对来说是一种比较软的基材,抗磨损性能差,与其他结构的连接一般不通过在梁上直接制螺纹的方式实现。

2. 复合材料框架结构设计

复合材料框架结构是将单层的无纺布(或织物)通过铺层和模压而成。因为各向异性以及成形方式的不同,复合材料铺设成形与金属铸件(或机加)成形结构的性能和设计方法存在特别大的差异。金属结构的特性主要由材料特性决定,但复合材料框架结构特性与材料特性、铺层角、局部连接方式等都有关。

在"工"形截面梁件的设计中,为提高抗弯刚度,翼板铺层应以 0° 为主,为使翼板具有较好的整体性以及打孔的需要,可以适当增加 ±45° 的铺层。腹板主要是承受剪切载荷,固腹板的铺层以 ±45° 为主,适当增加 0° 层。

在复合材料梁的交叉部位,很难保证两个方向的纤维都连续,此时可采取局部外贴纤维层或增加局部角盒的方式进行加强。

在某遥感卫星中,同时支撑相机及高精度星敏感器的高稳定性载荷适配结构,需要具有保证载荷指向的高精度及在轨保持稳定不变的尺寸稳定性能,这一结构是典型的高稳定性载荷适配结构,此结构是整体构件,通过主体结构的连续性保证宏观尺寸稳定性和较好的刚度性能。载荷适配结构主体结构示意图如图 6.6 所示。

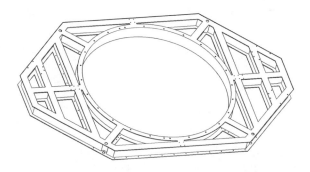

图 6.6 载荷适配结构主体结构示意图

在设计过程中,充分利用了碳纤维复合材料的可设计性,通过合理铺层设计,在不同位置分别设计低膨胀的"工"形和"C"形截面梁,如图 6.7 所示。

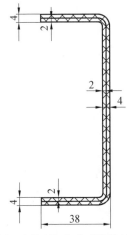

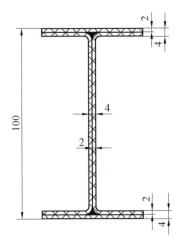

(a) 中间环形区域"C"形梁的剖面　　　　(b) 其他区域"工"形梁的剖面

图 6.7 载荷适配结构典型单元构型示意图(单位:mm)

在载荷适配结构构型中存在方圆过渡,这种构型的过渡必然导致连续纤维设计是不能实现的,而连续性铺层设计又是尺寸稳定性设计的基础,为设计尽量少的断点,并且实现断点的对称性,开展断点位置设计,如图 6.8 所示,随着构型形状和走向角度的转换,在图中 1、2 位置设计断点,断点数量较少,且断点对称,避免了不必要的非对称性应力。

6.5.4　连接设计

尺寸稳定结构设计不只是主结构需要具有高的尺寸稳定性,埋件对尺寸稳定性的影响也不容忽视。埋件的热膨胀会对尺寸稳定结构的面内宏观等效热膨胀系数产生影响。埋件对面内尺寸稳定性的影响与埋件材料、埋件间距等因素有关,因此,在选择埋件材料、设计埋件间距时,必须考虑对尺寸稳定性的影响。

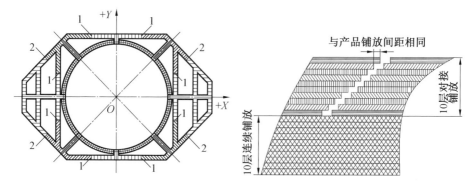

图 6.8 载荷适配结构翼板铺层断点位置示意图

尽量选择热膨胀系数小的材料加工的埋件,并尽量减少埋件的数量,增加埋件间距。

某天线适配结构中各零件间典型连接关系如图 6.9 所示,天线外连接件穿过天线适配结构本体翼板及天线连接角盒与天线连接角座螺纹连接成整体,各零件之间使用胶接加螺纹连接,施加拧紧力矩,在与天线适配结构本体完成部装后,需在螺钉螺母处涂胶,进行全螺纹封胶处理;结构连接垫片与结构隔热垫分别胶接在天线适配结构本体翼板上下表面,用胶进行胶接。

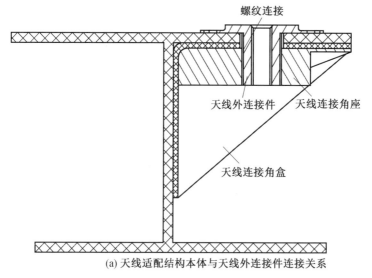

(a) 天线适配结构本体与天线外连接件连接关系

图 6.9 天线适配结构各零件间典型连接关系图

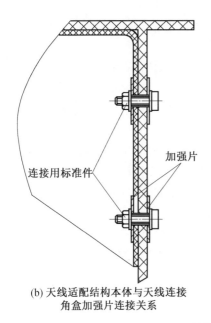

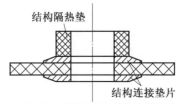

(b) 天线适配结构本体与天线连接　　　　　(c) 天线适配结构本体与结构连接垫片、
　　角盒加强片连接关系　　　　　　　　　　结构隔热垫连接关系

续图 6.9

6.6　杆系结构

6.6.1　概述

杆系结构的特点是承受传递集中载荷能力强,局部强度高,结构的合理性非常依赖于构形的合理性。

杆系结构的形式可以按其不同的特征来分类。

(1) 杆系结构中的杆件可按几何形状分为直杆和曲杆。直杆包括常用的梁、柱、轴等;曲杆最常见的是拱,也可以是环形梁。

(2) 杆系结构按节点形式可分为桁架和刚架。桁架由直杆和铰节点组成;刚架由杆和刚节点组成。此外,还有两种节点并存的混合形的构架。在桁架中,若载荷只作用于节点,则各杆件只承受拉力或压力,但实际结构中的节点不完全符合铰接要求,则杆件内力除了以轴力为主之外,还存在局部的弯曲应力和剪应力。在刚架中,杆件主要承受力矩,但也承受轴力和剪力。

(3) 杆系结构按所受约束可分为静定的杆系结构和静不定的杆系结构。其中,桁架可分为静定桁架和静不定桁架,而刚架一定是静不定结构。

(4) 杆系结构按几何特征可分为平面杆系结构和空间杆系结构。全部杆件和全部载荷均处于同一平面内的,称为平面杆系结构;不处于同一平面内的,称为空间杆系结构。

不论采用何种形式,稳定的杆系结构才是有用的结构。稳定的杆系结构中,每个杆件必须为任何节点作用载荷提供一个轴向载荷路线,杆件的端点也必须有足够的自由度支持,才能在任何方向上抵抗力和力矩,从而达到稳定。

杆系结构采用桁架设计还是刚架设计没有一定的要求,需要综合考虑刚度、振动模态及结构质量等因素来确定。总体来说,桁架比刚架更有效。采用桁架设计往往可以达到较高的结构效率,但刚架设计也有其优点。在降低效率的代价下(增加了额外的杆件),可以设计一种静不定的冗余结构,在某个杆件失效的情况下,保持整个刚架不会失效,仍可满足要求。但是,对于质量很关键的结构,桁架是比较好的设计形式,因为它以最少的杆件数量来实现结构稳定。另外,刚架设计采用了比需要更多的杆件,增加了分析的不确定性,同时使制造和试验复杂化。

6.6.2　杆件设计

在确定了杆系结构最佳的构形后,就可以确定稳定杆系结构所需的杆件截面。

首先要分析杆件受拉还是受压。对于拉伸杆件,只要使设计应力等于或小于材料的屈服或极限应力,即只要提供足够的横截面积保证杆件不破坏就可满足要求。然而对于受压杆件,还要考虑稳定性,必须选择截面使杆件保持稳定。

一般情况下,结构载荷由振动的激发产生,既有拉力又有压力;而在发射主动段,发动机推力沿航天器轴线产生稳态的压缩载荷,这样大多数杆件由压缩载荷来确定截面尺寸。

杆件设计主要的形式可以概括为以下几种。

(1)金属挤压管。

金属挤压管截面多为圆形或方形,也可以是开口形状的截面。采用圆形截面效率最高,整体杆系结构可以得到最轻的结构质量。采用方形截面可以灵活地适应安装操作空间,有时为了得到某一方向上更多的净空间,甚至牺牲结构效率采用长方形截面设计,使长边垂直于所需要的净空间方向。采用开口形状截面效率最低,可用于对杆件抗扭要求不高的设计中,以及对杆件有特殊的开口操作要求的地方。

(2)复合材料层合管。

复合材料层合管截面多为圆形或方形,由于缠绕工艺问题较少使用开口形状的截面。同样,采用圆形截面可以得到最高的结构效率,而采用方形(或长方形)截面可以满足特殊的安装操作空间的需要。为充分利用复合材料的各向异性特性,增强纤维主要顺轴向(0°方向)布置,这样杆的拉伸强度高,有较高的纵向刚度和整体稳定性。但杆件受压时,还可能发生局部屈曲,因此,杆的周向也要增强,90°层可产生较高的周向刚度,而±45°层可增加其扭转刚度,在提高稳定性方面比 90°层更有效。另外,从制造工艺出发,也必须有非 0°层。

(3)机械加工的开口截面杆件。

机械加工的开口截面杆件截面可以采用易于机械加工的槽形、工字形或角形等。

(4)由板材整体机加的平面杆系结构。

由板材整体机加的平面杆系结构只适用于平面的杆系结构,但其优点是可以避免复杂的接头设计,可以得到比装配件更高的整体精度。

为了尽量减轻结构质量、提高结构刚度,杆件截面往往在轴线方向上会根据需要发生参数变化,比如截面外径、铺层厚度等。对于桁架杆件,可以使用两端修尖的构形。对于根部受弯的悬臂梁或其他钢架杆,端部向根部参数设计往往渐渐变粗、变厚,以确保相应的结构参数与承受弯矩对应。

在选用变截面或较厚的复合材料层合结构时,需要考虑成形模具加压工艺可实施性,以确保结构成形均匀,承载可靠。

在选用复合材料层合结构时还需要考虑因为温度的影响所带来的材料性能的变化和热应力等因素所带来的分层酥松缺陷。

6.6.3　接头设计

1.接头设计的重要性

接头的作用是把两根或更多的杆件连接在一起,或者把杆件与其他结构相连,以便在杆件之间或杆件与其他结构之间传递载荷,必须采用接头才能形成实际的杆系结构。因此,接头设计在杆系结构设计中非常重要,其重要性有时甚至超过杆件本身,原因有以下几种。

(1)接头上的载荷比杆件要复杂得多,一般存在较集中的弯矩和剪力,因此接头是保证杆系结构强度和刚度的关键部位。

(2)接头的构型比杆件要复杂得多,特别是在空间杆系中或连接位置较特殊的情形下。

(3)接头的质量往往在杆系结构中占较大比例,因此为了减小杆系结构质量,降低接头质量可起到很重要的作用。

2.接头形式

杆系结构可以采用胶接接头、螺接接头和焊接接头三种形式,也可采用胶接和螺接结合的接头形式。

3. 接头设计的注意事项

在设计胶接接头时,需要了解所胶接的杆件材料(特别是复合材料)的基本特性,如强度、弹性模量、线膨胀系数、最大延伸率和化学成分等,以及工作环境的温度和湿度条件,以便选择相适应的胶粘剂材料;设计中尽量使整个胶接连接区域承受载荷,并且主要承受剪切载荷;最佳胶接的胶层厚度范围在 0.1 ~ 0.25 mm,对于一些胶层厚度不敏感的胶而言,胶层厚度可以适当加大。

在设计复合材料杆的螺接接头时必须很小心,以避免层间或剪切破坏,因此复合材料杆件的连接通常不采用螺接接头。

焊接接头一般用于较大载荷的金属杆件连接,接头与金属杆件采用焊接,而与其他相邻结构则可以采用螺接。焊接接头的实际受力状态比较复杂,并且焊接的热影响会造成材料强度的下降,因此,焊接接头设计应该采用较大的设计安全系数。

6.7　点阵结构

6.7.1　概述

近些年,得益于先进材料与先进制造技术的进步,先进结构在不同尺度上的设计空间得以大幅提升,点阵结构以及类似于点阵结构的超结构设计得到了空前的快速发展,新的结构形式不断涌现,但在航天器上的应用研究尚处于起步阶段。虽然目前在尺寸稳定结构方面的应用还不多,但其轻质、可设计性强等特点决定了点阵结构的未来应用前景非常乐观。

当前点阵结构在尺寸稳定结构方面的主要应用是解决热变形问题。尺寸稳定点阵结构,主要是利用不同工程材料间的热变形失配,使得点阵结构的各个胞元发生局部轴向拉压变形或弯曲变形,但点阵结构在整体上呈现出零热膨胀特性。在尺寸稳定点阵结构的设计中,广泛采用不动点设计原理、晶体学对称性原理、多级分层设计原理等。其中,不动点设计原理的关键在于,点阵结构胞元在受热产生轴向拉压变形或弯曲变形的过程中,结构内部始终存在两种不动点,即胞元结构的中心以及外部杆件互连点,因而由各胞元间不动点相连接而构成的点阵结构能够实现整体结构的热尺寸稳定特性。晶体学对称性原理基于材料学中原子晶格所具有的对称性原理,通过对胞元结构进行环向串联组合或共顶点旋转阵列等方式,使得点阵结构整体具有三、四、六重旋转对称性,并具有面内各向同性的热膨胀系数。多级分层设计原理则通过对不同材料构成胞元结构进行阵列、镜像,从而由单一方向热尺寸稳定的胞元结构构建出具有可调控热膨胀的二维和三维热尺寸稳定结构设计。

航天器尺寸稳定点阵结构的材料选择以铝合金、钛合金等轻质合金材料为主,异质构件之间的连接方式包括过盈配合、螺接、焊接、胶接和异质材料增材制造一体化成形等。本节主要对几类常见的点阵结构设计方法进行介绍。

当前,尺寸稳定点阵结构的设计主要包括拉伸主导型尺寸稳定点阵结构设计[18-22]、弯曲主导型尺寸稳定点阵结构设计[23-27]以及拉伸/弯曲耦合型尺寸稳定点阵结构设计[28-30]等。

6.7.2　拉伸主导型点阵结构设计

拉伸主导型点阵结构设计将具有不同热膨胀系数的杆件组成多边形点阵胞元,在加热条件下,利用不同材料杆件之间的轴向热膨胀不同引起杆件节点处的旋转变形,对整体结构的热膨胀变形进行调控,最终实现结构的热尺寸稳定特性[31-37]。

拉伸主导型点阵结构由热载荷作用下发生拉伸/压缩变形为主的热尺寸稳定胞元组成,常见的拉伸主导型热尺寸稳定胞元由三角形结构组成,该三角形结构的斜边材料和底边材料不同。底边杆件的热膨胀变形会使得三角形的高度减小,而斜边杆件的热膨胀会致使高度增大,热载荷条件下,三角形胞元结构的高度是上述两种热变形相互竞争的结果。因此,三角形胞元结构在高度方向上的归一化热膨胀系数$\frac{\alpha_v}{\alpha_2}$可以表述为

$$\frac{\alpha_v}{\alpha_2} = \frac{1 - (\alpha_1/\alpha_2)\sin^2\beta}{\cos^2\beta} \tag{6.33}$$

式中,α_v、α_1和α_2分别为三角形胞元结构沿高度方向的等效热膨胀系数、构成三角形斜边的材料热膨胀系数和构成三角形底边的材料热膨胀系数;β为斜边与底边所对应的垂线之间的角度。

在三角形结构的基础上,基于晶体学对称性原理设计出两类平面热尺寸稳定点阵结构,其中第一类平面点阵胞元是分别由三、四、六个三角形胞元共用顶点组成。单个三角形胞元中的底边杆件和斜边杆件的相对旋转是相互独立的,因此它们的热膨胀系数$\alpha_{in-plane}^{I}$与三角形胞元相同,其归一化形式可以表示为$\frac{\alpha_{in-plane}^{I}}{\alpha_2} = \frac{\alpha_v}{\alpha_2}$。

第二类平面点阵胞元是分别将三、四、六个三角形胞元底边顺次连接而成。由于借鉴了晶体学对称性原理,这些平面点阵胞元分别具有三、四、六重旋转对称性(分别用 Ⅱ－T、Ⅱ－S、Ⅱ－H 表示),因而具有面内各向同性的热膨胀系数。由于热载荷条件下平面点阵胞元内部各三角形胞元的热变形受到属于不同

三角形的相邻连通构件的相互影响,因此第二类平面点阵胞元的归一化热膨胀系数$\dfrac{\alpha_{\text{in-plane}}^{\text{II}}}{\alpha_2}$可以表示为

$$\frac{\alpha_{\text{in-plane}}^{\text{II}}}{\alpha_2}=\begin{cases}\dfrac{1-\dfrac{\alpha_1}{2\alpha_2}\sin\left(2\beta-\dfrac{\pi}{3}\right)\left[\dfrac{\sqrt{3}}{3}+\tan\left(\beta-\dfrac{\pi}{6}\right)\right]}{1-\dfrac{1}{2}\sin\left(2\beta-\dfrac{\pi}{3}\right)\left[\dfrac{\sqrt{3}}{3}+\tan\left(\beta-\dfrac{\pi}{6}\right)\right]} & (\text{II}-\text{T})\\[2em] \dfrac{1+\dfrac{\alpha_1}{2\alpha_2}\cos2\beta\left[1-\tan\left(\dfrac{\pi}{4}-\beta\right)\right]}{1+\dfrac{1}{2}\cos2\beta\left[1-\tan\left(\dfrac{\pi}{4}-\beta\right)\right]} & (\text{II}-\text{S})\\[2em] \dfrac{1+\dfrac{\alpha_1}{2\alpha_2}\sin\left(\dfrac{2\pi}{3}-2\beta\right)\left[\sqrt{3}-\tan\left(\dfrac{\pi}{3}-\beta\right)\right]}{1+\dfrac{1}{2}\sin\left(\dfrac{2\pi}{3}-2\beta\right)\left[\sqrt{3}-\tan\left(\dfrac{\pi}{3}-\beta\right)\right]} & (\text{II}-\text{H})\end{cases} \qquad (6.34)$$

在三角形胞元结构基础上,通过由两种具有不同热膨胀系数(α_1,α_2)的材料所构成的四面体胞元结构,并借鉴晶体学对称性原理,能够实现具有代表性的三维热尺寸稳定点阵结构设计。其中,基础的四面体胞元结构根据结构内部具有较大热膨胀系数α_2的材料所构成的杆件数量和位置的不同,可以分为仅有一根的四面体胞元 TL−1,两根不相连的四面体胞元 TL−2 和三根彼此相连的四面体胞元 TN,其结构等效热膨胀系数分别为

$$\alpha_{\text{TL}-1}=\frac{\alpha_2-(\alpha_1+\alpha_2)\cos^2\theta_{\text{TL}-1}}{1-2\cos^2\theta_{\text{TL}-1}},\quad \theta_{\text{TL}-1}\in(45°,90°) \qquad (6.35)$$

$$\alpha_{\text{TL}-2}=\frac{\alpha_2-2\alpha_1\cos^2\theta_{\text{TL}-2}}{1-2\cos^2\theta_{\text{TL}-2}},\quad \theta_{\text{TL}-2}\in(45°,90°) \qquad (6.36)$$

$$\alpha_{\text{TN}}=\frac{3\alpha_2-4\alpha_1\cos^2\theta_{\text{TN}}}{3-4\cos^2\theta_{\text{TN}}},\quad \theta_{\text{TN}}\in(30°,90°) \qquad (6.37)$$

式中,$\theta_{\text{TL}-1}$、$\theta_{\text{TL}-2}$、θ_{TN}分别为四面体胞元结构中倾斜杆件与相连的水平杆件之间的倾斜角。通过对四面体胞元结构的旋转、阵列和镜像设计,能够实现点阵结构的单向、横观各向同性、各向同性热膨胀响应。

典型的拉伸主导型点阵结构如图 6.10 所示。

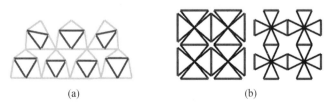

(a)   (b)

图 6.10　典型的拉伸主导型点阵结构

6.7.3　弯曲主导型点阵结构设计

弯曲主导型点阵结构设计,通过将两种具有不同热膨胀系数(α_1,α_2)的材料黏接在一起,形成具有初始曲率的复合梁结构;在热载荷条件下,通过将异质材料间的热应变失配转化为复合梁结构的弯曲变形,并结合点阵结构设计,实现弯曲主导型热尺寸稳定宏观点阵结构的构筑。

弯曲主导型点阵结构由热载荷作用下发生弯曲变形为主的热尺寸稳定胞元组成,常见的弯曲主导型热尺寸稳定胞元由双材料梁组成。双材料梁的热翘曲变形系数为

$$\alpha = (\alpha_2 - \alpha_1)\frac{L}{h_1 + h_2}\left(\frac{1}{2}\cot\frac{\theta}{2} - \frac{1}{\theta}\right) \tag{6.38}$$

式中,α_1 和 α_2 分别为两种材料的热膨胀系数;h_1 和 h_2 分别为相应梁的宽度。

将双材料梁结构与节点圆结构相结合,可设计出手性尺寸稳定点阵结构,其等效热膨胀特性可以由双层梁的热变形理论表征,即

$$\alpha = \frac{r}{4\rho\Delta T}\frac{1}{\sqrt{1 + (2r/L)^2}} \tag{6.39}$$

式中,L、r 分别为手性结构中韧带的长度和节点圆的半径;ρ 为热载荷 ΔT 条件下韧带弯曲变形的曲率,可以表示为

$$\frac{1}{\rho} = \frac{(\alpha_2 - \alpha_1)\Delta T}{\dfrac{t_1 + t_2}{2} + \dfrac{2(E_1 I_1 + E_2 I_2)}{t_1 + t_2}\left(\dfrac{1}{E_1 t_1} + \dfrac{1}{E_2 t_2}\right)} \tag{6.40}$$

式中,E_1、E_2、α_1、α_2 分别为两种构成材料的弹性模量和热膨胀系数;t_1 和 t_2 为双材料梁中两种材料对应梁的宽度;$I_1 = t_1^3/12$ 和 $I_2 = t_2^3/12$ 为双材料梁中两种材料对应梁的截面惯性矩。

将双材料梁结构与马蹄形胞元结构相结合,利用热变形失配条件下的弹性梁理论,可给出该热尺寸稳定结构的等效热膨胀系数为

$$\begin{cases} \alpha_{\text{meta}} = \beta\left(E_1, E_2, \dfrac{t_1}{R_0}, \dfrac{t_2}{R_0}\right) f(\theta_0, r)(\alpha_2 - \alpha_1) \\[3mm] \beta\left(E_1, E_2, \dfrac{t_1}{R_0}, \dfrac{t_2}{R_0}\right) = \dfrac{6\left(\dfrac{t_1}{R_0} + \dfrac{t_2}{R_0}\right)}{\dfrac{E_1 t_1}{E_2 t_2}\left(\dfrac{t_1}{R_0}\right)^2 + \dfrac{E_2 t_2}{E_1 t_1}\left(\dfrac{t_2}{R_0}\right)^2 + 4\left(\dfrac{t_1}{R_0}\right)^2 + 4\left(\dfrac{t_2}{R_0}\right)^2 + 6\dfrac{t_1 t_2}{R_0}} \\[3mm] f(\theta_0, r) = \dfrac{2\sin\dfrac{\theta_0}{2} - r\theta_0\cos\dfrac{\theta_0}{2}}{2\sin\dfrac{\theta_0}{2}} \end{cases}$$

$$\tag{6.41}$$

式中，E_1、E_2、α_1、α_2 分别为两种构成材料的弹性模量和热膨胀；t_1 和 t_2 为双材料梁中两种材料对应梁的宽度；R_0 和 θ_0 为初始状态下双层梁结构的弯曲半径和圆心角；r 为不同材料所构成的梁结构的长度比（$0 \leqslant r \leqslant 1$）。

典型的弯曲主导型点阵结构如图 6.11[38-40] 所示。

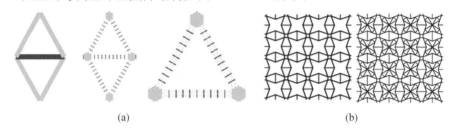

(a)   (b)

图 6.11   典型的弯曲主导型点阵结构

6.7.4　拉伸／弯曲耦合型点阵结构设计

拉伸／弯曲耦合型点阵结构设计，在热载荷条件下结构内部将同时产生拉伸与弯曲两种变形模式，二者相互耦合，最终使整体点阵结构体现出特异的热尺寸稳定特性。

例如，在内凹蜂窝结构内部集成具有较大热膨胀系数的交叉杆件，利用内部交叉杆件的热变形顶动与之相连的外部蜂窝胞壁的角点，增加蜂窝结构的水平内凹程度，可实现点阵结构在竖直方向的热尺寸稳定[28]。若将内部交叉杆件替换为实心三角形单元，可有效提升结构的等效弹性模量。再者，可将外凸三角块与曲边蜂窝结构嵌套，其中内部三角块材料具有较大的热膨胀系数[41]。

典型的拉伸／弯曲耦合型点阵结构如图 6.12[28,42-43] 所示。

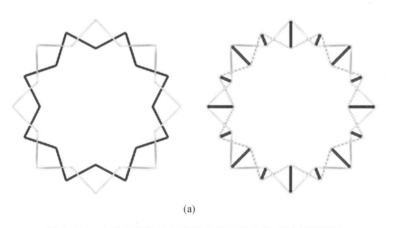

(a)

图 6.12   典型的拉伸／弯曲耦合型点阵结构（彩图见附录）

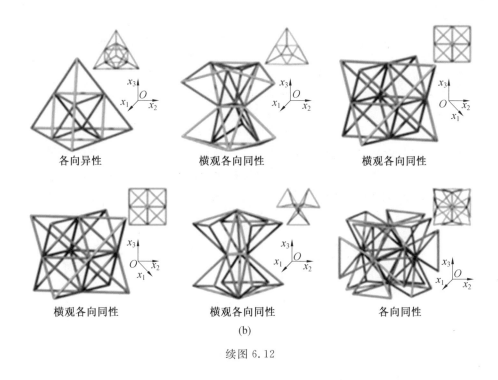

各向异性　　　　　横观各向同性　　　　　横观各向同性

横观各向同性　　　　　横观各向同性　　　　　各向同性

(b)

续图 6.12

6.8　外部连接构型

在有较高尺寸稳定性要求的航天器结构设计中,为避免外部结构变形对尺寸稳定结构性能的影响,尺寸稳定性结构与外部结构,例如航天器主结构之间必须是变形解耦的。如果支撑结构的约束力分布可以完全由静态平衡方程求得,则该结构是静定的。静定的支撑方式称为运动学安装。

尺寸稳定性结构作为一个三维空间结构,可能存在 6 个刚体运动自由度,因此要求 6 个约束。存在 6 个平衡方程用于确定 6 个力。图 6.13 显示了静定的三组约束,是典型的三种运动学安装方式,其中图 6.13(a)没有对称性,图 6.13(b)有一个对称平面,而图 6.13(c)有轴对称的三个平面。

静定结构的优点不只是求解容易,还在于它可以把支撑特性与光学内部特性进行解耦。这个解耦效应对于高精度结构是非常重要的。对于静定安装来说,支撑运动引入的误差只有指向误差,无成像质量误差。

如图 6.14(a)所示,与图 6.14(b)冗余支撑对比,静定支撑运动引起结构的无应变刚体运动。这个支撑的位移可以是机械作用产生的,也可以是温度变化

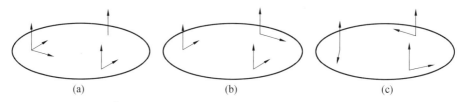

图 6.13　尺寸稳定性结构的运动学支撑安装

引起的;可以是动态的,也可以是静态的。初始缺陷、制造误差和公差累积只引起刚体运动,没有形状畸变。这种指向误差比成像质量误差更容易修正。在静不定设计中,即使均匀的温度改变,由于热膨胀系数的不同,也会引起形状畸变。

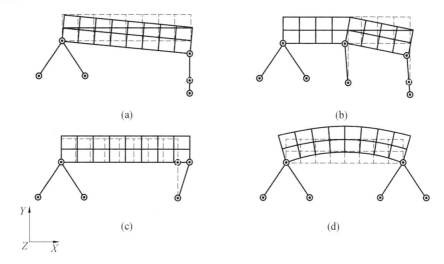

图 6.14　静定的运动学支撑安装与非静定安装对比

　　静定结构的缺点是系统中没有冗余,一个零件的失效会造成全系统的失效。在高精度的尺寸稳定结构设计中,静定支撑的使用是必要的。如果运动学安装结构不能承受主动段等载荷,此时有必要在发射过程中采用锁紧设计入轨后解锁的支撑方式。

本章参考文献

[1] 陈烈民. 航天器结构与机构[M]. 北京:中国科学技术出版社,2005.

[2] 柴洪友,高峰. 航天器结构与机构[M]. 北京:北京理工大学出版社,2018.

[3] 袁家军. 卫星结构设计与分析[M]. 北京：中国宇航出版社，2004.

[4] MERKOWITZ S M, CASTELLUCCI K E, DEPALO S V, et al. Current LISA spacecraft design[EB/OL]. [2022-07-13]. https://iopscience.iop. org/article/10.1088/1742-6596/154/1/012021/pdf.

[5] KORNFELD R P, ARNOLD B W, GROSS M A, et al. GRACE-FO：the gravity recovery and climate experiment follow-on mission[J]. Journal of spacecraft and rockets, 2019, 56(3)：931-951.

[6] 高洪涛, 罗文波, 史海涛, 等. 资源三号卫星结构稳定性设计与实现[J]. 航天器工程, 2016, 25(6)：18-24.

[7] 钱志英, 罗文波, 殷亚州, 等. 高分七号卫星结构尺寸稳定性设计与验证[J]. 中国空间科学技术, 2020, 40(5)：10-17.

[8] NEAM D C, GERBER J D, AIKENS D M, et al. Structural design and analysis for an ultra low CTE optical bench for the Hubble Space Telescope corrective optics[J]. International Society for Optics and Photonics, 1992, 1690：273-286.

[9] 田文平, 肖军, 李金焕, 等. 空间光学结构用改性氰酸酯树脂及其复合材料性能[J]. 航空学报, 2016, 37(11)：3520-3527.

[10] YOUNES R, HALLAL A, FARDOUN F, et al. Comparative review study on elastic properties modeling for unidirectional composite materials [EB/OL]. [2022-10-15]. https://cdn. intechopen. com/pdfs/38411/ InTech－Comparative_review_study_on_elastic_properties_modeling_for_ unidirectional_composite_materials. pdf.

[11] ZHIGUO R, YING Y. Determination of thermal expansion coefficients for unidirectional fiber-reinforced composites：Science Direct[J]. Chinese Journal of Aeronautics, 2014, 27(5)：1180-1187.

[12] 陈建桥. 复合材料力学[M]. 武汉：华中科技大学出版社, 2016.

[13] 王耀先. 复合材料力学与结构设计[M]. 上海：华东理工大学出版社, 2012.

[14] SLYVYNSKYI V I, SANIN A F, KHARCHENKO M E, et al. Thermally and dimensionally stable structures of carbon-carbon laminated composites for space applications [EB/OL]. [2022-07-13]. https:// www. researchgate. net/publication/295549483_THERMALLY_ AND_ DIMENSIONALLY_ STABLE_STRUCTURES_OF_CARBON-CARBON_ LAMINATED_COMPOSITES_FOR_SPACE_ APPLICATIONS/link/ 56cb708e08ae96cdd06fcb08/download.

［15］ KUNT C. STOP Analysis & optimization of a very low-distortion instrument HST WFC3 case study［EB/OL］.［2022-07-13］. https://femci.gsfc.nasa.gov/workshop/2001/presentations/kunt/Kunt_STOP.pdf.

［16］ LEE K J, OH H U, JO M S, et al. Verification of optical payload cfrp structure for satellite through analysis and space qualification test［J］. 28TH Int Congr Aeronaut, Sci, 2012,44: 1-10.

［17］ 夏利娟, 金咸定, 汪庠宝. 卫星结构蜂窝夹层板的等效计算［J］. 上海交通大学学报, 2003(7):31-33.

［18］ JOSEPH N G, GATT R, ELLUL B. A finite element analysis on the potential for negative thermal expansion and negative compressibility of triangular building blocks［J］. Journal of Chinese Ceramic Society, 2009, 37(5): 743-748.

［19］ GRIMA J N, FARRUGIA P S, GATT R, et al. A system with adjustable positive or negative thermal expansion［J］. Proceedings of the Royal Society A: Mathematical, Physical and Engineering Sciences, 2007, 463(2082): 1585-1596.

［20］ PALUMBO N M A, SMITH C W, MILLER W, et al. Near-zero thermal expansivity 2-D lattice structures: performance in terms of mass and mechanical properties［J］. Acta Materialia, 2011, 59(6): 2392-2403.

［21］ HOPKINS J B, SONG Y, LEE H, et al. Polytope sector-based synthesis and analysis of microstructural architectures with tunable thermal conductivity and expansion［J］. Journal of Mechanical Design, 2016, 138(5): 051401.

［22］ WEI K, PENG Y, QU Z, et al. Lightweight composite lattice cylindrical shells with novel character of tailorable thermal expansion［J］. International Journal of Mechanical Sciences, 2018, 137: 77-85.

［23］ LAKES R. Cellular solids with tunable positive or negative thermal expansion of unbounded magnitude［J］. Applied Physics Letters, 2007, 90(22): 221905.

［24］ LEHMAN J, LAKES R S. Stiff, strong zero thermal expansion lattices via the Poisson effect［J］. Journal of Materials Research, 2013, 28(17): 2499-2508.

［25］ LEHMAN J, LAKES R S. Stiff, strong, zero thermal expansion lattices via material hierarchy［J］. Composite Structures, 2014, 107:654-663.

[26] WU L, LI B, ZHOU J. Isotropic negative thermal expansion metamaterials [J]. ACS Appl Mater Interfaces，2016，8(27)：17721-17727.

[27] LIM T C. A class of shape-shifting composite metamaterial honeycomb structures with thermally-adaptive Poisson's ratio signs [J]. Composite Structures，2019，226：111256.

[28] LIM T C. Anisotropic and negative thermal expansion behavior in a cellular microstructure [J]. Journal of Materials Science，2005，40(12)：3275-3277.

[29] GDOUTOS E, SHAPIRO A A, DARAIO C. Thin and thermally stable periodic metastructures [J]. Experimental Mechanics，2013，53(9)：1735-1742.

[30] LI X, GAO L, ZHOU W, WANG Y, et al. Novel 2D metamaterials with negative Poisson's ratio and negative thermal expansion [J]. Extreme Mechanics Letters，2019，30：100498.

[31] TOROPOVA M M, STEEVES C A. Adaptive bimaterial lattices to mitigate thermal expansion mismatch stresses in satellite structures [J]. Acta Astronautica，2015，113：132-141.

[32] WANG Q, JACKSON J A, GE Q, et al. Lightweight mechanical metamaterials with tunable negative thermal expansion[J]. Physical review letters，2016，117(17)：175901.

[33] WEI K, CHEN H, PEI Y, et al. Planar lattices with tailorable coefficient of thermal expansion and high stiffness based on dual-material triangle unit [J]. Journal of the Mechanics and Physics of Solids，2016，86：173-191.

[34] HANG X, AMR F, PASINI D. Multilevel hierarchy in bi-material lattices with high specific stiffness and unbounded thermal expansion [J]. Acta Materialia，2017，134：155-166.

[35] AI L, GAO X L. Metamaterials with negative Poisson's ratio and non-positive thermal expansion [J]. Composite Structures，2017，162：70-84.

[36] LI Y, CHEN Y, LI T, et al. Hoberman-sphere-inspired lattice metamaterials with tunable negative thermal expansion [J]. Composite Structures，2018，189：586-597.

[37] XU H, FARAG A, PASINI D. Routes to program thermal expansion in three-dimensional lattice metamaterials built from tetrahedral building

blocks [J]. Journal of the Mechanics and Physics of Solids, 2018, 117:
54-87.

[38] HA C S, HESTEKIN E, LI J, et al. Controllable thermal expansion of
large magnitude in chiral negative Poisson's ratio lattices [J]. Physica
Status Solidi B-Basic Solid State Physics, 2015, 252(7): 1431-1434.

[39] QU J, KADIC M, NABER A, et al. Micro-structured two-component 3d
metamaterials with negative thermal-expansion coefficient from positive
constituents [J]. Scientific Reports, 2017, 7(1): 40643.

[40] NI X, GUO X, LI J, et al. 2D mechanical metamaterials with widely
tunable unusual modes of thermal expansion [J]. Advanced materials,
2019, 31(48): 1905405.

[41] JEFFERSON G, PARTHASARATHY T A, KERANS R J. Tailorable
thermal expansion hybrid structures [J]. International Journal of Solids
and Structures, 2009, 46(11-12): 2372-2387.

[42] STEEVES C A, DOS SANTOS E LUCATO S L, HE M, et al. Concepts
for structurally robust materials that combine low thermal expansion with
high stiffness [J]. Journal of the Mechanics and Physics of Solids, 2007,
55(9): 1803-1822.

[43] YAMAMOTO N, GDOUTOS E, TODA R, et al. Thin films with ultra-
low thermal expansion [J]. Advanced materials, 2014, 26 (19):
3076-3080.

第 7 章

结构变形控制

7.1 概 述

随着航天器尺寸稳定性指标要求越来越高,单纯通过被动设计实现尺寸控制已越来越困难,有必要通过主动控制实现航天器结构的尺寸稳定性指标。

实现尺寸稳定结构的变形主动控制设计包括以下要素[1]。

(1)结构变形控制作动器设计。

结构变形控制作动器设计包括作动器类型的选择、作动器的设计和作动器的布局。

(2)结构变形测量方法。

结构变形测量方法包括基于光纤的结构应变等变形量测量,基于视觉、激光的结构角度、位移等变形量测量。

(3)结构变形控制算法。

结构构变形控制算法包括基于雅可比矩阵的形面控制方法、泽尼克模态的控制方法、奇异值分解控制方法、分层控制方法等。

7.2　桁架式结构静态形状控制

7.2.1　应用背景

　　现代航天器大型化和超大型化是一个发展趋势,桁架是大型结构的主要结构形式之一。在大型桁架结构上安装的载荷,对其尺寸稳定性提出了非常高的要求。图7.1所示为某星载 SAR 天线示意图,该抛物柱面星载天线由抛物柱面天线反射面、桁架结构和馈源组成,长度达几十米,但变形允许值仅在毫米量级,这样的精度通过被动变形控制设计达到指标要求非常困难。

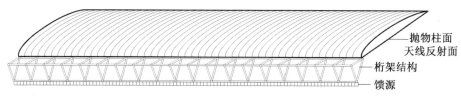

　　　　　　抛物柱面
　　　　　　天线反射面
　　　　　　桁架结构
　　　　　　馈源

图 7.1　抛物柱面星载天线示意图

7.2.2　形状控制

　　目前在桁架变形控制中,可选取压电陶瓷作动器作为执行机构,对桁架结构的静态形状进行有效控制,使天线的抛物柱面天线反射面和馈源保持更精确的空间位置,从而提高星载天线的在轨工作性能。

　　桁架结构静态形状控制示意图如图7.2所示,包括抛物柱面天线反射面、桁架结构、馈源、压电陶瓷作动器。图7.3为桁架结构静态形状控制局部示意图,在桁架杆内嵌入压电陶瓷作动器,构成压电主动杆,作为静态形状控制的执行机构。压电陶瓷作动器一方面可以作为桁架结构主动振动控制的执行机构,另一方面也可以作为静态形状控制的执行机构。在柔性桁架结构振动稳定后,调整压电陶瓷作动器的电压可以对桁架静态形状进行调节。桁架结构局部静态形状控制原理示意图如图7.4所示。

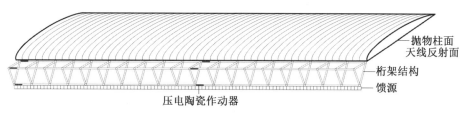

　　　　　　抛物柱面
　　　　　　天线反射面
　　　　　　桁架结构
　　　　　　馈源
　　压电陶瓷作动器

图 7.2　桁架结构静态形状控制示意图

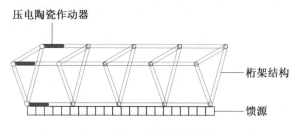

图 7.3　桁架结构静态形状控制局部示意图

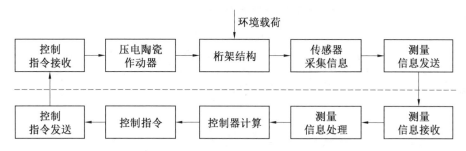

图 7.4　桁架结构局部静态形状控制原理示意图

桁架结构静态形状控制过程简述如下：当卫星在轨运行期间受到热载荷、引力梯度矩、大气阻力等各种空间环境载荷的作用时，桁架结构的形状会发生变化，基于光纤、视觉、激光等传感器测得桁架结构的形状变化信息，数据采集设备将形状变化信息进行采集并经过放大、滤波等处理，传递给星载计算机，通过将形状变化信息与桁架结构的理论形状信息进行对比，进而根据控制算法求解出压电陶瓷作动器的控制信号，通过压电陶瓷作动器的伸缩运动来控制桁架结构的形状变化，使变形后的桁架结构和馈源位置恢复到理想的位置，达到桁架结构静态形状控制的目的。

7.2.3　作动器布局

桁架结构静态形状控制的性能优劣与作动器的布局位置密切相关，合理的布局能够获得更好的控制效果，其中最难的布局协调在于同时对航天器结构进行动态形状控制和静态形状控制。航天器结构动态形状控制和静态形状控制的目标不同，作动器优化配置方法各异，得到用于动态形状控制和静态形状控制的作动器优化配置结果差异大。若以两套作动器分别实现动态和静态形状控制，则作动器数目多，成本代价大，结构和控制系统复杂。因此，提出一种同时考虑结构动/静态形状控制的综合优化配置方法，获得以同一套作动器实现动态变形和静态变形的作动器位置优化布局方案[2]。

作动器优化配置准则很多，包括最大模态力准则[3]、最大能量消耗准则[4]、最大能控性准则[5]、最小控制溢出准则[6]等。针对考虑结构动/静态形状控制的作动器优化布局,需要综合考虑多模态振动控制、模态控制溢出、形面均方根误差(RMSE)以及作动器的控制电压等,是一个多目标的综合优化问题。

多目标的作动器综合优化布局流程如图7.5所示。

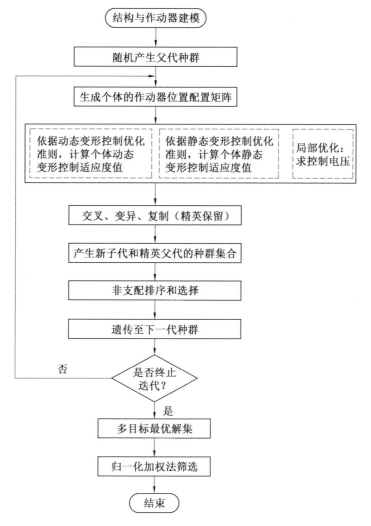

图7.5 多目标的作动器综合优化布局流程

① 建模:首先基于有限元分析方法建立结构和压电作动器的模型。

② 动态变形控制准则:既要考虑各目标控制模态的可控程度,又要尽量减小控制溢出。

以可控 Gramian 矩阵为基础

$$J_d = \max\{J_{d,g}\} = \max\left[\left(\left\{\sum_{i=1}^{N_c} v_i \left[(\overline{W}_c)_{i,i}\right] - \gamma \cdot \sum_{j=1}^{N_r} \left[(\overline{W}_r)_{j,j}\right]\right\} \cdot \right.$$

$$\left. \sum_{i=1}^{N_c} v_i \sqrt{\prod_{i=1}^{N_c} \left[(\overline{W}_c)_{i,i}^{v_i} \right]} \right) \cdot \sigma \right] \tag{7.1}$$

式中，$\sum_{i=1}^{N_c} v_i \left[(\overline{W}_c)_{i,i} \right]$ 为带有权重 $v_i (i=1,2,\cdots,N_c)$ 的各目标控制模态可控度值之和，其表示作动器传递给系统各目标模态能量之和，权重 v_i 表示对不同目标控制模态的侧重程度；$\sum_{j=1}^{N_r} \left[(\overline{W}_r)_{j,j} \right]$ 为剩余模态可控度值之和，表示作动器控制溢出到剩余模态的能量之和；γ 为剩余模态的权重；$\sqrt[\sum_{i=1}^{N_c} v_i]{\prod_{i=1}^{N_c} \left[(\overline{W}_c)_{i,i}^{v_i} \right]}$ 表示目标控制模态可控度值的加权几何平均值。

为了进一步约束目标控制模态的可控度值均匀化，引入罚函数 σ，目标控制模态中最小可控度值与最大可控制度值之比较小时，乘以相应的系数，公式为

$$\sigma = \begin{cases} 1, & \text{当} \min\limits_{i=1,N_c} (\overline{W}_c)_{i,i} / \max\limits_{i=1,N_c} (\overline{W}_c)_{i,i} \geqslant 0.5 \\ \min\limits_{i=1,N_c} (\overline{W}_c)_{i,i} / \max\limits_{i=1,N_c} (\overline{W}_c)_{i,i}, & \text{当} \min\limits_{i=1,N_c} (\overline{W}_c)_{i,i} / \max\limits_{i=1,N_c} (\overline{W}_c)_{i,i} < 0.5 \end{cases}$$

$$\tag{7.2}$$

③ 静态变形控制准则：以求最小形面均方根误差（RMSE）作为静态变形控制作动器位置优化准则，优化参数即包含作动器位置配置矩阵，又包含作动器的控制电压。

④ 改进的 NSGA－Ⅱ优化配置方法：以动/静态变形控制准则为目标，通过改进的 NSGA－Ⅱ遗传算法，获得作动器综合优化配置的最优解集。

⑤ 最后，通过归一化加权方法进行最优解集的综合筛选。

7.3　组装式结构静态形状控制

7.3.1　应用背景

组装式结构是大型航天器常用的一种结构形式。以哈勃和詹姆斯·韦布等大型空间望远镜为例，这些主镜都是采用分瓣式组装拼接设计，分瓣之间能够灵活移动和旋转，使得主镜面可以调节成一个理想的形状。

7.3.2　组装式结构

组装式大型太空望远镜的主镜直径尺寸大，由多个六边形分瓣组成。组装

式主镜示意图如图7.6所示。其每一分瓣中均装有6个边缘传感器和3个两级位置执行器,执行器通过无定向三角板支撑系统树结构与反射镜连接,以减少光学失真。每个分瓣都可以看作一个刚体,由3个位置驱动器支撑。一组6个的边缘传感器监测主镜各分瓣相对相邻分瓣的位置。

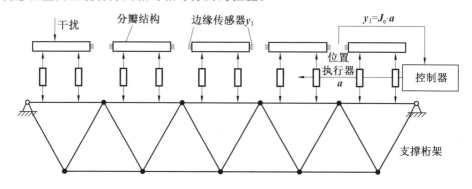

图 7.6　组装式主镜示意图

由于对干扰的敏感度随着望远镜尺寸的增大而增加,且为了保证望远镜的光学质量,要求波前误差大大低于入射光的波长,因此,对大型望远镜而言,为获得更高的增益以及更宽的带宽,越来越依赖主动控制。换言之,由于大型望远镜结构系统的固有频率较低,控制与结构之间的相互耦合成为系统设计中的一个核心问题。

如果假定支撑桁架具有无限刚性,则系统的准静态行为可以通过如下纯运动学关系表示

$$y_1 = J_e \cdot a \qquad (7.3)$$

式中,y_1 为边缘传感器的输出向量;a 为驱动器的输入向量;J_e 为边缘传感器的雅可比矩阵。

这里假设输出与输入满足线性关系。使用 Shack — Hartmann(SH) 的均值信号提取边缘传感器的信息,即

$$y_2 = J_n \cdot a \qquad (7.4)$$

式中,y_2 为均值滤波后的 SH 传感器输出向量;J_n 为 SH 传感器的雅可比矩阵。

组装式主镜控制流程如图 7.7 所示。镜面的分瓣由刚体表示。为了将 whiffle 树的柔性纳入建模过程,位置驱动器可以用一个力驱动器 F_a 与弹簧 k_a 和黏性阻尼 c_a 并联建模。选择刚度 k_a 需要考虑分瓣的局部模态,并选择 c_a 提供合适的阻尼;力与无约束位移 a 有关,$F_a = a \cdot k_a$。位置驱动器位于支撑桁架上,为整个镜面提供支撑。作用在系统上的扰动 d 源自温度梯度、重力梯度。控制系统与结构间的相互作用是由力驱动器 F_a 激发支撑桁架的共振频率 f_i 或分瓣镜面的局部模态引起的。

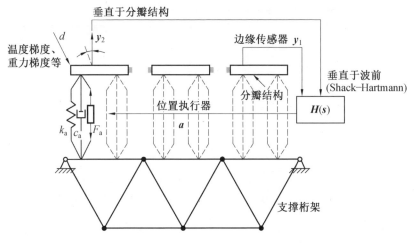

图 7.7　组装式主镜控制流程

7.3.3　异值分解控制器

组装式结构的准静态行为由以下方程组描述：

$$y = \begin{bmatrix} J_e \\ J_n \end{bmatrix} a = J \cdot a \qquad (7.5)$$

此处，传感器向量 y 的维度大于驱动器输入向量 a 的维度。

奇异值分解控制器的框图如图 7.8 所示。其中，Σ^{-1} 是伪逆，$V\Sigma^{-1}U^{\mathrm{T}}$ 是被控对象的逆；对角线增益 σ_i^{-1} 对所有奇异值模态提供同等的权重；控制块只考虑具有非零奇异值的模态，或者使用阻尼最小二乘法（DLS）。$H(s)$ 是滤波器的对角矩阵，可提供适当的干扰抑制能力和稳定裕度。

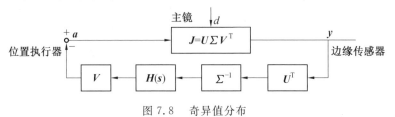

图 7.8　奇异值分布

奇异值的分布取决于传感器配置，如图 7.9 所示，图中对比了在每个分瓣上单独使用边缘传感器、联合使用边缘传感器和普通传感器（类似于 SH 传感器）的情况。不同于普通传感器，边缘传感器无法观测到散焦和倾斜，在这种情况下，雅可比矩阵的调节效果更好。

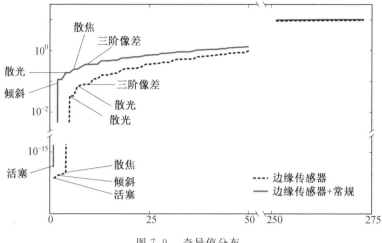

图 7.9　奇异值分布

本章参考文献

［1］LANE S A，MURPHEY T W，ZATMAN M．Overview of the innovative space based radar antenna technology program［J］．Journal of Spacecraft and Rockets，2011，48(1)：135-145.

［2］王祥,王晓宇,柴洪友.面向结构动静态变形控制的作动器综合优化配置研究［J］.航天器工程,2022,31(1):64-72.

［3］BIN L，YUGANG L，XUEGANG Y，et al．Maximal modal force rule for optimal placement of piezoelectric actuators for plates［J］．Journal of Intelligent Material Systems and Structures，2000，11：512-515.

［4］CRAWLEY E F，DE LUIS J．Use of piezoelectric actuators as elements of intelligent structures［J］．AIAA Journal，1987，25(10)：1373-1385.

［5］PENG F，NG A，HU Y．Actuator placement optimization and adaptive vibration control of plate smart structures［J］．Journal of Intelligent Material Systems and Structures，2005，16：263-271.

［6］王军,杨亚东,张家应,等．面向结构振动控制的压电作动器优化配置研究［J］.航空学报，2012，33(3)：494-500.

第 8 章

分 析 过 程

8.1 概　述

　　航天器结构分析与试验都是对设计的验证,对于尺寸稳定结构来说,因为试验环境模拟比较困难,测量难度也大,地面通过试验验证设计指标难度非常大,甚至有些指标在地面无法通过试验进行验证,所以,分析在尺寸稳定结构设计中的作用尤为重要。

　　航天器结构的分析可分为通用分析和专项分析两大类。通用分析是所有航天器结构设计过程中必须进行的分析,包括准静态分析、模态分析和正弦响应分析[1-2];专项分析是对应特定需求和特定环境的分析,如尺寸稳定性分析、微振动分析等,这些分析不是所有航天器结构设计过程中都需要进行的。通用分析虽然不能直接回答尺寸稳定性指标,但其分析结果对尺寸稳定性设计也有指导意义。此外,通用分析与尺寸稳定性分析模型往往采用同一模型或者对通用分析模型稍加改动而成,通过力学环境试验或模态试验对分析模型进行修正,也有利于提高尺寸稳定性的分析精度。

　　通用分析与尺寸稳定性分析对比见表 8.1。

表 8.1　通用分析与尺寸稳定性分析对比

比较项目	通用分析	尺寸稳定性分析
模型建立	采用有限元建模方法，有比较成熟的模型建立方法和检验规则	采用有限元建模方法，尚无比较统一的模型建立和检验规则，相比常规力学分析模型，通常需要对结构及相关设备进行细化建模
载荷识别	载荷项目和工况建立有相对成熟的规范	载荷项目和工况由于航天器平台、有效载荷、工作模式、总体要求的不同，存在非常大的差异，导致制定正确的载荷项目和工况变成一项挑战性也容易出现错误的工作
结果分析	有比较成熟的商业软件，可直接求解，计算结果正确性容易验证	需要对有限元软件得到的结果进行进一步计算，甚至需要将有限元结果传递至其他学科软件作为输入，进行进一步计算，计算方法复杂，结果正确性不易验证

8.2　尺寸稳定结构分析的目的

按照航天器常规研制流程划分，尺寸稳定性分析（Dimensional Stability Analysis，DSA）的目的在不同的研制阶段存在差异。

在方案阶段，主要是识别影响因素，得到尺寸稳定性对不同影响因素的灵敏度，为尺寸稳定性设计提供依据，通过初步计算得到尺寸稳定性的指标符合情况。

在初样阶段，主要是从分析角度为尺寸稳定结构详细设计提供构型、尺寸和材料参数选择依据，为热稳定性试验进行试验预示，评估尺寸稳定性的初样设计指标。

在正样设计阶段，主要是以初样设计为基础，针对正样设计状态，对航天器尺寸稳定性进行全寿命、覆盖全工况的分析，确认尺寸稳定性指标对总体要求的符合性。

未来的趋势是根据在轨直接或间接测量的数据，对在轨尺寸稳定性进行测量或计算反演，得到航天器的在轨尺寸稳定性实际性能。

8.3　尺寸稳定结构分析内容

8.3.1　模型建立

当前,有限元是航天器结构尺寸稳定性分析的主要方法。有限元模型的建立一般被称为是一个结构理想化的过程。它是通过将航天器三维结构与一些数学和物理概念建立关联,将三维结构简化为数学的点、线、面和体,将外界作用简化为力和位移以及各种边界约束或载荷条件的一个过程。

一般而言,计算精度随模型的精细程度而提高,但是,计算所需的资源和时间也急剧增加,因此,一个好的理想化模型一定是精细程度与计算效率处于最佳平衡状态的模型。理想化结构与实际结构不尽相同,但同时要保持原结构在受力和传力过程中的主要力学特性,这是理想化模型是否合理的一个标志。

模型理想化包含以下步骤[3]。

1. 确定几何特征

确定是以零维(点)、一维(线)、二维(面)还是三维(体)作为几何特征来描述模型。确定的几何特征应既能够反映结构的特征,也能够反映结构的受力特征。需要说明的是,维数的增加意味着结构描述精细程度的增加,但是,从力学分析的角度,维数的增加并不一定意味着精度的增加,反而在增加计算量的同时,精度甚至可能下降。例如,对于一个厚度远远小于面内尺寸的板壳结构,采用三维建模计算的精度可能并不比二维板壳单元计算得到的精度更高,而计算时间则大大增加。一个板壳结构是用三维结构还是二维结构建模,需要从计算精度、计算目的、计算效率等多方面综合考虑。

2. 确定连接和边界条件

航天器结构由多个构件组成,各个构件之间,星体结构与连接边界之间,都存在连接的合理模拟问题。当部件之间通过铰链或关节之类的机构进行连接时,其连接刚度的模拟尤为重要,如果对连接机构不能建立反映真实状态的几何模拟而采用简化的连接模型进行连接时,其刚度数据必须通过试验进行测量。与外部的连接边界不能简单直接以固支处理,必要时应考虑边界的连接刚度以及连接局部的几何特征对边界模拟的影响。在常规有限元分析中的连接部位,往往大量采用 MPC 模拟连接关系,这个简化一般不会对结果的精度产生太大的影响,但是,如果需要研究连接对尺寸稳定性的影响,尤其是涉及连接位置的一些诸如平面度等物理量的计算,则 MPC 可能会给出错误的分析结果。

3. 确定有限元单元类型

航天器结构尺寸稳定性分析多是结构线弹性分析,包括点单元、弹簧元、杆单元、梁单元、板壳单元和体单元模拟。不同类型单元之间的连接必须协调,特别是梁单元与板单元连接以及板单元与体单元的连接,需要注意自由度匹配问题。单元的选择应注意单元特性对力传递的模拟是否符合结构的实际情况。比如一维结构,如果不传递弯矩,则可以用杆单元模拟,而如果是需要传递弯矩的结构,则必须用梁单元模拟。

4. 单元划分

在划分单元时,对初步判断可能出现应力集中的区域细化网格,而在应力变化平缓的区域单元可划分得粗一些,并且注意单元由小变大,逐步过渡。几何特性或物理特性突变处划为单元边线。在常规有限元分析中,一些单机往往采用MPC加集中质量点的方式进行模拟,这在尺寸稳定性分析中也会引入额外的计算误差,需要小心处理。

5. 材料与单元特性

单元特性由材料特性和单元特性描述。材料特性用密度、弹性模量和热膨胀系数等力学和物理属性描述。单元特性与单元的几何属性相关,如梁单元的截面和方向定义以及板单元的厚度定义等。

6. 模型检验

进行正确分析的前提是有一个正确反映结构力学特性的模型,因此,对模型进行校验是进行正式分析之前必须进行的步骤。一般力学分析模型检验的内容如下[4]。

(1) 单元几何正确性检查。

检查单元连接是否正确(是否有多余边界),是否存在重复单元,板壳单元法线指向、梁单元指向和截面属性及复合材料铺层角等信息的正确性。

(2) 质量特性检验。

检验模型的质量、质心和惯量信息是否与实际产品一致。

(3) 自由模态检验。

自由模态检验又称零频检查。检查时进行无约束模型的自由模态分析。正常的模型应该是前6阶模态近似为0,从第7阶开始不为0。如果0模态少于6个,则说明模型有多余的约束,如果自由模态有多于7个的0模态,则模型存在多余的自由体。零频检验的内容和建议指标见表8.2。

表 8.2 零频检验的内容和建议指标

检验内容	推荐指标值 /Hz
六阶刚体模态频率	< 0.005
刚体频率最大值、弹性模态频率最小值	$< 1 \times 10^{-4}$

（4）载荷检查。

对结构施加 $1g$ 的惯性加速度，求解后，如果约束力总和与模型质量相等，则模型通过 $1g$ 检查。

（5）单位位移检查。

去掉有限元模型的所有约束，给模型分别沿三个轴向平动和转动的单位位移，计算结果所有单元应变应为一微小量。

对于热变形尺寸稳定性分析模型，还需要补充零膨胀检验、等温膨胀检验等，见 10.2.4 节介绍。

8.4　载荷分析

8.4.1　载荷类型确定

航天器尺寸稳定性受到多因素的影响，在进行尺寸稳定性分析之前，必须进行载荷分析，确定影响尺寸稳定性的载荷类型；在进行载荷类型确定时，必须考虑尺寸稳定结构的工作环境、工作模式等因素。本节从载荷类型分析和选取的角度，对环境载荷类型的确定和选择进行介绍。

1. 在轨环境因素

（1）温度效应。

在轨温度交变是航天器尺寸稳定性影响的主要因素，因此，目前需要考虑的首要环境因素就是航天器在轨温度场分布情况。温度效应对尺寸稳定性包含两方面的影响。

① 温度交变对热变形产生的直接影响。因为材料热膨胀效应的普遍存在，以及结构各部分热膨胀系数的差异，航天器结构在轨热变形呈现近似以轨道周期为变化规律的变形模式，这是进行热变形引起的尺寸稳定性计算问题的基本分析模式。

② 温度交变对材料性能的影响。由于长期的温度交变作用，一些材料的性质会发生变化，比较典型的是树脂基复合材料，在长期温度交变的作用下，材料

中会形成微裂纹,进而影响材料的宏观弹性模量和热膨胀系数等与尺寸稳定性有关的性能,此时的航天器结构尺寸稳定性计算应该评估预示这一效应的影响。

(2)吸湿性。

因为湿度是尺寸稳定性的主要影响因素,航天器结构中碳纤维树脂基复合材料对吸湿性的敏感,使得针对这种材料的湿膨胀效应进行分析预示是必要的。与温度效应相比,吸湿性对航天器尺寸稳定性的影响效应在入轨后是短期和一次性的,如果尺寸稳定性的指标是相对的,且对入轨后短时间湿气排放影响可接受,吸湿性效应可不予以分析,否则应作为分析载荷进行效应的预示。

(3)辐射。

目前,还很难计算辐射对尺寸稳定性的直接影响,但是,一些材料受到辐射后,与尺寸稳定性有关的材料特性会产生变化,这些变化的特性会影响航天器结构的尺寸稳定性。因此,对于尺寸稳定结构,辐射也是应该考虑的因素之一。这与航天器热分析模型要考虑材料在寿命初期和寿命末期的差异是相同的道理。

2. 地面操作载荷和发射载荷

地面操作载荷包括1g重力载荷、运输载荷、起吊载荷等,这些载荷是否纳入计算工况,取决于尺寸稳定性指标的类型、有效载荷的装配和标定时机以及总体的具体要求。如果在轨尺寸稳定性指标是相对的且有效载荷具备在轨标定能力,则上述载荷可不归入尺寸稳定性的计算工况内,否则应逐项列入分析载荷工况进行分析预示。

8.4.2　载荷工况制定

在确定分析载荷之后,需要制订分析工况。载荷工况的制订需要考虑如下几点:

1. 有效载荷产品状态

以1g重力载荷为例,重力载荷的计算不应只考虑地面停放状态的重力,还应该考虑整星装配过程中可能出现的不同坐标轴对地的情况,甚至因为产品翻转停放状态具体要求不同,可能还需要计算整星坐标轴与重力场成某一特定角度的重力分析。

2. 有效载荷在轨工作模式

在轨载荷工况的制订应该考虑有效载荷的不同工作模式下的尺寸稳定性。例如,一些光学载荷的卫星可能会有不同的遥感成像模式,这些模式产生的在轨温度场是不同的,结果就是温度场对尺寸稳定性的影响与载荷的工作模式密切相关。

3.最恶劣工况问题

与一般力学分析问题不同,尺寸稳定性分析对应的载荷形式复杂,工况数量多,很难直观判断最恶劣工况。以热变形分析为例,在轨热变形分析的温度场载荷是一空间分布载荷,热变形导致的航天器有效载荷性能变化与温度场分布、温度水平、有效载荷与航天器主结构连接刚度耦合特性、结构几何构型以及边界条件等多个因素均密切相关,所以在进行热变形分析之前,几乎不可能预知热变形分析的最恶劣工况。工程经验表明,从边界条件角度看,热稳定性分析的最恶劣工况不一定是全约束边界条件,也不一定是自由边界条件;从载荷角度看,最恶劣工况与最高温工况、最低温工况、最大温差工况之间也没有必然关系。因此,比较妥当的在轨热变形分析策略是根据有效载荷工作模式、标定方式、标定周期、稳定性指标的特点,进行航天器在轨全寿命周期热稳定性分析,在此基础上,才能获得高稳结构的真实稳定性指标。

8.5　指标计算

尺寸稳定性分析本质上是变形分析。但是,因为与航天器尺寸稳定性相关的指标大多不是用变形的直接结果进行定义,而是根据总体指标分解或影响有效载荷性能的变形模式,通过变形的导出量进行描述。目前在尺寸稳定性指标的定义过程中,存在很多错误认识,比较典型的是,指标含义不明确,存在歧义,如变形不低于 $3~\mu m$ 这样的指标定义,就存在很大的模糊性。因为满足 $3~\mu m$ 的时间段不明确,$3~\mu m$ 是平均值还是最大值或者某种统计量不明确,这些不明确会导致指标的歧义。因此,有必要对尺寸稳定性的指标进行精确定义,并明确一些相似定义之间的关系和区别。目前比较常见的尺寸稳定性的指标如下。

8.5.1　位移

位移最简单直接的稳定性指标定义,可从结构的有限元分析结果直接获得。位移分时,需要关注稳定性指标定义所使用的参考点,并转换到对应的坐标系中。

8.5.2　平面度

平面度用于描述有效载荷安装面上各个安装点的面外变形情况。平面度与面外变形有关,但又不是简单的等于面外变形。其严格的定义为:平面度是被测平面对理想平面的变动量,它是包含平面变动的两个平行平面之间的最小距离。平面度的计算方法有最小包容区域法、最小二乘法、对角线平面法和三远点平面法。各种计算方法对不同空间位置关系的适应性不同,对于同一组点的位置,不同的方法可能得到不同的平面度计算结果,因此,建议采用不同的平面度计算方法,然后,取各个方法的最小值作为最终的计算结果。假设待计算平面度的 n 个点的空间位置坐标分别为 $[x_1 \quad y_1 \quad z_1]$,$[x_2 \quad y_2 \quad z_2]$,$\cdots$,$[x_n \quad y_n \quad z_n]$,其平面度计算步骤如下[5]:

(1)计算平面度初值。

计算的第一步是得到平面度的初始估值。将各点坐标写成矩阵形式,得到矩阵 X

$$X = \begin{bmatrix} x_1 & x_2 & \cdots & x_n \\ y_1 & y_2 & \cdots & y_n \\ z_1 & z_2 & \cdots & z_n \end{bmatrix} \tag{8.1}$$

假设 $\bar{X}$ 为由 X 各列平均值组成的列矩阵,即

$$\bar{X} = \begin{bmatrix} \dfrac{1}{n}\sum_{i=1}^{n} x_i \\ \dfrac{1}{n}\sum_{i=1}^{n} y_i \\ \dfrac{1}{n}\sum_{i=1}^{n} z_i \end{bmatrix} = \begin{bmatrix} \bar{x} \\ \bar{y} \\ \bar{z} \end{bmatrix} \tag{8.2}$$

矩阵 X 的各列减去均值列矩阵,得到矩阵 R,即

$$R = \begin{bmatrix} x_1 - \bar{x} & x_2 - \bar{x} & \cdots & x_n - \bar{x} \\ y_1 - \bar{y} & y_2 - \bar{y} & \cdots & y_n - \bar{y} \\ z_1 - \bar{z} & z_2 - \bar{z} & \cdots & z_n - \bar{z} \end{bmatrix} \tag{8.3}$$

计算矩阵 RR^{T} 的特征值,假设其最小特征值对应的特征矢量为 e_0,计算

$$d_1 = \max(e_0^{\mathrm{T}} R) \tag{8.4}$$

$$d_2 = \min(e_0^{\mathrm{T}} R) \tag{8.5}$$

则

$$p_1 = d_1 - d_2 \tag{8.6}$$

为平面度的初步估值。

(2)三角形法则的平面度计算。

① 假设 $e_0^{\mathrm{T}} R$ 的三个最大值对应的下标索引由大到小依次为 i_1、i_2 和 i_3,则计算

$$A = (y_{i_2} - y_{i_1})(z_{i_3} - z_{i_1}) - (y_{i_3} - y_{i_1})(z_{i_2} - z_{i_1}) \tag{8.7}$$

$$B = (x_{i_3} - x_{i_1})(z_{i_2} - z_{i_1}) - (x_{i_2} - x_{i_1})(z_{i_3} - z_{i_1}) \tag{8.8}$$

$$C = (x_{i_2} - x_{i_1})(y_{i_3} - y_{i_1}) - (x_{i_3} - x_{i_1})(y_{i_2} - y_{i_1}) \tag{8.9}$$

$$d = \frac{1}{\sqrt{A^2 + B^2 + C^2}} [A \quad B \quad C] \boldsymbol{X} \tag{8.10}$$

由式(8.10)得到三角形法则的平面度估值 p_2 为

$$p_2 = \max(d) - \min(d) \tag{8.11}$$

② 假设 $e_0^{\mathrm{T}} \boldsymbol{R}$ 的三个最小值对应的下标索引由大到小依次为 j_1、j_2 和 j_3,则计算

$$A = (y_{j_2} - y_{j_3})(z_{j_1} - z_{j_3}) - (y_{j_1} - y_{j_3})(z_{j_2} - z_{j_3}) \tag{8.12}$$

$$B = (x_{j_1} - x_{j_3})(z_{j_2} - z_{j_3}) - (x_{j_2} - x_{j_3})(z_{j_1} - z_{j_3}) \tag{8.13}$$

$$C = (x_{j_2} - x_{j_3})(y_{j_1} - y_{j_3}) - (x_{j_1} - x_{j_3})(y_{j_2} - y_{j_3}) \tag{8.14}$$

$$d = \frac{1}{\sqrt{A^2 + B^2 + C^2}} [A \quad B \quad C] \boldsymbol{X} \tag{8.15}$$

由式(8.15)得到三角形法则的平面度估值 p_3 为

$$p_3 = \max(d) - \min(d) \tag{8.16}$$

(3) 交叉原则的平面度计算。

假设 $e_0^{\mathrm{T}} \boldsymbol{R}$ 的三个最大值对应的下标索引由大到小依次为 i_1、i_2 和 i_3,三个最小值对应的下标索引由大到小依次为 j_1、j_2 和 j_3,计算

$$A = (y_{i_2} - y_{i_1})(z_{j_3} - z_{j_2}) - (y_{j_3} - y_{j_2})(z_{i_2} - z_{i_1}) \tag{8.17}$$

$$B = (x_{j_3} - x_{j_2})(z_{i_2} - z_{i_1}) - (x_{i_2} - x_{i_1})(z_{j_3} - z_{j_2}) \tag{8.18}$$

$$C = (x_{i_2} - x_{i_1})(y_{j_3} - y_{j_2}) - (x_{j_3} - x_{j_2})(y_{i_2} - y_{i_1}) \tag{8.19}$$

$$D = -A x_{i_1} - B y_{i_1} - C z_{i_1} \tag{8.20}$$

则由式(8.17)~(8.20)得到交叉原则的平面度 p_4 为

$$p_4 = \frac{|A x_{j_3} + B y_{j_3} + C z_{j_3} + D|}{\sqrt{A^2 + B^2 + C^2}} \tag{8.21}$$

(4) 直线原则的平面度计算。

① 假设 $e_0^{\mathrm{T}} \boldsymbol{R}$ 的三个最大值对应的下标索引由大到小依次为 i_1、i_2 和 i_3,三个最小值对应的下标索引由大到小依次为 j_1、j_2 和 j_3,计算

$$M = (y_{i_1} - y_{j_2})(y_{j_3} - y_{j_2}) - (x_{j_3} - x_{j_2})(z_{i_1} - z_{j_2}) \tag{8.22}$$

$$N = (z_{i_1} - z_{j_2})(z_{j_3} - z_{j_2}) - (y_{j_3} - y_{j_2})(x_{i_1} - x_{j_2}) \tag{8.23}$$

$$Q = (x_{i_1} - x_{j_2})(x_{j_3} - x_{j_2}) - (z_{j_3} - z_{j_2})(y_{i_1} - y_{j_2}) \tag{8.24}$$

则由式(8.22)~(8.24)得到直线原则的平面度 p_5 为

$$p_5 = \frac{\sqrt{M^2 + N^2 + Q^2}}{(x_{j_3} - x_{j_2})^2 + (y_{j_3} - y_{j_2})^2 + (z_{j_3} - z_{j_2})^2} \tag{8.25}$$

② 假设 $e_0^{\mathrm{T}} \boldsymbol{R}$ 的三个最大值对应的下标索引由大到小依次为 i_1、i_2 和 i_3,三个最小值对应的下标索引由大到小依次为 j_1、j_2 和 j_3,计算

$$M = (y_{j_3} - y_{i_1})(y_{i_2} - y_{i_1}) - (x_{i_2} - x_{i_1})(z_{j_3} - z_{i_1}) \tag{8.26}$$

$$N = (z_{j_3} - z_{i_1})(z_{i_2} - z_{i_1}) - (y_{i_2} - y_{i_1})(x_{j_3} - x_{i_1}) \tag{8.27}$$

$$Q = (x_{j_3} - x_{i_1})(x_{i_2} - x_{i_1}) - (z_{i_2} - z_{i_1})(y_{j_3} - y_{i_1}) \tag{8.28}$$

则由式(8.26)～(8.28)得到直线原则的平面度 p_6 为

$$p_6 = \frac{\sqrt{M^2 + N^2 + Q^2}}{(x_{i_1} - x_{i_2})^2 + (y_{i_1} - y_{i_2})^2 + (z_{i_1} - z_{i_2})^2} \tag{8.29}$$

(5) 最终的平面度计算。

由式(8.6)、式(8.11)、式(8.16)、式(8.21)、式(8.25) 和式(8.29)得到尺寸稳定性最终的平面度估计,即

$$\mathrm{DSA_F} = \min\{p_i\}, \quad i = 1, 2, \cdots, 6 \tag{8.30}$$

除上述步骤外,还衍生出了其他基于优化的方法,这些方法可以在相关文献[6-9]中得到计算步骤的详细过程。

8.5.3　平面偏离

平面偏离指的是待分析的点距离通过各点拟合得到的平面的最大值。平面度和平面偏离具有不同的定义,但是,在尺寸稳定性的分析过程中,往往将两者混淆,因此,需要对这两个定义的物理含义给出明确的数学表达。

计算式(8.3)定义的矩阵 $\boldsymbol{R}$ 的 $\boldsymbol{R}\boldsymbol{R}^{\mathrm{T}}$ 的特征值,假设其最小特征值对应的特征矢量为 $\boldsymbol{e}_0$,计算

$$\boldsymbol{D} = \boldsymbol{e}_0^{\mathrm{T}} \overline{\boldsymbol{X}} \tag{8.31}$$

$$\boldsymbol{E} = \boldsymbol{e}_0^{\mathrm{T}} \boldsymbol{X} = \begin{bmatrix} e_1 & e_2 & \cdots & e_n \end{bmatrix} \tag{8.32}$$

则平面偏离可计算得到

$$\mathrm{DSA_{PD}} = \max\{|e_i - \boldsymbol{D}|\}, \quad i = 1, 2, \cdots, n \tag{8.33}$$

8.5.4　平面法线指向

平面法线指向一般描述载荷安装面指向的变化。计算平面法线指向的过程是,计算式(8.3)定义的矩阵 $\boldsymbol{R}$ 的 $\boldsymbol{R}\boldsymbol{R}^{\mathrm{T}}$ 的特征值,其最大特征值对应的特征矢量即为这一组点所在平面的法线指向。

8.5.5　多点连线指向

多点连线用于描述某一轴线的指向变化,如光学载荷视轴。计算多点连线指向的过程是,计算式(8.1)定义的矩阵 $\boldsymbol{X}^{\mathrm{T}}$ 的协方差矩阵特征值,其最小特征值对应的特征矢量即为这一组点所在拟合直线的指向。

8.5.6　圆度

圆度是以下列任一由待分析节点拟合的圆心得出的最大半径和最小半径之

差[2]：最小区域圆圆心、最小二乘方圆圆心、最小外接圆圆心与最大内接圆圆心。

本书通过最优化方法计算一组位置点的圆度。计算圆度的步骤如下。

（1）首先将各个点所在平面法线旋转为与 Z 轴平行。

① 由平面法线矢量计算方法得到各点所在平面归一化法线指向。

$$\boldsymbol{v}_0 = \begin{bmatrix} v_{0x} & v_{0y} & v_{0z} \end{bmatrix}^{\mathrm{T}} \tag{8.34}$$

② 计算平面法线矢量与 Z 轴夹角，即

$$\varphi = a\cos(v_{0z}) \tag{8.35}$$

③ 由式（8.34）得到其在 XOY 平面的垂直矢量 $\boldsymbol{u}_0$，即

$$\boldsymbol{u}_0 = \begin{bmatrix} -v_{0y} & v_{0x} & 0 \end{bmatrix}^{\mathrm{T}} \tag{8.36}$$

④ 计算旋转矩阵 $\boldsymbol{R}_0$ 为

$$\boldsymbol{R}_0 = \begin{bmatrix} v_{0y}^2 + (1 - v_{0y}^2)\cos\varphi & -v_{0x}v_{0y}(1 - \cos\varphi) & v_{0x}\sin\varphi \\ -v_{0x}v_{0y}(1 - \cos\varphi) & v_{0x}^2 + (1 - v_{0x}^2)\cos\varphi & v_{0y}\sin\varphi \\ v_{0x}\sin\varphi & v_{0y}\sin\varphi & \cos\varphi \end{bmatrix} \tag{8.37}$$

⑤ 对所有位置坐标进行坐标变换，即

$$\boldsymbol{X}' = \boldsymbol{R}^{\mathrm{T}}\boldsymbol{X} \tag{8.38}$$

将所有坐标变换至各点所在平面为 XOY 平面的新坐标系下。

（2）在新坐标系下计算圆度。

假设新坐标系下，各点在 XOY 平面内的坐标为 (x'_1, y'_1)，(x'_2, y'_2)，…，(x'_n, y'_n)，构造函数

$$R = \sum_{i=1}^{n} (x'_1 - x_0)^2 + (y'_1 - y_0)^2 \tag{8.39}$$

式中，x_0、y_0 为待计算圆心位置；R 为拟合半径。

以 $\min(R_{\max} - R_{\min})$ 为优化目标，得到最后的优化解，即为圆度[10-11]。

8.5.7　圆周偏离

拟合的圆心得出的最大半径和最小半径与拟合圆半径之差的最大值定义为圆周偏离。

首先进行坐标变换，得到新坐标系下，XOY 平面内的坐标 (x'_1, y'_1)，(x'_2, y'_2)，…，(x'_n, y'_n)，构造矩阵为

$$\boldsymbol{A} = \begin{bmatrix} x'_1 & y'_1 & 1 \\ x'_2 & y'_2 & 1 \\ \vdots & \vdots & \vdots \\ x'_n & y'_n & 1 \end{bmatrix} \tag{8.40}$$

$$b = \begin{bmatrix} x_1'^2 + y_1'^2 \\ x_2'^2 + y_2'^2 \\ \vdots \\ x_n'^2 + y_n'^2 \end{bmatrix} \tag{8.41}$$

求解方程 $Ax = b$ 得到最小二乘解 $x = \begin{bmatrix} x_1 & x_2 & x_3 \end{bmatrix}^{\mathrm{T}}$,则拟合的圆心坐标 (x_0, y_0) 和半径 R 分别为

$$x_0 = x_1/2 \tag{8.42}$$

$$y_0 = x_2/2 \tag{8.43}$$

$$R = \sqrt{\frac{x_1^2 + x_2^2}{4} + x_3} \tag{8.44}$$

由此可得圆周偏离为

$$\mathrm{DSA_{RV}} = \max(|\sqrt{(x_i' - x_0)^2 + (y_i' - y_0)^2} - R|), \quad i = 1, 2, \cdots, n$$

以上只是列出了常见的一些稳定性指标,有时还需要进一步的计算,如矢量与坐标轴的夹角,矢量在坐标平面的投影,不同矢量之间的夹角变化等。

在对这些指标进行数值计算时,应该对具体指标的定义和结果对实际有效载荷性能影响的机制有深刻的理解。如考核一个安装平面形貌变化对有效载荷性能影响时,必须清楚到底是用平面度指标来评价热稳定性还是用平面偏离更合理。在进行分析时,对一些容易混淆的指标必须认真区分,如平面度与平面偏离,圆度与圆周偏离等。

本章参考文献

[1] 袁家军. 卫星结构设计与分析[M]. 北京:中国宇航出版社,2004.

[2] WIJKER J J. Spacecraft structures[M]. Heidelberg:Springer,2008.

[3] CALVI A, AGLIETTI G, ALBUS J, et al. ECSS-E-HB-32-26A spacecraft mechanical loads analysis handbook[S/OL]. [2022-07-13]. https://www. researchgate. net/publication/276266312_ ECSS-E-HB-32- 26A Spacecraft Mechanical Loads Analysis Handbook/link/557eb2a808aec87640dcbb07/ download.

[4] 梁岩,王春洁. 有限元分析软件中模型检查方法的研究[J]. 机械设计与制造,2014(12):231-233.

[5] 汪恺. 形状和位置公差标准应用指南[M]. 北京:中国标准出版社,2000.

[6] 罗钧,王强,付丽. 改进蜂群算法在平面度误差评定中的应用[J]. 光学精密

工程，2012(2):422-430.

[7] 史立新，朱思洪. 基于 Matlab 的平面度误差最小区域法评定[J]. 组合机床与自动化加工技术，2005(9):58-59.

[8] 田社平，韦红雨，王志武. 用遗传算法准确评定平面度误差评价[J]. 计量技术，2007(1):66-69.

[9] 周剑平. 基于 Matlab 和回归分析的平面度评定方法[J]. 兵工自动化，2006(1):27-28.

[10] 中华人民共和国国家质量监督检验检疫总局，中国国家标准化管理委员会. 产品几何量技术规范(GPS)评定圆度误差的方法半径变化量测量:GB/T 7235—2004 [S]. 北京:中国标准出版社，2004.

[11] 陈国强，赵俊伟. 基于 MATLAB 的圆度误差精确评定[J]. 机械设计与制造，2005(9):42-43.

第 9 章

通 用 分 析

9.1 概　述

结构分系统作为航天器的服务系统,首先应该满足强度、刚度要求,保证在地面操作、运输、发射以及在轨或返回过程中不会发生破坏并避免出现对航天器执行任务产生不利影响的变形。通用力学分析包括过载分析、模态分析、正弦响应分析、随机响应分析等[1-3]。通用力学分析并不能直接回答尺寸稳定性指标,但是,航天器结构的力学性能对尺寸稳定性的影响是直接且明显的,如作为尺寸稳定结构的设计,应具有更高的刚度,这直接与航天器整体或与尺寸稳定结构的局部模态有关,较高的模态有利于抑制不利变形的出现,这也体现了尺寸稳定性问题的系统性[4]。

9.2　模态分析

9.2.1　分析目的与内容

航天结构设计以刚度设计为主,因此模态分析在航天结构研制过程中占有重要地位。结构体系的模态是航天器结构系统的固有特性,主要取决于结构的构型、刚度、质量分布和边界条件[5]。

开展模态分析的目的与作用如下：

① 用于结构刚度设计，验证结构及以结构为主承力结构的航天器频率及刚度是否满足设计要求。

② 用于指导结构构型方案、结构方案的选择；用于结构刚度分配设计，验证部件频率与航天器主频是否满足频率隔离要求。

③ 用于预计结构及其搭载仪器设备的力学环境。

④ 用于为结构模态试验和正弦振动试验提供预示，指导传感器和激振器的布置、工装设计及下凹条件的制订。

⑤ 用于指导结构在动力学环境试验过程中失效位置的辅助定位。

⑥ 为结构减隔振设计、在轨振动抑制设计等提供基础。

在航天器结构研制各个阶段，模态分析的重点如下：

① 方案设计阶段，对于一个全新设计的结构，模态分析是开展构型设计、优化，确定系统构型方案的基础，是确定外部接口协调的基础。对于继承性较强的结构，用模态分析进行设计与验证。

② 在初样研制阶段，根据模态分析开展结构刚度详细设计，确定设计参数，为刚度分配设计提供依据，为结构星振动试验提供预示。对不准备通过鉴定试验进行验证的结构设计进行设计与验证。

③ 在结构正样研制阶段，根据初样试验进行模态分析和模型修正，在针对正样更改完成模型修正后，通过模态分析验证结构设计满足固有频率要求。

9.2.2　分析方法

模态分析的一般流程如图 9.1 所示。

图 9.1　模态分析的一般流程

航天器结构系统模态分析通常采用正则模态分析方法，该方法适用于可利用无阻尼或比例阻尼线性系统进行近似描述的系统或部组件。无阻尼系统自由振动微分方程为

$$M\ddot{x} + Kx = 0 \tag{9.1}$$

式中，$\ddot{x}$ 为系统瞬时运动状态的加速度向量；x 为系统瞬时运动状态的位移向量；M 为系统的质量矩阵；K 为系统的刚度矩阵。

特征方程为

$$(K - \omega^2 M)\boldsymbol{\varphi} = 0 \tag{9.2}$$

式中，ω^2 为特征值，工程中 ω 为固有圆频率；$\boldsymbol{\varphi}$ 为特征向量，工程上称为振型。

为准确识别结构各阶模态的特征及结构动态特征，应进行有效模态质量比、模态动能比、模态势能比等模态特征分析。模态有效质量是结构的一个模态动特性，与模态特征（固有频率、模态形状、广义质量和参与系数）有关。

第 k 阶模态的有效质量为

$$\boldsymbol{M}_{rr}^k = \boldsymbol{\mu}_{kr}^{\mathrm{T}} \boldsymbol{\mu}_{kr} \tag{9.3}$$

式中，$\boldsymbol{M}_{rr}^k$ 为第 k 阶模态的有效质量矩阵，6×6 阶。

其中，$\boldsymbol{\mu}_{kr}$（1×6 阶）计算公式为

$$\boldsymbol{\mu}_{kr}^{\mathrm{T}} = \boldsymbol{T}_r^{\mathrm{T}} \boldsymbol{M} \boldsymbol{\varphi}_k \tag{9.4}$$

式中，$\boldsymbol{T}_r^{\mathrm{T}}$ 为结构刚体运动变换矩阵，$n \times 6$ 阶；$\boldsymbol{\varphi}_k$ 为第 k 阶模态向量，$n \times 1$ 阶。

第 k 阶模态第 l 个自由度的有效质量比 η_l^k 为

$$\eta_l^k = m_{ll}^k / m_{ll} \quad (k = 1, 2, \cdots, m; l = 1, 2, \cdots, 6) \tag{9.5}$$

式中，η_l^k 为第 k 阶模态在第 l 个自由度上的模态有效质量相对刚体质量贡献的百分比；m_{ll}^k 为第 k 阶模态有效质量矩阵第 l 个自由度的有效质量，是有效质量矩阵的第 l 个对角线元素；m_{ll} 为刚体总质量矩阵第 l 个自由度的质量，是刚体总质量矩阵中第 l 个对角线元素。

通过模态的有效质量计算来判定某阶模态是整器模态还是局部模态，以及模态的方向。此外，模态的有效质量还是结构动态计算时模态截断的一种判定方法。当所得到的前 m 阶模态的模态有效质量之和占总质量比例很大时，就可以认为主要模态已包含在前 m 阶模态中。

9.2.3 建模要求

建立模态分析模型开展结构模态分析，分析的准确性主要取决于结构刚度特性、质量和惯量的分布以及边界条件模拟的准确性和合理性。模拟时还需考虑在航天器寿命周期内，以上特性随服役状态改变而发生的变化。

结构模态分析模型进行边界条件模拟时，对于在研制技术要求或接口数据文件中约定的界面，结构模态分析应采用与文件约定一致的边界条件；对于在轨状态，模态分析通常采用自由边界；对于需要考虑安装或接头连接刚度的情况，采用弹簧元模拟弹性边界，弹簧元刚度根据试验结果修正而来；模拟地面试验时，边界模拟应考虑地面工装（例如，试验夹具）对系统刚度的影响。

结构刚度模拟时，需考虑梁板复合结构中板面及其安装设备对结构刚度的加强；需考虑不同接头形式对结构体系刚度的影响；必要时需考虑接头及连接结构的预载荷对结构原始刚度的贡献。梁板复合结构建模需考虑杆件偏置对刚度的影响。

开展质量特性模拟时，对于安装面小、质量轻、质心较低且继承性好的小型

设备及载荷,可以通过非结构质量的方式附加在结构板或杆件中;对于体积大、安装面较大或质量较重、质心较高的设备,其质量宜采用质量元模拟,并反映其质量、惯量和质心;对于重点关注的设备,应直接采用详细单机有限元模型进行质量特性及刚度特性的模拟。

9.2.4　分析内容

结构模态分析的内容如下。

初步设计阶段,获取结构体系各阶模态频率及其对应的振型、模态有效质量比,识别结构整体横向、纵向和扭转基频,验证是否满足总体要求,验证结构体系刚度是否满足设计要求。

详细设计阶段,获取结构体系及整器在 100 Hz 以内的所有频率(或有效模态质量比之和大于 90% 的所有阶频率),以及各阶频率所对应的振型、模态有效质量比、模态动能,判断各方向主频和部件频率,验证结构详细设计是否满足刚度要求;获取杆件、接头及设备安装板的局部频率,验证发射状态下部组件频率指标分配的合理性,指导接头、杆件及结构板刚度优化设计和连接刚度设计;获取结构体系安装载荷的主要频率和振型,判断其是否与航天器主频耦合,是否具有合适的力学环境。

在试验预示时,获取结构体系整体及局部频率及阵型,指导传感器及激振器布置;为试验工装设计及下凹条件制订提供依据;对于在试验中出现异常的频率漂移现象,可通过引入局部杆件、板件及接头结构损伤的模型开展模态分析,协助故障诊断和机理分析。

9.2.5　结果评价

结构开展模态分析,需要得到以下结果并开展刚度特性判读。

(1)频率。

频率包括结构整体横向、纵向、扭转频率及局部结构频率。整体频率通常通过一阶频率(固有频率)判断是否满足运载或总体要求,通过二阶频率、三阶频率等(根据实际结构设计状态确定)为局部结构设计或试验控制提供依据。局部频率用于验证频率分配的合理性,为组件设计与验证提供依据。

(2)振型。

振型包括结构整体各方向频率对应的阵型及局部结构阵型。振型是识别模态的基本依据,通过模态振型判别各阶模态下参与振动的是整个结构体系还是其中某个部组件,判断各阶模态的性质,如弯曲模态或扭转模态等,识别杆件及连接刚度设计中的薄弱环节。

（3）有效模态质量比。

得到各阶模态对应得有效模态质量比，是判断该阶模态是否为结构体系主模态的重要指标。当某阶模态在某方向上的有效模态质量比大于 10%，则可定性认为此阶模态是整体模态，且可判断模态的方向。结构设计关注的模态通常在有效模态质量比之和大于 90% 内。

（4）模态动能比。

模态动能比可用于在复杂结构体系中识别局部模态。模态动能比结合模态振型可较为准确地判别复杂系统中各阶局部模态以哪些部位为运动主导。

（5）模态应变能比。

模态应变能比用于判断在某阶模态振型中哪部分结构起关键性作用。通过模态应变能分析找出优化结构需要改进的关键结构部位，从而进行有针对性的设计。

9.3　静力分析

航天器结构强度设计，是以静载荷设计为中心进行的。航天结构的静载荷主要为准静态载荷，来源于航天器在起吊、翻转、运输、发射和在轨运行各个阶段，其中发射过程的准静态载荷和起吊的准静态载荷通常是航天器结构设计的重要依据[6]。结构强度设计需能承受各阶段准静态载荷的作用而不发生破坏或产生不可接受的变形。

静力分析是航天结构分析的基本内容，开展静力分析的目的与作用如下。

① 用于结构强度设计，验证结构及以该结构为主承力结构的航天器强度是否满足设计要求。

② 用于指导结构构型方案、结构方案的选择，结构强度分配设计及指导航天器构型方案的选择，为杆件、接头、板件具体结构方案的选择和参数的确定提供依据。

③ 用于验证结构设计是否满足航天器精度的要求。

④ 用于为结构静力试验提供预示，指导传感器的布置、工装设计及试验方案的制订。

⑤ 用于指导结构在静力试验过程中失效位置的辅助定位，开展故障分析与改进。

在结构研制各个阶段，静力分析的重点如下。

① 方案设计阶段，对于一个全新设计的结构，静力分析是开展构型设计、构型优化，确定系统构型方案的基础；为杆件、接头等结构参数的选择及优化提供

依据,保证结构强度满足;是开展接口、结构板、设备安装接口连接区加强设计的依据。对于继承性较强的结构,用静力分析进行设计验证。

② 初样研制阶段,根据静力分析结果开展结构强度详细设计,确定设计参数及优化方式;为局部加强设计及接口强度设计提供依据;为静力试验提供预示;验证结构在起吊、停放等工况下的变形满足要求;对不准备通过静力试验进行验证的结构设计进行分析验证。

③ 正样研制阶段,为正样设计及更改提供依据,以验证整体结构及局部环节设计满足强度要求;为正样结构设计提供分析验证。

9.3.1　分析方法

航天器结构静力分析的一般流程如图 9.2 所示。

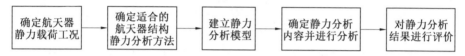

图 9.2　航天器结构静力分析的一般流程

有限元方法对结构进行离散后,结构静力平衡问题转化为以节点位移为基本未知量的一组线性代数方程,通过求解代数方程组获得静力计算结果。基于小变形假设,结构静力分析的基本方程为

$$[K][u] = [F] \tag{9.6}$$

式中,$[u]$ 为结点的位移向量;$[K] = \sum\limits_{e} [k]^e$ 为结构整体刚度矩阵;$[F]$ 为结点载荷向量,$[F] = \sum\limits_{e} [F]^e$。

应力结果根据几何方程和应力－应变关系计算得到。

9.3.2　建模要求

建立静力分析模型开展结构静力分析,静力分析的准确性取决于对传力路径、边界条件、局部结构细节、载荷加载方式等模拟的准确性。建模过程如下。

(1) 载荷工况的确定。

应考虑全任务周期中所有的关键载荷工况。从实际载荷到分析载荷,往往是不同类型载荷的组合,代表了各工况中最苛刻的结构承载状态。一般来说,当结构作为主结构时,以运载提供的发射段准静态载荷作为主要的分析载荷,并针对起吊、停放、运输、对接等工况开展校核。作为次级结构时,除上述载荷外,还需考虑动态响应的准静态等效载荷作为分析载荷。

(2) 载荷的施加。

对于不同工况的准静态载荷,施加方式应尽量模拟实际状态或不改变传力方式。发射、停放、运输的准静态载荷工况通常采用整体施加惯性载荷的方式；起吊、冲击、开伞等载荷通常采用施加集中力的方式；气动载荷通常以均布压力的方式施加。

（3）载荷的安全系数。

针对不同的载荷工况，计算时应考虑不同的安全系数，具体要求由型号设计与建造规范规定。其中，典型载荷工况宜采用的安全系数如下：

① 准静态惯性载荷、非载人密封结构内压载荷、振动试验等效载荷工况的安全系数一般取 $1.4 \sim 1.5$。

② 载人密封结构内压载荷、起吊、对接、停放、运输、风等载荷工况的安全系数一般取 2。

③ 开伞、着陆等载荷工况的安全系数一般取 $1.25 \sim 1.5$。

④ 热载荷针对最恶劣的工况并考虑一定的拉偏，安全系数一般取 1。

（4）传力路径模拟，整体结构的静力分析建模。

必须理解并反映结构体系的传力路径和承载特征，以及结构中可能出现的应力集中。

（5）边界条件的模拟。

根据结构间具体的连接形式来模拟，当结构为航天器主结构时，以器箭对接面为位移边界，通常采用固支模拟。当结构为子结构或部件时，则以与主结构或其他结构连接面为位移边界，根据具体设计方式采用简支、固支或弹性约束来模拟，具体参数通过试验获取。为了得到结构与外部接头连接载荷及部件间内力，可以应用弹簧元或者梁单元来模拟接头连接，通过相关试验确定参数；在进行试验预示时，要考虑地面工装对结构性能的影响，必要时开展联合仿真。

（6）质量状态的模拟。

当结构作为主结构时，静力分析通常采用整器模型，质量分布和质心位置应尽可能与设计值一致。较大的设备采用细节模型或集中质量元来模拟，并用多点约束或刚性单元连接到结构板近似的安装位置，有较多固定点的设备大多作为均布非结构质量定义于适当区域的单元上，以得到尽可能准确的局部强度结果。

（7）结构基本单元的模拟。

整体静力分析模型中，结构杆件通常采用杆单元模拟，获取整体应力及强度，若需开展杆件截面优化设计，则需要采用壳元或实体元模拟截面；接头往往采用梁元或弹性元件模拟，获取整体接头载荷，作为接头详细设计模型的输入；若为梁板复合结构，通常采用板壳元与梁元模拟，应反映内埋梁的偏置状态。

对于需要开展局部详细设计的关键结构，可在整体初步分析的基础上，分离得到局部结构处的载荷和位移，进一步建立局部结构分析模型进行强度校核。

局部模型中,往往应细化模型及边界条件,考虑边界处的弹性性能及接触状态变化。

对于有一定继承性的结构,可根据以往研制试验结果对模型进行修正,以提高静力分析结果的精确度,对于新研制结构,可建立单独构件模型并开展有针对性的局部试验,并充分利用试验数据修正静力分析模型,提高分析结果的精度。

9.3.3　分析内容

结构静力分析的内容如下。

1. 初步设计阶段

初步设计阶段,获取结构体系整器级的应力水平和应力分布,指导开展构型优化设计。获取各关键部件的应力水平,验证结构体系是否满足总体强度要求;获取主传力体系及连接结构载荷、大型部件或关键设备安装点载荷,指导连接结构设计。

2. 详细设计阶段

详细设计阶段,获取结构主传力连接点、各关键杆件、接头、梁板复合结构、大部件安装点等重点关注组件的应力、力、应变、弯矩,作为关键组件详细设计、优化设计及局部加强设计的基础。获取结构整体、各关键部位的应变及位移,判断整体结构或局部结构是否存在异常变形,为精度设计及在轨精度保持设计提供基础。

3. 试验预示

在试验预示时,静力分析是静力试验设计的基础。确定试验项目,在需综合考虑质量要求、计划进度、试验经费和技术风险等因素的基础上,确定出既避免多余试验,又不漏掉能够检测出产品设计缺陷和质量缺陷的必要试验的项目。指导设计载荷工况剪裁,确定加载方式及边界条件,将各工况的设计载荷裁剪为具有包络验证功能的试验载荷,在试验边界的条件下,既实现结构的充分考核,不能"欠试验"又不能"过试验"。指导边界及加载工装设计,确保试验边界处应力分布与实际状态受力相当,大载荷加载点处不先于考核区破坏。获取试验关注位置的应力、应变、位移,指导试验现场排除故障及问题识别。在试验中出现异常现象时,可通过引入局部杆件、板件及接头结构损伤的模型开展静力分析,协助故障诊断和机理分析。

9.3.4　结果评价

结构开展静力分析,从以下方面开展结果判读。

1. 应力

依据不同强度准则的要求,将静载荷下应力计算结果与材料的相应许用应力进行比对,得到强度安全裕度,验证结构是否满足强度设计要求,评价结构强度是否满足设计要求。对于各向同性金属结构,通常采用 Von Mises 准则(第四强度理论)来判断结构是否发生屈服,强度裕度一般不应小于 0;对于复合材料层合结构,应用 Hoffman、Chai — Hill 等强度准则按首层失效原理来判断结构是否发生破坏,强度裕度一般不应小于 0.25;对于蜂窝夹层板,还应根据芯子许用剪切应力进行蜂窝芯剪切强度校核,剪切强度安全裕度一般不应小于 0。根据试验预示结果,指导测点布置。

2. 力、力矩

对于结构主要接头等重要的连接部位,通过力(含力矩)的计算结果,与具有相同连接形式及设计参数的局部结构强度试验得到的线性段承载能力数据对比,校核连接接头及接口的强度。对系统刚度起决定作用的接头强度安全裕度一般不应小于 0.15;一般设备连接接口强度安全裕度一般不应小于 0。

3. 应变

对于复合材料杆件、板件,可通过静载荷下应变与设计要求允许变形量进行对比,计算结构应变安全裕度,判断评价结构变形是否满足设计要求,应变安全裕度一般不应小于 0.25。

4. 位移

通过总装、运输、停放过程中特定部位的位移分析结果,可以评价结构技术状态是否合理,具有高精度接口要求的结构设计是否满足要求;通过在轨载荷(如温度、压力、轨道机动等)下的位移结果,评价其变形是否满足总体设计要求,位移安全裕度一般不应小于 0。根据试验预示的位移结果,获取关注位置的位移响应,判断试验状态是否与真实受力状态存在较大差异,为检查试验边界是否满足要求提供依据;获取结构与试验工装的位移响应,判断试验工装设计及安装是否与设计要求存在差异,要求工装实际加载状态不增加附加扭矩、弯矩。

9.4　正弦振动分析

航天结构正弦振动条件是结构设计的重要载荷条件,是结构开展动态特性设计及动强度设计的条件。正弦振动载荷来源于发射段,是准周期振动和典型低频瞬态冲击事件的载荷模拟,将时域低频冲击加速度谱变换为频率加速度谱,取线性包络,该载荷模拟为 5 ~ 100 Hz 进行正弦扫描。

正弦振动分析是航天结构分析的重要内容,开展正弦振动分析的目的与作用如下:

① 用于指导结构在静力试验过程中失效位置的辅助定位,开展故障分析与改进。

② 用于获取结构所关注部位的位移、加速度、载荷、应力、应变响应动态特性。

③ 用于指导结构动态特性、动强度设计,验证结构动强度设计是否满足要求。

④ 用于获取关键部位的力学环境,为制订组件环境试验条件提供依据,指导并优化设备布局。

⑤ 用于确定结构关键接口及设备接口的载荷,并指导接口优化设计。

⑥ 开展结构正弦振动试验预示分析,指导试验设计及试验条件下凹制订,指导传感器布局,对试验中的异常现象进行问题定位与机理分析。

⑦ 作为辅助手段进行模态辨识。

在结构研制各个阶段,正弦振动分析的重点如下:

① 方案设计阶段,对于一个全新设计的结构,正弦振动分析可为构型体系动态特性设计提供依据,为构型优化、系统构型方案的确定提供校核;为杆件、接头等结构参数的选择提供动态特性依据,是开展接口、结构板、设备安装接口连接区动强度设计的依据。对于继承性较强的结构,用正弦分析进行设计与验证。

② 初样研制阶段,根据正弦分析结果开展结构动态特性及动强度详细设计,确定设计参数及优化方式;为局部加强设计及接口强度设计提供依据;为组件试验条件的制订提供依据;为结构星振动试验提供预示;对试验中出现频率漂移等问题提供定位及机理分析;对不准备通过正弦试验进行验证的结构设计进行设计与验证。

③ 正样研制阶段,为正样设计及更改提供依据,验证整体结构及局部环节设计满足动态响应及动强度要求,为正样结构设计提供设计与验证。

9.4.1　分析方法

正弦振动分析的一般流程如图 9.3 所示。

图 9.3　正弦振动分析的一般流程

一般商业软件均提供了两种方法:直接频率响应分析和模态频率响应分析。前者直接对振动方程进行求解,耗时较长;而后者则采用模态叠加法,求解规模远小于直接频率响应分析,计算时间大大缩短。

航天结构正弦振动分析一般采用模态叠加法,该方法包括两个基本假设:结构线性和只考虑模态阻尼。

基础加速度激励可转换为由该加速度所引起的惯性力,基本运动方程为

$$\boldsymbol{M}\ddot{\boldsymbol{x}}_r + \boldsymbol{C}\dot{\boldsymbol{x}}_r + \boldsymbol{K}\boldsymbol{x}_r = -\boldsymbol{M}\ddot{\boldsymbol{x}}_b \tag{9.7}$$

式中,$\boldsymbol{M}$ 为质量矩阵,$n \times n$ 阶;$\boldsymbol{x}_r$、$\dot{\boldsymbol{x}}_r$、$\ddot{\boldsymbol{x}}_r$ 分别为相对于基础的位移向量、速度向量、加速度向量,$n \times 1$ 阶;$\boldsymbol{C}$ 为阻尼矩阵,$n \times n$ 阶;$\boldsymbol{K}$ 为刚度矩阵,$n \times n$ 阶;$\ddot{\boldsymbol{x}}_b$ 为基础加速度向量,$n \times 1$ 阶。

特征方程为

$$\det(\boldsymbol{K} - \omega^2 \boldsymbol{M}) = 常数 \tag{9.8}$$

式中,ω 为固有圆频率。

求解上述方程,得到特征值 ω_i^2(ω_i 为第 i 阶固有圆频率)和相应的特征向量 $\boldsymbol{\psi}_i(i = 1, \cdots, n)$。

将位移向量表示为特征向量的线性组合,即

$$\begin{cases} \boldsymbol{x} - \boldsymbol{x}_b = \boldsymbol{\Psi}\boldsymbol{q} \\ \boldsymbol{x} = \boldsymbol{x}_r + \boldsymbol{x}_b \\ \boldsymbol{\Psi} = [\boldsymbol{\psi}_1, \boldsymbol{\psi}_2, \cdots, \boldsymbol{\psi}_n] \end{cases} \tag{9.9}$$

式中,$\boldsymbol{x}$ 为位移向量,也称为物理坐标,$n \times 1$ 阶;$\boldsymbol{x}_b$ 为基础位移向量,$n \times 1$ 阶;$\boldsymbol{\Psi}$ 为模态矩阵;$\boldsymbol{q}$ 为模态坐标向量;$\boldsymbol{\psi}_i$ 为第 i 阶特征向量。

利用特征向量的正交性,多自由度系统的运动方程可解耦成 n 个独立的模态坐标 q_i 下的单自由度方程,即

$$\begin{cases} \ddot{q}_i + 2\zeta_i \omega_i \dot{q}_i + \omega_i^2 q_i = \dfrac{p_i}{m_i} \\ m_i = \boldsymbol{\psi}_i^{\mathrm{T}} \boldsymbol{M} \boldsymbol{\psi}_i \\ p_i = -\boldsymbol{\psi}_i^{\mathrm{T}} \boldsymbol{M} \ddot{\boldsymbol{x}}_b \end{cases} \tag{9.10}$$

式中,q_i 为第 i 阶模态坐标;ζ_i 为第 i 阶模态的临界阻尼比;ω_i 为第 i 阶固有圆频率;p_i 为第 i 阶模态力;m_i 为第 i 阶模态质量(或第 i 阶主质量)。

ζ_i 与品质因子 Q_i 的关系为

$$\zeta_i = \frac{1}{2Q_i} \tag{9.11}$$

式中,Q_i 为第 i 阶模态的品质因子。

稳态正弦基础激励时,激励力可写为

$$p_i = p_{ic} \mathrm{e}^{\mathrm{j}\Omega t} \tag{9.12}$$

式中,p_{ic} 为第 i 阶模态力幅值;j 为虚数单位;Ω 为激励的圆频率;t 为时间变量。

式(9.10)的解可写为

$$\begin{cases} q_i = q_{ic} \mathrm{e}^{\mathrm{j}\Omega t} \\ q_{ic} = \dfrac{1}{\omega_i^2 - \Omega^2 + \mathrm{j}2\omega_i\Omega\zeta_i} \cdot \dfrac{p_{ic}}{m_i} \end{cases} \tag{9.13}$$

式中,q_{ic} 为第 i 个模态坐标的幅值。

稳态正弦激励时,物理坐标下多自由度运动方程的解为

$$x = \sum_{i=1}^{n} \boldsymbol{\psi}_i \boldsymbol{q}_i + \boldsymbol{x}_{\mathrm{b}} \tag{9.14}$$

9.4.2　建模要求

建立正弦振动分析模型开展结构正弦振动分析,分析的准确性取决于对质量特性、模型装配、边界条件、激励条件模拟的准确性,以及模态阶段频率、模态阻尼比,采样频率的选取。

1. 模型选取及质量特性

一般情况下,频响分析的模型可在模态分析模型上进行修正,刚度特性与模态模型保持一致。为提高动响应分析精度,应保持模型的质量分布与设备布局状态一致,而正弦振动试验预示的有限元模型应与试验技术状态保持一致;为能包络最恶劣设计状态,设计阶段开展频响分析的有限元模型的质量特性应与技术要求规定的上限值保持一致。

2. 模型装配

正弦振动响应关注连接环节及结构上装配的大部件的动响应,对于距安装面质心较高或偏心严重的带有支架的设备,应建立能较好模拟其质量和刚度特性的带支架单机有限元模型,必要时,单机模型应经过试验验证与修正;当设备模型过于庞大影响计算效率甚至导致无法计算时,可采用缩聚模型,该模态截断频率一般不应低于激励频率上限的 2 倍。

3. 边界条件

模型边界条件应尽可能与设计状态保持一致,无特殊设计要求时,可采用不约束激励方向的模态分析模型边界条件。

4. 激励条件

正弦振动分析输入通常为 $2 \sim 100\ \mathrm{Hz}$ 的加速度扫频。分析计算时通常采用

鉴定级正弦振动试验条件,对于试验预示分析,以试验对应最高两级载荷为输入条件。低频输入用位移表示时,应统一成加速度,基础加速度与基础位移的转换关系为

$$a = (2\pi f)^2 s \tag{9.15}$$

式中,a 为基础加速度,m/s^2;f 为激励频率,Hz;s 为基础位移,m。

5. 截断频率

结构前几阶主要模态(模态有效质量较大的模态)对航天器响应贡献较大,分析所用的模态频率范围应根据激励频率范围来确定,为得到更好的计算精度,模态求解时的截止频率应高于激励频率上限,一般不应低于激励频率上限的 1.5 倍,或者模态有效质量百分比累积达到 90% 以上的频率,并保留刚体运动模态。

6. 模态阻尼比

一般根据试验数据或经验来确定,可根据正弦振动试验结果进行修正。一般情况下,金属结构阻尼较小,复合材料结构和组合结构阻尼较大。通常横向与纵向的模态临界阻尼比一般取值不同,航天器主结构主频处模态阻尼比通常可取 3% ~ 5%,在非主频处模态阻尼可根据试验结果取相对较小的数值。

7. 采样频率

为提高正弦振动分析的计算效率,可在谐振频率附近采用较小的频率间隔,而在非谐振频率处采用较大的频率间隔;为得到较准确的峰值响应,对每个半功率带宽至少应输出 5 个频点。

9.4.3 分析内容

结构频响分析内容如下。

1. 初步设计阶段

获取结构整体及组件的动态响应,判断结构动态放大特性,指导结构构型设计与优化;获取杆件、接口及设备安装处加速度响应,指导组件及设备布局设计;获取关键接口及设备连接点载荷,为接口设计与优化,提供依据;获取杆件、接口等组分及设备的界面载荷,为设计载荷的提出提供依据。

2. 详细设计阶段

获取结构主传力体系及接头的响应及载荷,判断结构体系结构在正弦振动条件下的响应特性,指导构型优化,为主传力接头设计及优化提供依据,验证主接头强度是否满足要求;获取各杆件、接头及关心组件的应力、应变、力(弯矩),指导结构设计,校核结构动强度;获取各组件及主要连接接口的界面加速度与载

荷响应,为单机条件制定提供依据,为接口加强设计及校核提供依据。

3. 试验预示

获取结构及主传力接口的响应及载荷,指导传感器的布置;指导试验下凹条件的制订,以结构为主结构的整器试验下凹量级的下限值为器箭耦合分析结果,上限和带谷宽度的确定需要考虑以下指导性原则:器箭界面、主传力接头载荷响应(包括峰值和发生频率)不超过准静态设计载荷;非星箭接口的接头处不超过其实际承载能力。对于设备安装处,不超过设备的组件级试验条件。针对试验中出现的异常问题,进行问题定位及机理分析。

9.4.4　结果评价

结构开展频响分析,从以下方面开展结果判读。

(1)输入条件。

应校验激励输入点的响应结果是否与输入条件一致,以判断输入条件是否正确,确保分析的正确性。

(2)加速度。

获取结构各杆件、接口、需要重点关注的加速度响应;获取结构体系的动态特性及动态传递函数;获取结构接口及典型设备安装点的响应,验证其是否与整体结构存在共振放大效应,结合组件级条件,对其动响应进行评价;获取关注位置加速度响应曲线峰值对应的频率可作为模态识别的参考依据。

(3)力及力矩。

获取接头、杆件及设备安装界面的载荷,结合具体接口设计能力或试验数据,验证其动强度是否满足要求,验证其加速度响应是否满足组件级条件要求。获取梁板复合结构中埋件界面载荷,可通过面外拉拔力或面内剪切力分别校核埋件强度,对于蜂窝芯剪切强度,可使用单元剪切力作为表征方式校核。典型界面载荷响应曲线峰值对应的频率可作为模态识别的参考依据。

(4)位移。

获取结构体系关键节点或设备关注位置的位移响应,判断结构的动态包络,验证结构变形是否满足设计要求,指导布局优化。

本章参考文献

[1] 袁家军. 卫星结构设计与分析[M]. 北京:中国宇航出版社,2004.

[2] 陈烈民. 航天器结构与机构[M]. 北京:中国科学技术出版社,2005.

［3］ THOMAS P S. Spacecraft structures and mechanisms from concept to launch［M］. Boston：Kluwer，1995.

［4］柴洪友，高峰. 航天器结构与机构［M］.北京：北京理工大学出版社，2018.

［5］全国宇航及其应用标准化技术委员会. 航天器模态计算方法：GB/T 29081—2012［S］.北京：中国标准出版社，2012.

［6］WIJKER J J. Mechanical vibrations in spacecraft design［M］. Heidelberg：Springer，2013.

第 10 章

尺寸稳定性分析

10.1　概　　述

结构的尺寸稳定性分析可以分为静态（或准静态）变形分析、动态变形分析两类。动态变形分析考虑了前后两个时刻的变形惯性效应，目前是以振动分析作为主要分析手段，对应于目前航天器中的微振动分析，这超出了本书的范围，后面不再涉及。本书描述的尺寸稳定性分析对应的载荷是变化缓慢的，其变化频率远低于结构的基频，因此载荷对结构的效应是静态或准静态的，不考虑变形前后时刻之间的状态关系，即使在计算中存在时间变量，也将其看作是准静态的，其变形仅与当前时刻载荷有关。

工程经验表明，航天器热弹性变形、湿弹性变形和重力是影响尺寸稳定性的最主要因素，因此，本章将针对这三个分析项目进行描述。

10.2　热弹性分析

10.2.1　概述

在轨运行过程中，航天器与太阳的相对位置关系的变化，进出地影的影响以及航天器内部仪器的发热,使得航天器结构上出现了时刻变化的温度场,因为结构存在热膨胀效应,结构会产生热弹性变形,并由此产生尺寸稳定性问题。有学者认为温度引起的尺寸稳定性问题为热稳定性问题,但 G. Wolff 认为热稳定性是一个非常粗略的材料、组件或结构特性的不严谨描述。因为热稳定性可能指低 CTE、老化、相变、再结晶、晶粒生长等多种与温度有关的现象,而由热引起的尺寸稳定性只是其中之一[1]。作者也认为不应该用热稳定性描述由温度引起的尺寸稳定性问题。

热弹性问题本质上是机热耦合分析问题的一种。航天器在轨运行温度变化引起的热变形,反过来可能改变航天器结构与太阳光线的入射角,这个改变迫使需要将航天器结构变形叠加到初始构型中,然后再计算热变形影响下的温度场。尤其对于大型柔性结构,这个耦合对于计算精度会产生比较明显的影响。另外,对于一些大型结构,固有频率非常低,当温度变化的频率成分与结构固有频率接近时,还会产生热颤振问题[2−3]。但一方面本书研究的主要是尺寸稳定性这一类微小变形问题,另一方面研究的对象也是刚度比较好的中小型结构,因此,本书后续的内容将不涉及温度场与变形的双向耦合,也不涉及大型柔性结构的热颤振问题,本书所述的热弹性问题主要是指由温度场引起结构变形的单向机热耦合分析问题。此时的温度场对结构来说是准静态载荷,即任意时刻的温度场仅由初始构型下的几何关系计算获得,而与变形之间无耦合关系。

热弹性分析流程如图 10.1 所示。

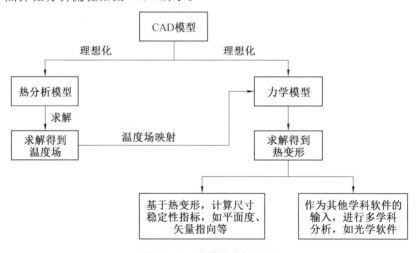

图 10.1　热弹性分析流程

10.2.2　模型建立

目前已有多个商业软件具备在同一软件内、在同一模型上实现在轨温度场和热变形的能力,如 MSC/PATRAN 建模环境下的 NASTRAN 和 SINDA 求解器就可以在同一模型中分别进行温度场计算和热变形计算[4],UGNX 的 NASTRAN 和 TMG 求解器结合也能完成相同的任务[5],还有其他类似功能的软件系统。但是,在当前实际应用于航天器结构的热变形计算中,仍以热分析模型和结构分析模型分别建立,然后通过将热分析计算得到的温度场映射到力学分析模型上的方法,实现热变形分析。之所以如此,是基于如下两个原因。

① 效率问题。热分析模型和力学分析模型关注点不同,模型精细程度和关心区域不同,如果两者兼顾,必然导致模型规模增大,并最终导致无法在同一模型上实现多工况在轨热稳定性分析。

② 专业划分。当前航天器设计高度专业化,各个专业都有不同的软件,采用同一软件进行不同学科专业的分析,理论上可行,但目前工程实施还存在困难。

热变形的尺寸稳定性分析与常规热变形分析的上述差异,导致在尺寸稳定性的热变形分析过程中对热分析模型和力学分析模型的建模过程提出了更多的约束和要求,主要包括以下几种。

（1）空间位置。

热分析模型和结构分析模型之间能够正确进行温度场映射的必要条件是两个模型必须是空间同位的,即占有相同的空间,对应位置的坐标相同,但不要求两个模型的网格相同。图 10.2 为空间同位示意图。图 10.2(a) 是热分析网格,图 10.2(b) 是与热分析网格具有相同网格划分,所在空位位置不同的结构分析网格,图 10.2(c) 是与热分析网格具有不同网格划分,所在空位位置相同的结构分析网格。根据空间同位的定义,结构分析网格(b) 虽然与热分析网格(a) 划分相同,但是不满足空间同位的定义,所以不能进行正确的温度场映射,结构分析网格(c) 虽然与热分析网格(a) 划分不同,但是占据了与热分析网格相同的空间位置,满足空间同位的定义,所以具备了进行正确的温度场映射的前提条件。

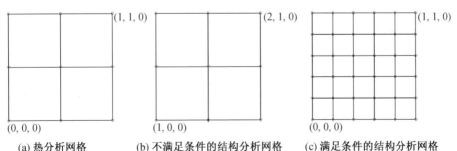

(a) 热分析网格　　(b) 不满足条件的结构分析网格　　(c) 满足条件的结构分析网格

图 10.2　空间同位示意图

（2）坐标系。

热分析模型与力学分析模型的坐标系必须一致。如果不是必要的话,应尽量避免在映射过程中使用局部坐标系。

（3）单位制。

两个分析模型的单位制必须一致，推荐使用目前航天器仿真分析最常用的 kg－m－s 国际单位制。

（4）模型细节。

对于热分析模型来说，在力学分析关心的位置，热分析模型的网格应适当加密，且模型简化应照顾到力学分析模型对温度场的精细度要求；而对于力学分析模型来说，温度变化梯度比较大的地方，模型网格应适当加密。

10.2.3　边界条件

热弹性分析的边界条件因分析对象和分析目的而异。对于航天器在轨热变形引起的尺寸稳定性分析问题，航天器是处于自由的无约束状态。而对地面热变形试验进行的热变形预示来说，则试验对象同时存在热边界条件和力学边界条件，地面热变形试验的理想状态是一方面试验件（航天器整器或部组件）与停放支架之间应保持绝热设计；另一方面，试验件变形不能受到地面停放支架在试验中的变形影响，即两者在变形上应该是解耦的，热传导上应该是绝热的。如果不能正确模拟这两个边界条件，或者不能通过分析确认热边界和力学边界的影响，则试验结果很难达到预期的目的。

10.2.4　模型检验

有限元模型的一般有效性可通过开展第 9 章所述模型检验来保证。用于热变形分析的有限元模型一般还需要进行以下 3 种检验。

（1）材料的热膨胀系数检验。

热变形分析需要对材料设置热膨胀系数，但是，当航天器结构由多种材料组成时，未对某些材料赋予热膨胀系数是常见的错误。当材料不设置热膨胀系数时，一般的商业软件默认其值为 0，并不会终止计算或给出错误提示，这为检验各种材料热膨胀系数的设置是否正确增加了难度。与材料热膨胀系数相关的另一个重要参数是参考温度，只有结构温度偏离参考温度时，结构才会出现热变形。在多数商业软件设置材料特性时，如果不设置参考温度，则一般默认为 0。而一般计算航天器结构热变形都是以室温 20 ℃（或 25 ℃）为参考温度，这个参考温度的错误设置非常常见，且比较隐蔽难以发现。材料的热膨胀系数设置过程中，还应注意大多数材料的热膨胀系数是随温度变化的，因此，给定不同温度下的热膨胀系数是高精度热变形计算的必要条件。

（2）零膨胀检验。

零膨胀检验用于检验模型中参考温度设置的正确性。对变形分析模型施加静定边界,对模型施加与参考温度(一般为 20 ℃)一致的均匀温度场,结构变形量级应该为 0,实际计算时存在舍入误差,变形并不为零,但是,该值不应超过 1×10^{-20},否则,说明模型中不同结构材料热膨胀系数的参考温度设置不一致。

(3)等温膨胀检验。

等温膨胀检验的目的是验证有限元模型在温度载荷下能否输出正确的热变形和热应力,模型内部是否存在不合理约束等。在等温膨胀检验中,对结构模型施加静定边界,将模型中所有单元的材料属性赋为同一种各向同性材料(比如铝合金),均匀给定温度变化值。在此种工况下,模型将不会产生转动,约束反力、单元力和单元应变为零。在等温膨胀检验中,如果模型中出现了较大应力和较大转角,应考虑是否存在刚性单元定义不正确、板壳单元存在翘曲等几何缺陷或存在多余约束等。对于各向同性材料(弹性模量=100 GPa,泊松比=0.3,CTE=10^{-5} ℃$^{-1}$),并且温度变化值为 100 K 的模型,一般要求在等温膨胀检验中结构上产生的最大 Von Mises 应力小于 0.01 MPa,最大转角小于 1×10^{-4} rad[6]。

(4)刚性单元问题。

刚性单元一般不考虑热膨胀,在热稳定性问题中存在潜在的巨大的误差。通常,刚性单元表示非常刚性的元件,产生非常大的热应力和明显的热弹性行为,它们在刚性单元公式中被忽略。引入误差依赖于刚性单元的大小。然而,即使是很小的刚性单元,在存在偏置时也会产生较大的误差。多点约束方程(MPC)可能会以同样的方式增加误差。这个问题的解决方法是采用刚度非常大的、具有热膨胀功能的单元。但刚度过大和其他的柔性单元一起求解会产生求解的收敛问题[7]。

10.2.5　温度场映射

1. 基于几何位置的温度插值方法

基于几何位置的温度插值方法又称最近节点方法或最近距离方法。它是根据两个模型各个节点之间的远近关系,利用空间距离关系进行温度场插值,即将待映射某节点附近热分析的温度场,根据与该节点距离的远近,以不同的加权系数,得到其插值温度场。该方法最早应用于温度场映射,当前的商业有限元分析软件都具备该功能。该方法简单明了,但其缺点也十分明显,如不能很好地模拟间隙和边界的影响。此外,映射时需要指定一个距离公差,公差太小,可能映射失败;公差太大,又可能使不同区域的映射温度场出现混淆,导致引入较大温度场映射误差。因此,基于几何位置的映射一般是作为高精度映射方法的初始映射,获得初步的温度场映射结果,作为后续高精度映射的初值。

目前实现以空间距离关系进行映射的方法有两种。

（1）在 MSC/PATRAN 内进行。

步骤如下：

① 利用 MSC/PATRAN 进行温度场映射需要首先将热分析模型转化为 PATRAN 可读的模型文件，仅需要转换节点、单元和温度信息。

② 将转换的模型文件（如 NASTRAN 的 BDF 文件）导入 PATRAN。

③ 将导入 PATRAN 的温度场以云图显示。

④ 由显示的云图建立连续的场。

⑤ 建立一个温度类型的载荷，温度载荷与第 ④ 步建立的场关联。

⑥ 将建立的温度载荷施加在待映射的结构分析模型上。

（2）在 Thermal Desktop 内进行。

步骤如下[8]：

① 生成待映射的 NASTRAN 的 BDF 格式的模型文件。

② 在 Thermal Desktop 中打开待输出温度场的结果文件。

③ 在 Thermal Desktop 中的 Thermal 菜单下进行 export 的 Map Data Nastran Model 选项操作，在随后打开的操作窗口中指定第 ① 步中的 BDF 文件，同时指定映射的尺寸公差。

④ 执行操作，生成默认名称为 mapoutput.dat 的映射文件。

需要说明的是，首次映射时，公差的指定一般需要一个尝试的过程，可能需要采用不同的公差进行多次映射，然后将热分析温度场与映射温度场进行对比，才能得到合适的公差值。

2. 热传导方法

以两个模型中公共部分的温度场为初始温度，然后通过热传导计算，得到结构分析模型中温度场的方法。该方法的实现之一是首先通过基于几何的温度插值方法获得初始温度场，然后对结构分析模型赋予合适的传热系数，计算结构分析模型的剩余部分的温度场[9—10]。它实际上是建立在温度插值方法基础上的二次映射方法。利用热分析模型温度场与一次映射温度场的对比，针对特定节点温度场进行修正、阈值调整、强制约束等措施，可实现高精度的温度场映射。

热传导温度场映射的过程包含 5 个步骤：

（1）一次映射。

由基于几何的温度场映射方法得到初步的温度场映射。

（2）温度场检查。

针对一次映射的温度场进行正确性和合理性检查。检查项目包括两个方面。

① 实现映射区域检查。检查完成映射区域的一次映射温度场与热分析温度

场分布一致性,包括最高温、最低温、温度分布梯度等。

②　未实现映射区域检查。重点检查热分析模型与结构分析模型是否满足空间同位条件,两者的坐标系和单位是否一致。

在以上检查过程中,如果发现问题,应重新进行一次温度场映射。

当检查后,如果可以确认热分析模型与力学分析模型之间温度场已实现比较完美的映射,则可以转入热变形计算,而不用再进行下面后续步骤的二次映射过程,否则,从步骤(3)开始进行后续的映射操作。

(3)　对一次映射温度场进行分组。

一次映射温度场不能直接用于热变形分析的原因包括存在未映射区域和一次映射温度场错误。未映射区域一般是因为热分析模型精细度不够,不能通过空间几何关系对结构分析模型实现映射。一次映射温度场错误则是由于映射过程中出现畸变,个别点温度奇异,或者,因为基于几何映射方法自身算法的缺陷,将临近但并不连接的节点温度进行了不正确的映射。基于上述分析,将力学分析模型的节点分为 3 个组:接受一次映射温度场的节点,需要对一次映射温度场进行校正的节点和一次映射未实现的节点。

(4)　二次映射前的预处理。

将第(3)步中的 3 个组分别对待,重点是第 2 个组的处理。第 2 个组的处理需要根据具体情况选择处理的方法,原则是以二次映射后的温度场符合热分析结果为准。几种常用的处理方法如下:

①　用传导映射方法重新映射,即将这部分第 2 个组中的节点放入第 3 个组。

②　将节点温度与第 1 个组中的节点建立关系或者给定值,然后根据给定的关系计算其温度后,将这部分第 2 个组中的节点放入第 1 个组。

③　将部分节点温度与未映射区域温度建立关系,通过约束方程,在二次映射中重新计算其温度场,此时是将这部分节点放入第 3 个组。

第 3 个组节点的预处理主要参考第 2 个组预处理的后两步。

(5)　二次映射。

对 3 个组进行预处理之后,建立以第 1 个组为已知温度,以第 3 个组节点为待求解温度的热传导问题,并进行求解,可获得以传导方法计算的二次映射温度场,这个过程借助当前的有限元分析软件实现并不困难。

图 10.3 是几何方法与传导方法映射结果对比。图 10.3(a) 中包含两个网格疏密不同的几何体,左右两个几何体的温度分别是 100 ℃ 和 10 ℃,在两个几何体的边界上,存在部分没有温度的节点。如果进行基于几何的映射,则映射结果如图 10.3(b) 所示,可以看出,在两个几何体交界处出现了左侧温度对右侧温度的"侵入",温度映射出现了不真实的情况,但右侧用传导方法进行的映射,则左右两侧的温度场不会出现互相"侵入"的情况。

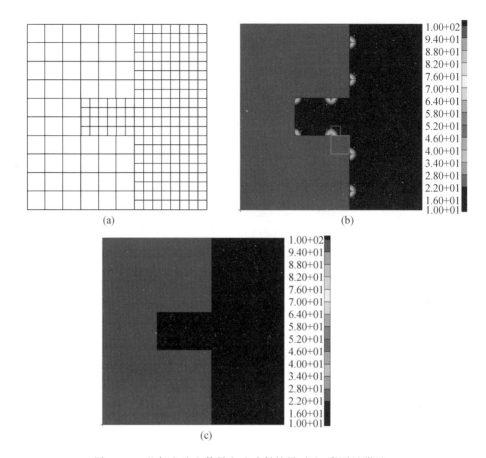

图 10.3　几何方法和传导方法映射结果对比（彩图见附录）

3. 形函数方法

形函数方法一般也是以温度插值方法获得的温度场作为初值，然后，假设结构模型的温度场是以某种形函数进行描述，通过形函数插值获得结构分析模型的温度场[11]。

形函数方法可以解决热传导方法在已知温度节点数过于稀少时出现的局部效应。但该方法需要将四边形单元转化为 2 个三角形单元，将六面体单元转化为 5 个四面体单元，计算过程复杂，目前应用较少。

4. 映射结果检查

因为基于距离的温度场映射方法所固有的一些缺点，因此，对高精度热变形计算来说，进行二次映射是必要的。二次映射过程中得到的新温度场（热传导方法或形函数方法由已知温度场对未知温度场求解得到的温度场，也就是热分析映射方法中第(3)步中进行分组时第 3 个组中的节点温度），其精确值往往是未知的,如何评价映射结果的精度,目前尚缺乏严密的理论分析,多通过工程经验进行定性判断,方法有以下两种。

(1)温度场区间合理性判断。

通过航天器结构映射前后的最大值、最小值进行定性比对。在基于距离的映射方法(也是后续两种方法的初步映射)中经常出现的问题是映射奇异,即在某些节点上,温度会出现明显的不合理数值,这些不合理的温度值可能为零,可能远远大于实际温度的最大值或远远小于实际温度的最小值。在采用后续两种方法进行二次映射之前,对这些数据必须进行处理,如调整一次映射的公差或几何关系,对温度出现奇异值的点进行温度数据删除,然后在二次映射中进行重新插值计算。 如果还是不能解决问题,则必须通过 MPC 等关系单元,强行指定特定区域的温度与其他节点温度的关系。

(2)温度频度判断。

一般而言,航天器上的温度场是连续分布的,如果在频度分析过程中,发现非端点温度区间的节点数特别少,甚至为零,则多数情况下,这暗示模型映射过程中可能存在错误,应该复查映射温度场的正确性。频度的计算方法是:将所有节点的最大值和最小值构成的区间长度分成 10 份,将所有温度根据其值统计其在各个区间的节点数,即为温度场分布的频度。图 10.4 所示为具有连续频度分布的节点温度统计与具有非连续频度分布的节点温度统计,从图 10.4(b)可见存在一个空白区间,说明温度分布出现了不连续的情况,此时应对温度场进行复核。

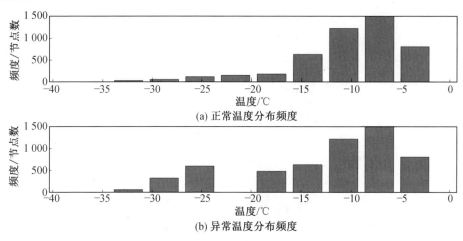

图 10.4　温度场分布频度分析

5.温度场映射小结

一般而言,上述基于几何位置的映射方法、热传导映射方法和形函数映射方法的精度是依次逐级递增的。但是对于采取了节点温度修正、阈值调整、强制约束等措施的热传导映射方法而言,理论上其映射温度场可与热分析模型温度场达到零误差,而且计算过程可依赖现有热分析程序,没有额外的开发工作量,计算精度可以保障,多年工程应用经验表明,热传导映射方法是目前应用最成熟最有效的映射方法。图 10.5 和图 10.6 分别是"慧眼"硬 X 射线调制望远镜有效载荷支架和高分七号卫星采用热传导方法进行的二次温度场映射。从这两个图可以看出,映射温度场与热分析温度场的一致性非常好。

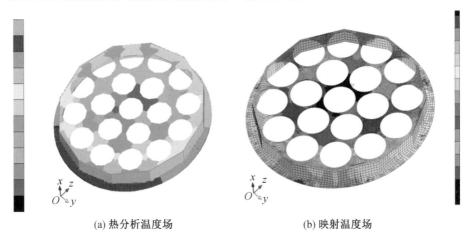

(a) 热分析温度场　　　　　　　　(b) 映射温度场

图 10.5　硬 X 射线相机支架温度场映射(彩图见附录)

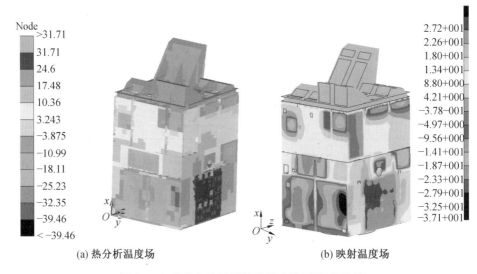

(a) 热分析温度场　　　　　　　　(b) 映射温度场

图 10.6　高分七号卫星温度场映射(彩图见附录)

10.3　湿弹性分析

树脂基复合材料在大气环境下会吸湿膨胀，而在空间真空环境下湿气释放后结构会相应收缩。湿膨胀现象与热膨胀类似，因此结构湿变形分析采用与热变形类似的方法，即把湿膨胀引起变形等价为热变形计算，如下式所示：

$$\varepsilon = \frac{\Delta L}{L_0} = \beta \frac{\Delta M}{M_0} = \alpha \Delta T \tag{10.1}$$

式中，ε 为由湿膨胀引起的应变；ΔL 为由湿膨胀引起变形；L_0 为原始长度；β 为湿膨胀系数；$\frac{\Delta M}{M_0}$ 为湿饱和度；α 为热膨胀系数；ΔT 为等效的温度变化量。

采用这种等效方法后，湿变形分析可以基于热变形分析有限元模型开展。表 10.1 给出了两种碳纤维复合材料的湿变形分析等效参数。

表 10.1　湿变形分析等效参数

材料	$\beta/\%$	饱和度 /%	$\varepsilon/\times 10^{-6}$	$\alpha/(\times 10^{-6}\ \mathrm{K})$	$\Delta T/\mathrm{K}$
M55J/ 氰酸酯	1.5×10^{-6}	0.4	60	0.1	600
T300/ 环氧树脂	7.5×10^{-5}	1	75	0.066	1 136

通常情况下，最重要的湿变形分析结果是各个关键有效载荷之间的相对变形，以及相对于卫星坐标轴指向的相对变形。

10.4　重力释放分析

在生产、组装和试验过程中，航天器均在地球重力环境下组装并开展精度测量。然而，进入轨道重力影响消失后，航天结构从 1g 的重力环境下产生的变形中得以释放。其结果是，在轨后有效载荷与星敏感器间的相对精度会与地面的测量结果不同。应当评估重力释放对有效载荷指向精度的影响并将其纳入航天器整体指向精度的指标分解中。

重力释放效应可以通过开展一个简单的重力载荷下的静态载荷分析进行评估。有限元分析模型需要模拟地面总装状态（包括航天器姿态、装配构型和固定方式），必要时需要考虑保持架、支架车、转台等地面工装的影响。

10.5　多学科集成分析

　　尺寸稳定结构设计的最终目的是服务于载荷,随着航天器系统复杂度的增加和指标的提高,载荷特性与结构特性的耦合也越来越强,建立多学科集成环境下的分析十分必要。进行多学科集成分析可以节省成本,缩短进度,提高分析的精度。目前比较成熟的集成分析主要包括光、机、电、热几个学科。多学科集成分析流程如图10.7所示。

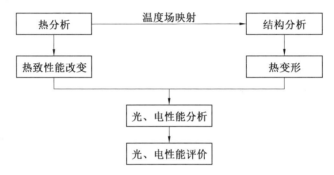

图 10.7　多学科集成分析流程

　　多学科集成分析主要解决以下 3 个问题。

　　(1) 集成框架的搭建。

　　(2) 软件接口的集成。

　　(3) 结果后处理。

　　多学科集成分析可以自己编程或采用商业软件实现。国内外已有较多的多学科算例可供参考,如哈勃空间望远镜[12]、詹姆斯·韦布空间望远镜[13] 等。

本章参考文献

[1] WOLFF E G. Introduction to the dimensional stability of composite materials[M]. Pennsylvania: Destech Publications Inc,2004.

[2] IBRAHIM S A, YAMAGUCHI E. Thermally induced dynamics of deployable solar panels of nanosatellite[J]. Aircraft Engineering and Aerospace Technology, 2019, 91(7):1039-1050.

[3] 苏新明,王晶,张军徽,等.空间桁架热致振动效应仿真研究[J].航天器工程,2015,24(5):66-72.

[4] SINDA/G for Patran [EB/OL]. [2022-10-15]. https://www.doc88.com/p—402265155525.html.

[5] 陶家生,林骁雄,钟红仙,等.大型 GEO 通信卫星平台转移轨道段热分析[J].航天器环境工程,2021,38(5):495-502.

[6] CALVI A，AGLIETTI G，ALBUS J，et al. ECSS-E-HB-32-26A spacecraft mechanical loads analysis handbook[S/OL]. [2022-07-13]. https://www.researchgate.net/publication/276266312 ECSS-E-HB- 32-26A Spacecraft Mechanical Loads Analysis Handbook/link/557eb2a808aec-87640dcbb07/download.

[7] 梁岩,王春洁.有限元分析软件中模型检查方法的研究[J].机械设计与制造,2014(12):231-233,237.

[8] PANCZAK T, WELCH M J. Integrating thermal and structural analysis with thermal desktop[EB/OL]. [2022-07-13]. https://www.crtech.com/sites/default/files/publications/99es-40.pdf.

[9] 罗文波,张新伟,钱志英,等.基于在轨温度测量数据的整星结构尺寸稳定性分析[J].中国空间科学技术,2021,41(1):22-28.

[10] 刘国青,罗文波,童叶龙,等.航天器在轨全周期热变形分析方法[J].航天器工程,2016,25(6):40-47.

[11] GENBERG V, DOYLE K, MICHELS G. Optical Interface for MSC. Nastran. [EB/OL]. [2022-10-15]. http://www.sigmadyne.com/sigweb/downloads/MSC—VPD04—31.pdf.

[12] AMUNDSEN R M,FELDHAUS W S,LITTLE A D,et al. Integration of design,structural, thermal and optical analysis and user's guide for structural-to-optical translator（PATCOD）.[EB/OL]. [2022-07-13]. https://www.cs.odu.edu/~mln/ltrs-pdfs/tm110153.pdf.

[13] BLAUROCK C, MCGINNIS M, KIM K, et al. Structural-thermal-optical performance (STOP) sensitivity analysis for the James Webb Space Telescope[C]//Optical Modeling and Performance Predictions Ⅱ,Bellingham,WA:SPIE,2005, 5867: 246-256.

第11章

不确定性分析方法

11.1　概　　述

　　所有现实的结构系统都存在一定程度的不确定性。在进行尺寸稳定结构分析和设计时，由于许多原因，系统特性及其环境都可能存在不确定性。航天器尺寸稳定性研究的是 10^{-6} 尺度下的变形规律，为了达到较高尺寸稳定性，各个设计参数都尽量使之处于优化状态，如以热变形尺寸稳定性为主要设计目标的结构，将结构或材料设计为零膨胀是其目标。但是，这也带来一个问题：航天器的尺寸稳定性可能对设计参数（包括几何参数、材料参数）非常敏感，设计参数的随机变化将对系统的尺寸稳定性产生非常明显的影响。如美国空军实验室将可展开光学支撑杆的等效宏观热膨胀系数设计为 2×10^{-7}，但对加工出来的11根产品进行测量表明，其宏观等效热膨胀系数的数值为 $1 \times 10^{-7} \sim 3 \times 10^{-7}$，存在较大的离散性。正如第2章所阐述的，零膨胀材料只在理论上存在，实际结构受到各种因素的影响，结构变形是不可消除的，尺寸稳定性设计的目标不是设计和研制零膨胀结构，而是尽量减少尺寸稳定性的不利影响，使其满足工程需要。在基于确定性方法设计和分析尺寸稳定结构时，是通过引入安全系数，以避免由于不确定性可能导致的指标不满足要求的问题，在大多数情况下这将产生过于保守的设计，达不到优化的设计效果，这是尺寸稳定性设计过程中引入不确定性分析的目的之一。

11.2　不确定性来源与分类

在尺寸稳定性分析过程中,不确定性存在多个方面。计算模型本身的不足会导致模型的不确定性,比如模型假设、网格细化程度等;不确定性也包含在系统输入变量或参数中,比如载荷工况、材料属性等。另外,在利用试验对数据与模型输出进行比较时,试验数据的不确定性也是不可忽略的。因此,在航天器结构尺寸稳定性分析和设计过程中,必须考虑来自各方面的不确定性对尺寸稳定性指标的影响,由此才能获得高可靠性或鲁棒性的尺寸稳定性设计。

航天器尺寸稳定结构设计过程中涉及的不确定性可分为如下两类。

11.2.1　偶然不确定性

偶然不确定性(aleatory uncertainty),又称为客观不确定性(objective uncertainty)或随机不确定性(stochastic uncertainty),是由物理现象所固有的随机性引起的。客观不确定性本身是无法减少或消除的,是系统或模型自身固有的属性。在计算模型的分析中,客观不确定性一般通过两种方式存在:一种是存在于模型自身中,比如尺寸稳定性分析模型;另一种是随模型参数存在于系统的数学表达式、初始条件或边界条件中的客观不确定性,比如尺寸稳定结构制造几何尺寸的随机变化、复合材料铺层角的随机变化等。

11.2.2　认知不确定性

认知不确定性(epistemic uncertainty),又称为主观不确定性(subjective uncertainty)或可减少的不确定性(reducible uncertainty),是由对所研究对象认知的缺乏而导致的不确定性。对用于尺寸稳定性的计算模型来说,缺乏对系统特征、初始状态及周围环境等因素的了解所导致的系统建模不完善属于主观不确定性的范畴,由程序错误、数值误差、算法中的数值近似等导致的模型计算不准确也是主观不确定性在计算模型中的存在形式,另外,由试验数据不充分或误差过大导致模型参数无法校准也会导致计算模型的主观不确定性。因此,从这些主观不确定性产生的源头出发,通过提高建模质量和计算的准确性,并采集更多的试验数据减小主观不确定性,即可达到降低模型输出不确定性的目的。

在实际工程中,已识别出的不确定性因素如下。

① 材料性能,如弹性模量、热膨胀系数的不确定性等。

② 载荷,如温度载荷的数值不确定性和分布不确定性等。

③ 边界和初始条件。

④ 几何与装配误差,几何尺寸、复合材料铺层角、组件装配产生的不确定性。

⑤ 求解器及其算法产生的不确定性。

⑥ 计算机计算过程中的舍入、截断等。

⑦ 工程师在计算求解选择单元类型、算法、网格等过程中产生的不确定性。

尺寸稳定性问题具有系统性、多学科、多因素的特点,属于复杂系统问题。而根据复杂性原理(高精度和高复杂性是不兼容的),精确预测高精度尺寸稳定性是不可能的,因此,研究不确定性下的尺寸稳定性问题是十分必要的。

11.3　不确定性分析过程

不确定性分析过程如下。

① 问题定义:不确定性分析的主要目标、使用模型、基本假设、感兴趣的参数等。

② 模型验证和测试:数值误差的影响。

③ 识别输入不确定性:对不确定输入参数进行初始选择,并采用合适的模型描述不确定性及其范围。

④ 如果存在试验数据,将数据集成到模型中,以细化不确定性的参数分布。

⑤ 不确定参数筛选:当参数维数较高时,识别输出不确定的主要驱动因素,进行更详细的分析。

⑥ 响应面分析:建立替代面,加快不确定度和定量灵敏度分析。

⑦ 不确定性和定量敏感性分析、风险分析、全系统校准 / 验证、可预测性评估。

11.4　不确定性建模方法

11.4.1　概率方法

1. 概率分布函数与概率密度函数

概率方法适用于处理随机不确定性问题。不确定性变量分为离散型随机变量和连续型随机变量两种。在尺寸稳定结构设计中,涉及较多的为连续型随机变量。连续型随机变量的随机特性以概率分布函数 $F(x)$ 和概率密度函数 $f(x)$

进行描述。概率分布函数 $F(x)$ 给出随机变量 x 取值小于某个值 x_i 的概率,其表达式为

$$F(x_i) = P(x < x_i) \tag{11.1}$$

x 落在某区间 $(a, b]$ 内的概率可以表示为

$$P(a < x \leqslant b) = F(b) - F(a) \tag{11.2}$$

概率密度函数 $f(x)$ 给出了变量落在某值 x_i 邻域内(或者某个区间内)的概率变化快慢,概率密度函数下的面积表示概率。概率密度函数 $f(x)$ 与概率分布函数 $F(x)$ 之间关系为

$$f(x) = F(x) \tag{11.3}$$

常用的连续型随机变量的概率密度函数的类型如下。

(1) 均匀分布(uniform distribution)。

均匀分布连续型随机变量 x 在 (a, b) 区间上的概率密度函数定义为

$$p(x) = \begin{cases} \dfrac{1}{b-a}, & a < x < b \\ 0, & \text{其他} \end{cases} \tag{11.4}$$

均匀分布表示随机变量 x 在最低和最高取值范围内具有相同的概率,适用于对不可控随机变量进行最坏情况下的估计问题。

(2) 正态分布(normal distribution)。

正态分布连续型随机变量 x 的概率密度函数为

$$p(x) = \frac{1}{\sqrt{2\pi}\,\sigma} \exp\left[-\frac{(x-\mu)^2}{2\sigma^2}\right], \quad x \in \mathbf{R} \tag{11.5}$$

式中,μ 为遵从正态分布的随机变量 x 的均值;σ^2 为其方差,正态分布记作 $x \sim N(\mu, \sigma^2)$。

测量误差、弹性模量、热膨胀系数、材料强度等参数的分布服从正态分布。

(3) 对数正态分布(logarithmic normal distribution)。

如果 $\ln x$ 服从正态分布,则称 x 服从对数正态分布,其概率密度函数为

$$p(x) = \begin{cases} \dfrac{1}{x\sigma\sqrt{2\pi}} \exp\left[-\dfrac{(\ln x - \mu)^2}{2\sigma^2}\right], & x > 0 \\ 0, & x \leqslant 0 \end{cases} \tag{11.6}$$

式中,μ 与 σ^2 是 $\ln x$ 的均值和方差。

弹性模量、材料疲劳寿命、无故障运行时间等参数服从对数正态分布。

(4) 威布尔分布(Weibull distribution)。

威布尔分布连续型随机变量 x 的概率密度函数为

$$p(x) = \begin{cases} \dfrac{k}{\lambda}\left(\dfrac{x}{\lambda}\right)^{k-1} \exp\left[-\left(\dfrac{x}{\lambda}\right)^k\right], & x \geqslant 0 \\ 0, & x < 0 \end{cases} \tag{11.7}$$

式中,$\lambda > 0$ 是比例参数;$k > 0$ 是形状参数。

机械疲劳强度、疲劳寿命等参数服从威布尔分布。

2. 假设检验

在利用概率方法进行不确定性分析时,可能变量的概率密度函数是未知或者虽然概率密度函数已知但函数中的参数未知需要估计,此时需要判断假设的正确性,即假设检验问题。

假设检验分为参数假设检验和非参数假设检验。参数假设检验目前主要适用于正态分布的检验,如对均值和方差的分布检验等。如果分布本身就未知,则需要进行分布检验,统计中把不依赖于具体分布的统计方法称为非参数方法,可以表示为

$$H_0 : F(x) = F_0(x); \quad H_1 : F(x) \neq F_0(x) \tag{11.8}$$

式中,H_0 称为原假设;$F(x)$ 为随机变量 x 未知的真实分布函数;$F_0(x)$ 为某已知的分布函数,原假设的含义为假设 $F_0(x)$ 为真实分布函数;H_1 为备择假设,备择假设的含义为 $F_0(x)$ 不是真实分布函数。

假设检验的过程是,首先假定该假设 H_0 正确,即 $F_0(x)$ 为真实分布函数,然后根据样本对假设 H_0 做出接受或拒绝的决策。如果样本观察值导致了小概率事件发生,就应拒绝假设 H_0,否则应接受假设 H_0。

当某一具有不确定性的量进行了足够的试验测量,使用概率模型进行不确定性分析是合适的。例如,考虑具有不确定性的热膨胀系数 α。当对热膨胀系数的数值进行足够数量的测量后,可以拟合其概率密度函数,得到其不确定性的概率描述。或者,可以假设其概率密度函数为某一假设的形式,然后对数据进行参数假设的统计检验,确定其假设分布的正确性。

然而,在实践中,通常情况下可能没有足够的数据来准确估计不确定参数的概率密度函数。在这种情况下,往往需要根据经验进行简化假设。此时,可能导致计算结果与实际情况存在较大的差异,这在某种程度上限制了基于概率方法的不确定性分析在工程上的应用。

11.4.2　非概率方法

从前面的讨论中可以清楚地看出,当没有足够的场数据来准确地估计不确定输入的概率分布时,概率理论可能是不合适的。非概率方法,可以被看作是概率论的替代方法。近年来,非概率方法引起了工程设计界的广泛关注,包括证据理论、可能性理论、区间分析和凸模型。本书主要关注区间分析和凸建模,因为证据理论和可能性理论是本书范围之外的前沿课题。

最简单的非概率方法是不确定性的区间表示。其思想是用区间 $[\xi^-, \xi^+]$ 来

表示不确定参数 ξ，其中 ξ^- 和 ξ^+ 分别表示下限和上限。然后，通过分析模型传播区间边界，以得到感兴趣的输出变量的边界。与概率方法不同的是，区间内所有取值可能性都是相同的，而在概率分析法中，极值出现的概率远低于平均值。

另一个非概率分析方法为凸模型方法，其中所有不确定参数都用凸集表示。下面给出几个凸模型的例子。

① 不确定性函数具有包络边界：

$$\xi^-(t) \leqslant \xi(t) \leqslant \xi^+(t) \tag{11.9}$$

② 不确定性函数具有平方积分边界：

$$\int \xi^2(t)\,\mathrm{d}t \leqslant a \tag{11.10}$$

③ 不确定性函数的傅里叶系数沿椭球边界

$$a^{\mathrm{T}} W a \leqslant a \tag{11.11}$$

式中，a 为函数 $\xi(t)$ 的傅里叶系数；W 为加权矩阵。

图 11.1 显示了二维情况下不确定性区间模型和椭球凸模型之间的区别。矩形盒定义了区间模型的不确定变量所在的区域，即 $[\xi_1^-, \xi_1^+] \times [\xi_2^-, \xi_2^+]$，而椭圆表示当使用椭球凸模型时不确定参数所在的区域。

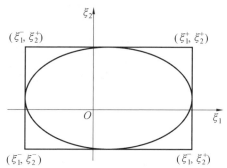

图 11.1　不确定性区间模型和椭球凸模型之间的区别

11.5　不确定性传递

11.5.1　随机不确定性传递分析

1. 蒙特卡洛方法

蒙特卡洛方法（Monte Carlo Simulation，MCS）是一种概率方法。其实现思想是将系统中的不确定性参数假设为以概率密度函数描述的随机变量，在给定不确定性参数的联合概率密度函数的情况下，只要使用足够的样本数，MCS技术就可以以任意精度计算感兴趣响应量的完全统计量。因此，这种方法经常被用作评估新的不确定性分析技术性能的基准。

蒙特卡洛方法主要适用于如下分析：

① 统计响应变量由于输入变量随机性而引起的波动。

② 分析每个随机输入变量对响应的贡献率，识别影响度最大的随机输入变量。

③ 分析设计点的失效率和可靠度，其中失效率定义为 P_f ＝不可行区域内点数／总抽样点数，可靠度 $R = P_f$。

④ 估计响应的波动特性，用于稳健设计。

基于蒙特卡洛的不确定性分析方法的步骤如图 11.2 所示。

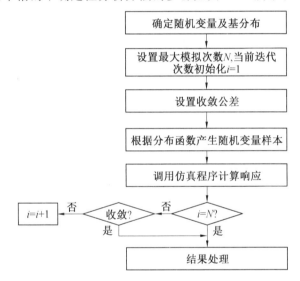

图 11.2　基于蒙特卡洛的不确定性分析方法的步骤

蒙特卡洛方法在不确定性的传播分析中占有特别重要的地位，但是在应用过程中，应该注意如下几点。

（1）概率密度函数。

蒙特卡洛分析中，随机变量的概率密度函数是其随机特性的直接描述，正确地定义随机变量的概率密度函数对不确定性分析十分重要。如果仅仅是定性地对不确定性传播进行分析，则可以通过查阅手册或根据前人的经验，确定各个随机变量概率密度函数，如果是对不确定性传播进行精确的定量分析，则必须通过试验得到概率密度函数的精确定义。

（2）抽样方法。

蒙特卡洛计算过程中随机变量的选取过程称为抽样。对一个已知概率密度函数或累积概率密度函数的概率分布,可以直接从累积分布函数(Cumulative Distribution Function,CDF)进行采样,称为直接抽样。但是实际的样本概率分布往往十分复杂,很难通过直接采样获得符合该概率分布的一组样本。由此产生了接受－拒绝采样和重要性采样两种方法。在这两种方法中引入一个提议分布 $q(x)$ 来辅助采样。提议分布就是一个人们已知的、容易采样的分布,例如均分分布、正态分布等。接受－拒绝采样是利用一个易于采样的提议分布 $q(x)$ 进行采样,而后对利用 $q(x)$ 得到的样本进行加工,接受符合 $p(x)$ 分布的样本,拒绝不符合 $p(x)$ 分布的样本。重要性抽样是定义一个权重,根据权重选取得到样本集合。当采样空间的维数比较高时,接受－拒绝采样和重要性采样都不适用,因为维数升高时很难找到适合的提议分布,采样效率比较差。此时可采用马尔可夫链蒙特卡洛(Markov Chain Monte Carlo,MCMC)抽样方法。该方法不需要假设分布,只需要一个初始样本点,后面的样本点会依据当前样本点随机产生。

(3) 收敛。

蒙特卡洛计算的次数与计算资源的消耗直接相关,确定合适的计算次数,综合平衡计算次数与精度之间的匹配,对蒙特卡洛方法的应用具有重要作用。单纯指定计算次数,可能存在结果不收敛的情况,计算结果的精度可能无法保证。

11.5.2　认知不确定性分析方法

1. 区间分析方法

认知不确定性的最简单方法是区间分析。在区间分析中,假设仅知道不确定性输入变量所在的区间,而不知道其分布规律。此时不确定性的传播问题就变成了一个区间分析问题,即给定区间内定义的输入、输出对应的区间是多少。

虽然区间分析在概念上很简单,但在实践中很难确定最优解的方法。直接的方法是使用优化来找到输出兴趣度量的最大值和最小值,其对应于输出的上限和下限区间。求解有界约束问题的优化算法有很多,如有界约束牛顿法等。在工程应用中,可能需要大量的计算来确定这些最优值,特别是当仿真模型非线性比较明显或各个变量之间具有明显的交互效应时。选择优化算法时,应优先选择具有全局优化特性的算法,以免得到局部最优值。

区间分析的另一种方法是从不确定区间输入中采样,然后将基于采样过程的最大和最小输出值作为上下输出界的估计。该方法易于实现,但其精度在很大程度上取决于采样数。通常,该方法得到的输出区间小于最优化得到的区间。

区间分析的其他方法从抽样开始,但随后使用样本创建替代模型(例如回归模型、神经网络、自适应样条模型等），然后可以对替代模型进行非常广泛的抽样（例如一百万次）以获得上下限估计。另一种方法是使用基于代理的优化方法来获得上下界。

2. Dempster－Shafer 证据理论

Dempster－Shafer 证据理论是经典概率理论的一种推广，可用于进行认知分析。它不要求进行严格概率论假设，在没有多少信息可以评估概率的情况下，或者当信息是非唯一的、模糊的或相互矛盾的情况下，进行不确定性分析。

在 Dempster－Shafer 证据理论中，认知不确定输入变量被建模为区间集。每个变量可以由一个或多个区间定义，如使用三参数 $(S, \tilde{S}, m)$ 描述，其中，S 为全集，$\tilde{S}$ 为 S 的一个子集，m 为名义算子。

在经典概率论中，S 和 $\tilde{S}$ 定义相似，其主要区别在于，$\tilde{S}$ 可以作为一个聚焦元，并不一定是 S 集的子域。

计算时，为每个区间 U 分配一个基本概率分配（Basic Probability Assignment，BPA），指示不确定输入落在该间隔内的可能性，则

$$m(U) = \begin{cases} > 0, & U \in \tilde{S} \\ 0, & U \subset S \text{ 且 } U \notin \tilde{S} \end{cases} \tag{11.12}$$

特定不确定输入变量 BPA 的和必须为 1，即

$$\sum_{U \in \tilde{S}} m(U) = 1 \tag{11.13}$$

区间可以是重叠的、连续的或有间隙的。Dempster－Shafer 证据理论有两种不确定性的衡量标准，即对于不确定事件 ε 有信念 $\mathrm{Bel}(\varepsilon)$ 和似然性 $\mathrm{Pl}(\varepsilon)$：

$$\mathrm{Bel}(\varepsilon) = \sum_{\{U | U \subset \varepsilon, U \in \tilde{S}\}} m(U) \tag{11.14}$$

$$\mathrm{Pl}(\varepsilon) = \sum_{\{U | U \cap \varepsilon \neq \varnothing, U \in \tilde{S}\}} m(U) \tag{11.15}$$

计算不确定性传播的区间即是计算信念（证据理论的概率值下限）置信度和似然性（证据理论概率值上限）。信念和似然性共同定义了区间值概率分布，而不是单一的概率分布。这使得 Dempster－Shafer 证据理论可以处理一些非常规的概率事件，如在经典概率中，一些自相矛盾的输入条件会被舍弃，而 Dempster－Shafer 证据理论则可综合全部输入进行分析。

计算信念结构的过程包括 4 个主要步骤。

① 定义一个包含非空证据集的 d 维超立方的事件集合。

② 计算每个超立方的基本概率分配 BPA。

③ 通过模型传递每个超立方体,并获得每个超立方体内的响应边界。

④ 获取每个超立方的 BPA 最大值和最小值,从而确定响应的累积置信度和似然度函数。

11.6　灵敏度分析

11.6.1　概述

灵敏度分析用于确定哪些输入设计参数对响应影响最大,这些信息在进行优化研究之前很有帮助,因为它可用于删除对响应影响不明显的设计参数,以减少需要优化的参数数目。此外,灵敏度分析可以提供对响应函数行为(平滑或非平滑、单峰或多峰)的评估,这在优化算法选择、不确定性量化和相关方法中非常重要。在获得优化解之后,灵敏度信息可用于确定响应函数对于优化设计点的微小变化是否稳健。

11.6.2　局部灵敏度分析

局部灵敏度分析用于分析输入参数对响应的局部影响,如参数在某一位置附近出现随机波动时对响应的影响。局部灵敏度分析方法主要适用于数学表达式简单、灵敏度微分方差容易推导、不确定性因素较少的情形。常用的局部灵敏度分析方法包括以下几种。

1. 直接求导法(analysis method)

直接求导法适用于输入因素少、方程简单、容易推导灵敏度微分方程的系统。直接求导法是对输入参数进行微分,得到灵敏度微分方程,结合初值问题的微分方程的解,得到灵敏度矩阵。

2. 伴随矩阵法(adjoint matrix method)

直接求导法在输入参数较多时,计算求解比较困难,此时,可构造一个伴随矩阵,降低直接求导法的求解计算量。

3. 有限差分法(finite difference method)

当对变量进行微分计算比较困难时,可以通过有限差分近似计算响应对输入的近似导数,得到近似的灵敏度矩阵。

4. 复变量方法(complex variable method)

复变量方法是对响应函数在点 x 处进行泰勒展开,步长为虚数 ih,然后利用实部虚部相等的原理，得到一阶和二阶导数，复变量方法精度较高，算法容易实现，目前已得到较广泛的应用。

11.6.3 全局灵敏度分析

全局灵敏度分析研究各个输入参数在全局上对响应的影响，其计算的范围可以是参数的整个定义域。全局灵敏度分析可以对非线性、非单调模型进行分析，目前主要包括如下 2 种方法。

1. DOE 分析与基于方差的全局灵敏度分析

DOE 分析与基于方差的全局灵敏度分析包括确定设计因子和响应、设定设计水平、选择试验方法、提交分析、回归和方差分析等几个步骤，验证回归方程对因素和响应之间关系描述的正确性，并得到各个因素的灵敏度。

2. 混沌多项式方法

假设响应与输入之间的函数关系式为 $y = f(x)$（$x = [x_1, x_2, \cdots, x_d]$），混沌多项式可以写为

$$Y(x) = c_0 \psi_0 + \sum_{i_1=1}^{N} c_{i_1} \psi_1(\xi_{i_1}(x)) + \sum_{i_1=1}^{N} \sum_{i_2=1}^{i_1} c_{i_1, i_2} \psi_2(\xi_{i_1}(x), \xi_{i_2}(x)) + \cdots$$

$$(11.16)$$

也可以写成如下的紧凑形式：

$$Y(x) = \sum_{i=0}^{\infty} c_i \Phi_i(\xi) \tag{11.17}$$

式中，c_i 为待求的混沌多项式系数；$\Phi_i(\xi)$ 为正交多项式；ξ 为标准随机变量，$\xi = [\xi_1, \xi_2, \cdots, \xi_d]$，$\xi_i$ 与 x_i 之间存在一定的关系，由两者的分布形式确定。

混沌多项式实际计算时，取有限项，可表示为

$$\tilde{Y}(x) = \sum_{i=0}^{p-1} c_i \Phi_i(\xi) \tag{11.18}$$

求解多项式后，可方便地得到响应的各项统计信息，其均值和方差分别可表示为

$$E[\tilde{Y}(x)] = c_0 \tag{11.19}$$

$$\mathrm{Var}[\tilde{Y}(x)] = \sum_{i=0}^{p-1} c_i^2 E[\Phi_i^2] \tag{11.20}$$

11.6.4 灵敏度的度量

进行灵敏度分析的目的之一是找到对响应影响最大的输入参数，而影响的程度，需要一个定量的表征，这些表征包括以下 3 种。

1. Sobol 指标

可以通过混沌多项式求解灵敏度系数。首先将多项式求和改写为递增求和的形式,即

$$\widetilde{Y}(x) = c_0 + \sum_{i=1}^{N} \sum_{a \in I_i} c_a \psi_a(x_i) + \sum_{1 \leqslant i_1 < i_2 \leqslant N} \sum_{a \in I_{i_1, i_2}} c_a \psi_a(x_{i_1}, x_{i_2}) + \cdots +$$

$$\sum_{1 \leqslant i_1 < \cdots < i_s \leqslant N} \sum_{a \in I_{i_1, i_2, \cdots, i_s}} c_a \psi_a(x_{i_1}, x_{i_2}, \cdots, x_{i_s}) + \cdots +$$

$$\sum_{a \in I_{i_1, i_2, \cdots, N}} c_a \psi_a(x_{i_1}, x_{i_2}, \cdots, x_N) \tag{11.21}$$

式中

$$I_{i_1, \cdots, i_s} = \begin{cases} a \in (a_1, a_2, \cdots, a_n), & a_k = 0 \\ k \notin (i_1, \cdots, i_s), & k = 1, \cdots, n \end{cases} \tag{11.22}$$

可以推导出

$$D_{i_1, \cdots, i_s} = \sum_{a \in I_{i_1, \cdots, i_s}} c_a^2 \tag{11.23}$$

定义 Sobol 灵敏度指标为

$$S_{i_1, \cdots, i_s} = D_{i_1, \cdots, i_s} / \mathrm{Var}[\widetilde{Y}] \tag{11.24}$$

其中,S_i 称为主效应敏感度指标,表征单个输入对响应方差的贡献。

定义 S_i^{T} 为总响应指标,即

$$S_i^{\mathrm{T}} = S_i + \sum_{j < i} S_{j,i} + \sum_{j < k < i} S_{j,k,i} + S_{1,2,\cdots,N} \tag{11.25}$$

它表征单个输入与其他输入相互作用下对响应方差的总贡献。

2. 相关系数

相关系数表征输入 x_j 与响应 y 之间的线性关系。其表达式为

$$c(x_j, y) = \frac{\sum_{i=1}^{n} (x_{ij} - \bar{x}_j)(y_i - \bar{y})}{\left[\sum_{i=1}^{n} (x_{ij} - \bar{x}_j)^2\right]^{1/2} \left[\sum_{i=1}^{n} (y_i - \bar{y})^2\right]^{1/2}} \tag{11.26}$$

式中,$\bar{x}_j = \dfrac{1}{n} \sum_{i=1}^{n} x_{ij}$;$\bar{y} = \dfrac{1}{n} \sum_{i=1}^{n} y_i$。

$c(x_j, y)$ 的值在 $-1 \sim 1$ 之间,正值表示 x_j 和 y 倾向于同时增大和减小,负值表示 x_j 和 y 的增减方向相反。此外,$c(x_j, y)$ 绝对值从 0 到 1 的变化,对应于 x_j 和 y 之间的非线性关系到精确线性关系的趋势。

3. 偏相关系数

偏相关系数的计算首先构造两个回归方程,即

$$\hat{x}_j = c_0 + \sum_{\substack{p=1 \\ p \neq j}}^{nX} c_p x_p \text{ 和 } \hat{y} = c_0 + \sum_{\substack{p=1 \\ p \neq j}}^{nX} c_p x_p \tag{11.27}$$

然后,定义两个新的变量,$x_j - \hat{x}_j$ 和 $y - \hat{y}$。计算 $x_j - \hat{x}_j$ 和 $y - \hat{y}$ 之间的相关系数,即为 x_j 和 y 之间的偏相关系数。

x_j 和 y 之间的偏相关系数是在剔除其他元素线性影响后的相关分析,它提供了一个变量重要性的度量,倾向于排除其他元素与 x_j 分布假设的影响后,确定 x_j 对 y 的不确定性的影响程度。

11.7   近似模型

11.7.1   概述

不确定性分析过程中,需要进行多次输入 X 到响应 Y 的计算,如果响应计算过程中需要的计算量比较大,例如每次计算都调用有限元软件进行大规模求解,则进行不确定性分析时结果收敛所需的计算量可能十分巨大,甚至使计算在实际工程中变成不可行。此时,一个解决方法是用近似模型代替原来的求解模型,通过近似模型实现收敛所需的计算次数。这个模拟输入 / 响应计算关系的近似模型称为近似模型(approximation model)、代理模型(surrogate model)或元模型(metamodelling model)。采用近似模型的好处首先是简化计算;其次,简化过程可以看成是一个"滤波"过程,这有利于降低算法对噪声的敏感,也有利于优化过程收敛到全局最优解。近似模型的建立过程如下。

① 基于试验设计、物理试验和工程经验等技术选取样本点。

② 通过仿真计算程序计算原始模型下选取样本点对应的响应值。

③ 用回归、拟合或插值的方法创建近似模型。

④ 对得到的近似模型进行验证,如果可信度不够,则返回到上一步,甚至第 ① 步,重新进行以上步骤;否则,以近似模型替代原始仿真程序作为近似模型,进行后续计算。

11.7.2   拟合

以抽样数据代入原始仿真模型,获得对应的响应输出,这些数据被称为训练数据。训练数据一般要进行标准化处理(如去均值、归一化等),以克服参数单位的影响。然后,使用近似模型建模技术对其进行建模,使用的训练数据越多,近似模型的性能越好。然而,也存在一种可能性,即训练数据可能是完美拟合的,但在非采样数据点上存在比较大的拟合误差,这种现象称为过拟合。可以通过使用正则化降低模型复杂性的泛化方法来避免(限制系数向量的欧几里得范数,以避免不必要的大系数),或进行剪裁(在拟合之前或之后减少系数的数量,以避免系数过多)。

可以采用 Akaike 准则(AIC)进行拟合优度和模型复杂性之间的权衡,以避免过拟合[1],即

$$\text{AIC} = n \log \text{SSE} + 2n_p \tag{11.28}$$

式中,n 为训练样本数;SSE 为误差平方和;n_p 为有效参数的数量。

AIC 值最低的模型表示一个模型在误差最小和系数数目最少之间具有最佳平衡,它增强了模型的泛化能力。

11.7.3　验证

为了验证近似模型的性能,需要根据非抽样点数据,即验证数据,而不是训练数据来评估其拟合优度。因此,通过采样方法创建额外的不用于拟合近似模型的输入/输出数据集合,并将其用于将近似模型的预测与原始模型的输出进行比较。

拟合优度可以通过几个指标来确定。其中,均方根误差(Root Mean Squared Error,RMSE)、决定系数(Coefficient of Determination,R^2)和最大绝对误差(Maximal Absolute Error,MAE)是常用的指标。它们由下式给出[2]:

$$\text{RMSE} = \sqrt{\frac{1}{n} \sum_{i=1}^{n} (\hat{y}_i - y_i)^2} \tag{11.29}$$

$$R^2 = 1 - \frac{\sum\limits_{i=1}^{n} (\hat{y}_i - y_i)^2}{\sum\limits_{i=1}^{n} (\bar{y} - y_i)^2} \tag{11.30}$$

$$\text{MAE} = \max(|\hat{y}_1 - y_1|, \cdots, |\hat{y}_n - y_n|) \tag{11.31}$$

式中,y_i 为原始模型的输出;$\hat{y}_i$ 为近似模型的输出;$\bar{y}$ 为 n 个抽样点原始模型输出的均值。

RMSE 测量近似模型和原始输出之间误差的标准偏差,它表示近似模型的整体逼近能力,值越小,拟合程度越高。决定系数 R^2 是总体近似值的相对指标,其值在 $0 \sim 1$ 之间。它表示原始模型输出和近似模型输出之间的相关性,R^2 值为 1 表示完全相关。最大绝对误差 MAE 是近似模型局部逼近能力的指标。RMSE 和 MAE 可以相对于模拟输出的标准偏差进行,以便在不同量级的多个输出之间进行比较。

除了上面用具体指标进行直接验证以外,还存在一个交叉验证(cross —

alidation) 的方法[3]。交叉验证用于预测模型对未知数据的泛化程度。数据被随机划分为 k 个分区,在除 k 个分区以外的每个分区上建立模型,然后用 k 个分区的数据对输出的拟合模型计算其拟合优度指标,并根据选取的准则对得到的近似模型进行选取。

根据近似模型的目标,可以选择一个或多个验证指标。选择验证标准是简化建模最重要的步骤之一。选取指标的标准取决于问题的类型、近似模型的类型和应用近似模型的目的。良好的预测近似模型应具有较低的 RMSE 和 MAE 以及较高的 R^2。

11.7.4　多项式回归模型

多项式回归(Polynomial Regression,PR)模型是应用最广泛的简化技术之一,它使用最小二乘法在抽样的输入和输出数据之间拟合一个 m 阶多项式。多项式拟合模型用下述函数表示输入和输出关系[4]:

$$\hat{y} = b_0 + \sum_{n=1}^{m} \sum_{i=1}^{p} b_{ni} x_i^n + \sum_{n=1}^{m} \sum_{k=1}^{m} \sum_{i=1}^{p} \sum_{j=1}^{p} b_{nkij} x_i^n x_j^k \tag{11.32}$$

式中,$\hat{y}$ 为估计的输出;x 为输入向量;p 为输入变量数;m 为多项式的阶数;b 为回归系数。

多项式回归模型具有如下优点:

① 通过较少的抽样点在局部范围内建立比较精确的逼近函数关系,并用简单的代数表达式展现出来。

② 通过回归模型的选择,可以拟合复杂的响应关系,具有良好的鲁棒性。

③ 数学理论基础充分扎实,系统性、实用性强,适用广泛。

④ 多项式回归模型用于优化时,具有比较好的加速效果。

多项式回归模型具有如下缺点:

① 不能保证拟合模型通过所有的抽样点,因此存在一定的误差。

② 对于高度复杂的函数关系的逼近效果不如神经网络等方法好。

③ 如果不能确定数据符合多项式规律,则不适合在整个参数空间建立近似模型。

11.7.5　多元自适应回归样条模型

多元自适应回归样条(Multivariate Adaptive Regression Splines ,MARS)模型的公式为[5]

$$\hat{y} = \sum_{i=1}^{k} c_i B_i(\boldsymbol{x}) \tag{11.33}$$

式中,$\hat{y}$ 为估计的输出;$\boldsymbol{x}$ 为输入向量;k 为基函数 $B_i(\boldsymbol{x})$ 的阶数;c_i 为权系数。

MARS 模型的基函数由常数、铰链函数(hinge function)和铰链函数的乘积构成,因此可以描述输入/输出之间的非线性关系。其表达式可以定义为

$$B_i(\boldsymbol{x}) = \prod_{k=1}^{K_m} \left[s_{k,m}(x_{v(k,m)} - t_{k,m}) \right] \tag{11.34}$$

式中,K_m 是 m 阶基函数系数的数量。

铰链函数和权系数通过正向选择和反向删除迭代方法确定。MARS 可以表示复杂的多模态数据趋势,通过回归计算生成表示曲面的模型,它不能保证通过所有的响应数据值,因此,像多项式回归模型一样,它具有平滑数据的效果。

11.7.6　克里格模型

克里格(Kriging)模型是与多项式回归类似的全局回归模型,该模型通过高斯过程来插值残差。其表达式为[6]

$$\hat{y} = \sum_{i=1}^{k} b_i h_i(\boldsymbol{x}) + Z(\boldsymbol{x}) \tag{11.35}$$

式中,$\hat{y}$ 为估计的输出;$\boldsymbol{x}$ 为输入向量;k 为基函数 $h_i(\boldsymbol{x})$ 的阶数;b_i 为由最小二乘法确定的回归系数;$Z(\boldsymbol{x})$ 为 0 均值,方差为 σ^2 的高斯随机过程,且任意两个输入矢量的相关函数为 $\psi(\boldsymbol{x}, \boldsymbol{x}')$。

一个典型的相关函数为

$$\psi(\boldsymbol{x}, \boldsymbol{x}') = \exp\left(-\sum_{i=1}^{p} \theta_i \left| \boldsymbol{x}_i - \boldsymbol{x}'_i \right| \right) \tag{11.36}$$

有几种可用的相关函数类型,它们都由与输入向量维数 p 相同的相关参数 θ 确定。这些相关函数预示了这些点中的残差。样本点间距离越小,其中一个点的预测影响就越大。因此,选择令人满意的相关函数和相关参数值对于该方法至关重要,前者必须由用户选择,而后者则由最大似然估计自动确定。

由于 Kriging 模型具有超参数误差,因此它可以用来模拟具有多个局部极小值和极大值的斜坡不连续曲面,也可用于研究参数空间中的全局响应值变化趋势。

11.7.7　径向基函数网络

径向基函数网络(radial basis function network)模型表达式为

$$\hat{y} = \sum_{i=1}^{k} w_i h_i(\boldsymbol{x}) \tag{11.37}$$

式中,$\hat{y}$ 为估计的输出;$\boldsymbol{x}$ 为输入向量;k 为基函数 $h_i(\boldsymbol{x})$ 的阶数;w_i 为系数。

基函数可以有多种,其中高斯基函数为

$$h_i(\boldsymbol{x}) = \exp\left(-\frac{\| \boldsymbol{x} - c_i \|^2}{r_i^2}\right) \tag{11.38}$$

式中，c_i 为基函数的中心；r_i 为径向基函数 h_i 的半径，r_i 越大，其宽度越大，对其他基函数的影响也越大。

径向基函数网络具有如下优点：

① 对复杂函数具有良好的逼近能力。

② 为黑箱模型，不需要数学假设。

③ 学习速度快，具有极好的泛化能力。

④ 具有较强的容错能力，即使样本中含有噪声，仍能保证较好的整体性能。

径向基函数的缺点是构造模型所需的时间较长。

11.8　不确定性分析的应用

11.8.1　不确定性传递的应用

目前碳纤维复合材料层合板和蜂窝夹层结构在航天器尺寸稳定结构中大量应用，采用前面叙述的方法对目前结构中几种常用的单向复合材料、复合材料层合板和蜂窝夹层结构进行了不确定性传递分析，有以下的结论。

1. 单向复合材料

以细观力学建立分析模型，考虑各个参数存在不确定性的情况，得到如下结论：

① 离散性存在放大的情况，除纵向热膨胀系数以外，一般放大 $2 \sim 4$ 倍。

② 纵向热膨胀系数更易受到不确定性的影响，尤其在零膨胀附近，其不确定性存在放大特别明显的现象。

③ 单向复合材料的每个工程常数的离散性仅受部分参数的影响，这为特定参数的不确定性影响的控制提供了一个依据。

④ 纤维体积含量是影响所有参数不确定性的一个主要因素，当需要控制不确定性参数的传递时，在设计和制造过程中应进行严格控制。

2. 复合材料层合板

以经典层合板理论和经典层合板理论与细观力学结合两种方法，计算不确定性传递，得到如下结论：

① 相同材料组分，具有相同铺层角组成的层合板，对称铺层相对于非对称铺层具有更低的不确定性传递，即对称铺层的设计更有利于降低材料不确定性的影响。

② 基于传统层合板理论计算得到的不确定性传递与基于细观力学方法得到的不确定性传递相比,约低 50%。换句话说,来自纤维和基体的不确定性比来自单向复合材料的不确定性大 50% 左右。这说明,为降低不确定性的影响,单向复合材料性能的精确性比纤维和基体性能的精确性更重要。

③ 就当前 10% 的材料离散性与 1° 铺层角离散性而言,材料不确定性的影响远远大于铺层角不确定性的影响。这说明,精确控制材料参数比精确控制铺层角能更好地降低不确定性的影响。

④ 无论是不确定性方差还是离散系数,都随铺层数增加明显降低,但超过 40 层,其降低趋势则趋于缓慢,这说明,相同铺层组合下,提高铺层数有利于降低不确定性传递,但增加到一定程度,则不会有进一步明显的改善。

3. 蜂窝夹层结构

采用详细有限元模型,并结合经典层合板理论、细观力学多种分析手段,得到如下结论:

① 通过采用细观力学方法和经典层合板理论方法对纤维和基体特性不确定性传递进行分析表明,纤维和基体不确定性的传递仍然比单向复合材料的传递大,但两者的差别不如复合材料层合板与单向复合材料的差异明显。

② 不确定性传递影响的顺序是:细观力学所有材料参数随机化 > 细观力学纤维和基体参数随机化 > 细观力学面板参数随机化 > 经典层合板理论所有材料参数随机化 > 经典层合板理论面板参数随机化 > 蜂窝芯材料参数随机化 > 胶层材料参数随机化 > 铺层角参数随机化。这个顺序表明,控制蜂窝板面板的参数精度是降低不确定性传递的关键,而单向层的参数精度比纤维和基体参数的精度具有更大的重要性。相对而言,铺层角的参数不确定性的传递最弱。

11.8.2　近似模型的应用

对蜂窝夹层结构进行不确定性分析时,每次计算蜂窝夹层结构变形时,都需要调用有限元程序,单次计算一次热变形的时间为 4 s 左右,计算一次不确定性传递需要 5 000 次蒙特卡洛分析,纳入计算的结构要考虑 3 种面板、8 种铺层角和 7 种不确定性因素的不确定性传递特性,总的计算时间将达 40 天左右,这还只是调用有限元部分的求解时间,再加上不确定性分析过程自身需要的计算时间,总的计算时间将是不可接受的。因此,需要在不确定性分析过程中引入近似模型以降低计算量。

针对蜂窝夹层结构建立了基于 100 个抽样点的克里格近似模型。为验证近似模型的有效性,以面板为 M40J/ 环氧树脂和 M55J/ 环氧树脂,铺层角为 $[0/90]$、$[0/90]_s$、$[0/\pm60]$、$[0/\pm60]_s$ 的因素 1 的不确定性传递与有限元模型得到的分析结果进行对比,见表 11.1。

表 11.1　近似模型与有限元模型计算的不确定性传递对比

面板材料	铺层角	计算方法	方差 /($\times 10^{-6}$ ℃)		离散系数 /%	
			X 向	Y 向	X 向	Y 向
M40J/环氧树脂	[0/90]	有限元模型	0.776	17.876	0.834	13.812
		近似模型	0.769	17.722	0.827	13.686
		相对误差 /%	0.869	0.871	0.900	0.918
	[0/90]$_s$	有限元模型	0.621	20.511	0.595	21.344
		近似模型	0.619	20.434	0.593	21.254
		相对误差 /%	0.338	0.378	0.392	0.422
	[0/60/−60]	有限元模型	0.649	20.350	0.736	16.813
		近似模型	0.645	20.249	0.735	16.799
		相对误差 /%	0.529	0.499	0.107	0.080
	[0/60/−60]$_s$	有限元模型	0.547	23.215	0.515	24.790
		近似模型	0.539	22.919	0.508	24.443
		相对误差 /%	1.333	1.292	1.448	1.419
M55J/环氧树脂	[0/90]	有限元模型	0.602	23.532	0.680	16.504
		近似模型	0.604	23.614	0.680	16.502
		相对误差 /%	0.393	0.347	0.012	0.017
	[0/90]$_s$	有限元模型	0.455	30.238	0.431	32.934
		近似模型	0.455	30.284	0.431	32.988
		相对误差 /%	0.085	0.153	0.087	0.165
	[0/60/−60]	有限元模型	0.477	29.689	0.569	21.616
		近似模型	0.479	29.818	0.573	21.791
		相对误差 /%	0.425	0.431	0.737	0.803
	[0/60/−60]$_s$	有限元模型	0.387	40.219	0.359	48.260
		近似模型	0.391	40.610	0.363	48.713
		相对误差 /%	1.061	0.963	1.048	0.932

　　由表 11.1 可见,用近似模型与有限元模型计算得到的不确定性传递结果非常接近,最大误差不超过 2%,这说明采用近似模型对蜂窝夹层结构有限元模型

进行不确定性传递计算的精度非常高。而计算时间两者相差约 80 倍,原来大约需要 40 天的计算仅在 12 h 内就得以完成,这说明近似模型技术在这类尺寸稳定性的不确定性传递计算中具有良好的工程实用性。

11.8.3　参数灵敏度分析的应用

分别考虑纤维与基体(基于细观力学方法)、面板单向层(基于经典层合板理论)、胶层和蜂窝芯材料单独存在随机性时,不确定性传递过程中各个参数的灵敏度。四种计算情况下各个参数的 Sobol 指标计算结果的不确定性传递灵敏度如图 11.3 ～ 11.6 所示。计算过程中增加了单层纤维厚度 h_F、面板单层厚度 h_B、胶层厚度 h_J 和蜂窝芯壁厚度 h_X 4 个参数。

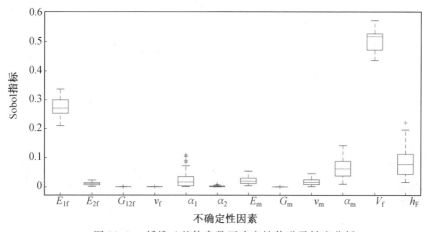

图 11.3　纤维／基体参数不确定性传递灵敏度分析

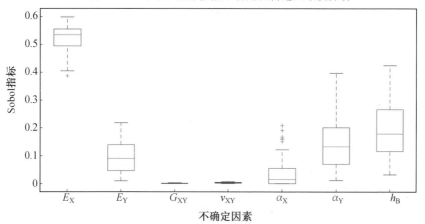

图 11.4　面板参数不确定性传递灵敏度分析

由计算结果可以得到如下结论:

① 纤维／基体参数不确定传递过程中,纤维体积含量 V_f 具有最高的 Sobol

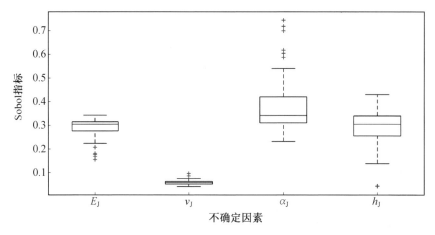

图 11.5　胶层参数不确定性传递灵敏度分析

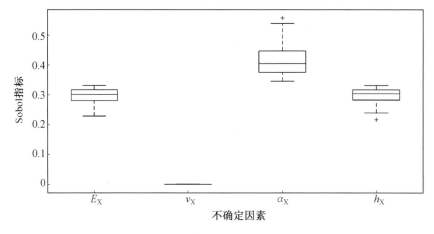

图 11.6　蜂窝芯参数不确定性传递灵敏度分析

指标,在 0.5 左右;其次是纤维的纵向弹性模量 E_{1f},在 $0.2 \sim 0.3$ 之间,其他参数的影响均在 0.1 以下。

② 面板参数不确定传递过程中,面板的纵向弹性模量 E_X 具有最高的 Sobol 指标,在 $0.5 \sim 0.6$ 之间;其次是面板的横向弹性模量 E_Y、横向热膨胀系数 α_Y,面板单层厚度 h_B,其值在 $0.1 \sim 0.2$ 之间。

③ 胶层和蜂窝芯参数不确定传递过程类似,除泊松比以外,弹性模量 E_J 和 E_X,热膨胀系数 α_J 和 α_X 以及胶层厚度 h_J 和蜂窝芯壁厚 h_X 的影响接近,其值均在 $0.3 \sim 0.4$ 之间。

以上结论可作为蜂窝夹层结构在制造过程中参数离散范围性的参考。

11.8.4　关于应用的小节

需要说明的是,本章的结论针对的是一组特定的参数组合,并非是一个普适性的规律。但本章的结果是针对航天器结构中常见的、不同的纤维(低模量到高模量)、不同的铺层角(多种铺层组合、对称和非对称)的分析,参数选择具有一定的工程背景,以上各项结论对如何控制参数不确定性在尺寸稳定结构中的传递仍具有工程参考价值。

本章参考文献

[1] LJUNG L. System identification-theory for the user[M]. 2nd ed. Upper Saddle River:prentice-hall, 1999.

[2] GELDER L V, DA S P, JANSSEN H, et al. Comparative study of meta-modelling techniques in building energy simulation: guidelines for practitioners[J]. Simulation Modelling Practice & Theory, 2014, 49: 245-257.

[3] ELDRED M S, DALBEY K R, BOHNHOFF W J, et al. DAKOTA: a multilevel parallel object-oriented framework for design optimization, parameter estimation, uncertainty quantification, and sensitivity analysis. version 5.0, developers manual[R]. Sandia National Laboratories (SNL), Albuquerque, NM, and Livermore, CA (United States), 2010.

[4] JIN R, CHEN W, SIMPSON T W. Comparative studies of metamodelling techniques under multiple modelling criteria [J]. Structural and multidisciplinary optimization, 2001, 23(1): 1-13.

[5] FRIEDMAN J H. Multivariate adaptive regression splines[J]. The annals of statistics, 1991, 19(1): 1-67.

[6] SACKS J, WELCH W J, MITCHELL T J, et al. Design and analysis of computer experiments[J]. Statistical science, 1989, 4(4): 409-423.

第 12 章

关键部件(区域)识别

12.1 概　述

　　航天器结构中的各个零部件对尺寸稳定性的影响程度是不同的,即使是整星构型下的尺寸稳定性设计,各个零部件的影响仍然是大小不一的。识别对尺寸稳定性影响大的部件,对其进行有针对性的尺寸稳定性设计,对于降低成本、节省时间、聚焦设计重点至关重要。尺寸稳定性关键部件的识别可通过贡献度进行。

12.2　贡献与贡献度定义

　　将航天器整器结构划分为 n 个区域,第 i 个区域受到的载荷为 $T_i(t)(i=1,2,\cdots,n)$,其中 t 可以是一个特定的时刻,也可以是一个时间区间。航天器整器在载荷 $T_i(t)$ 作用下当前的尺寸稳定性指标为 $d_0(t)$。将 i 区域载荷置为 0,其他区域载荷不变时计算得到的尺寸稳定性指标 $d_0(t)|_{T_i(t)=0}$,d_{ref} 为计算贡献的下限参考值,则区域 i 在载荷 $T_i(t)$ 下的贡献定义为

$$C_i=\begin{cases}d_0(t)-d_0(t)|_{T_i(t)=0}, & |d_0|>d_{\text{ref}}\\ 0, & |d_0(t)|\leqslant d_{\text{ref}}\end{cases} \tag{12.1}$$

区域 i 在载荷 $T_i(t)$ 下的贡献度定义为

$$D_i = \begin{cases} \dfrac{d_0(t) - d_0(t)\big|_{T_i(t)=0}}{d_0(t)}, & |d_0| > d_{\text{ref}} \\ 0, & |d_0(t)| \leqslant d_{\text{ref}} \end{cases} \qquad (12.2)$$

如果外部载荷是单位载荷,分别称为单位载荷贡献和单位载荷贡献度。

每个区域可以是一个部件、零件或者是一个零件的一部分,划分的标准是可以在后续的设计中对每个区域进行单独的结构设计或载荷设计,并通过对航天器特定区域(零部件整体或部分)结构和载荷的优化设计,达到调整航天器尺寸稳定性至更优化状态的目的。定义一个计算下限参考值 d_{ref},一方面是因为当 $d_0(t)$ 非常小时,贡献度计算会由于截断误差导致出现异常大的数值;另一方面,稳定性指标 $d_0(t)$ 大多定义为设计数值与要求数值之间的差值,这个差值越小越好,当 $d_0(t)$ 已经很小时,再计算贡献度已经没有工程意义,因此,需要定义一个计算贡献度的参考值,在此参考值之下,贡献度直接定义为零。

贡献度为 0,则说明其尺寸稳定性无影响,当其值不为 0 时,贡献度的数值范围与 $d_0(t)$ 的定义区间有关,存在两种情况:

① 当 $d_0(t)$ 只取正值时,$D_i \in (-\infty, 1]$。例如,某一平面的平面度只能取正值。其中,当 $D_i > 0$ 时,载荷 $T_i(t)$ 作用下的区域 i 是使 $d_0(t)$ 增加,此时降低区域 i 的影响,将改善尺寸稳定性指标;当 $D_i < 0$ 时,区域 i 使 $d_0(t)$ 减少,此时应增加区域 i 的影响。

② 当 $d_0(t)$ 可取任意值时,$D_i \in (-\infty, \infty)$。例如,某卫星两个相机的夹角标称值为 21°,当夹角小于 21°时,$d_0(t)$ 取负值;当夹角大于 21°时,$d_0(t)$ 取正值。当 $D_i \in (-\infty, 1]$ 时,与前面 $d_0(t)$ 的讨论相同;但当 $D_i > 1$ 时,说明 $d_0(t)$ 与 $d_0(t)\big|_{T_i(t)=0}$ 符号相反,此时,通过调整区域 i 的载荷或设计参数,可能使 $d_0(t) = 0$,这使得尺寸稳定性设计指标可能获得接近于 0 的可能。

以上讨论不适用于单位贡献度,单位贡献度的正负没有实际意义,符号不同,仅表示某一区域的影响趋势。

12.3　识别关键部件

本节将通过一个实例,说明贡献度在关键部件识别中的应用。图 12.1 是待计算各区域贡献度航天器。该卫星在运行过程中,由于外热流的变化,在结构中产生了随轨道位置变化的温度场,由此导致卫星上安装的抛物面天线指向发生变化。卫星主结构由 $\pm X$ 板、$\pm Y$ 板和 $\pm Z$ 板构成,其他结构包括天线结构和星体两侧的太阳翼。因为太阳翼与星体变形关系不大,此处仅计算 $\pm X$ 板、$\pm Y$ 板、

±Z 板和天线对天线指向变化的贡献度。图 12.2 是一个轨道周期内结构上不同典型位置的温度变化。

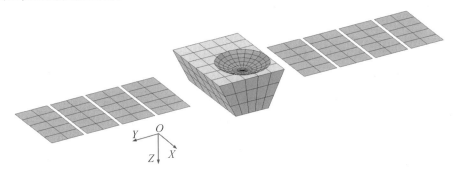

图 12.1　待计算各区域贡献度航天器

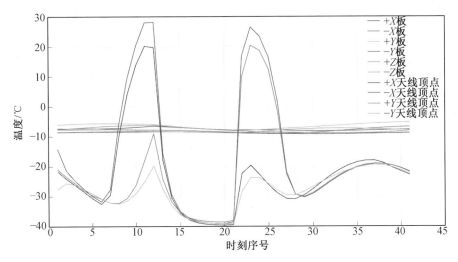

图 12.2　一个轨道周期内结构上不同典型位置的温度变化(彩图见附录)

12.3.1　单位载荷贡献度

航天器的变形是结构特性与载荷两者共同作用的结果。在设计初期,当航天器在轨载荷条件不明确时,可以在不考虑具体载荷条件的情况下,计算各区域的单位贡献度。各区域对抛物面焦距贡献度、抛物面指向与＋X 轴夹角贡献度和抛物面指向与－Z 轴夹角贡献度如图 12.3～12.5 所示。从这三个图中可以发现,不同区域对不同指标的单位贡献度不同。对抛物面焦距指标贡献度最大的区域是反射面天线,对抛物面指向与＋X 轴夹角贡献度最大的区域是＋Z 结构板,对抛物面指向与＋X 轴夹角贡献度最大的区域是＋Z 结构板。这在航天器结构的贡献度分析中,具有普遍性。

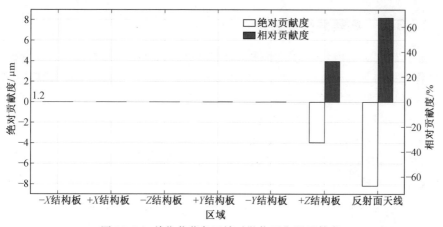

图 12.3   单位载荷各区域对抛物面焦距贡献度

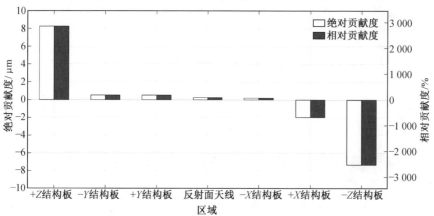

图 12.4   单位载荷各区域对抛物面指向与 ＋X 轴夹角贡献度

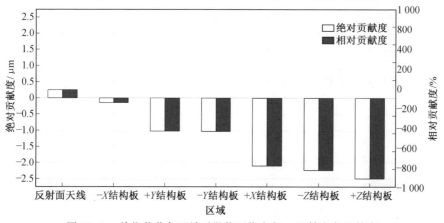

图 12.5   单位载荷各区域对抛物面指向与 －Z 轴夹角贡献度

12.3.2 在轨载荷贡献度

以在轨实际温度场作为计算载荷,以抛物面焦距、抛物面指向与 + X 轴夹角和抛物面指向与 − Z 轴夹角在一个轨道周期内变化峰峰值为尺寸稳定性指标,计算各个区域贡献度如图 12.6 ~ 12.8 所示。由这三个图可见,与上一节的情况类似,不同区域对不同指标的贡献度不同。

图 12.9 和图 12.10 为各个区域在不同时刻对同一指标的贡献度分析结果。由图 12.9 和图 12.10 可见,即使是同一指标,在不同时刻,各个区域对指标的贡献度也存在差异。

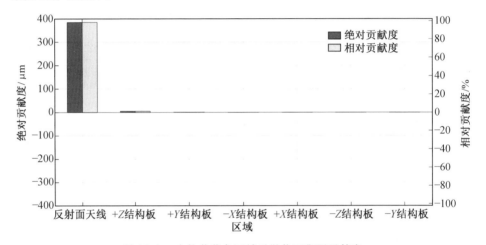

图 12.6 在轨载荷各区域对抛物面焦距贡献度

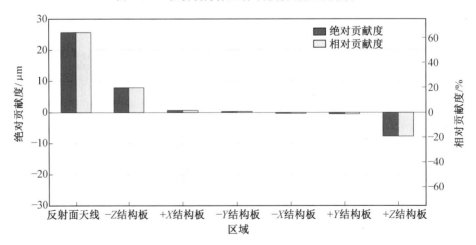

图 12.7 在轨载荷各区域对抛物面指向与 + X 轴夹角贡献度

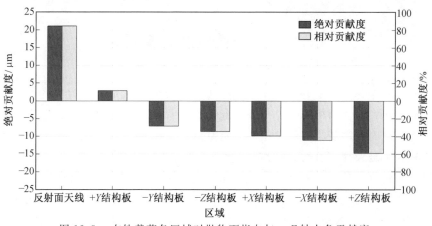

图 12.8　在轨载荷各区域对抛物面指向与 $-Z$ 轴夹角贡献度

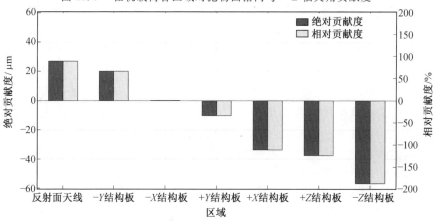

图 12.9　时刻 1 各个区域对天线指向变化贡献度

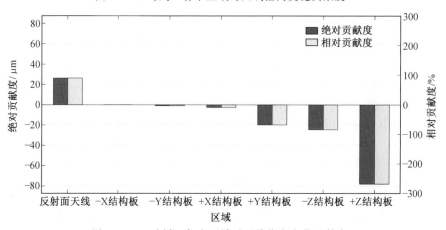

图 12.10　时刻 2 各个区域对天线指向变化贡献度

12.4　依据贡献度改善指标

　　贡献度作为关键区域的选择依据,其另外一个用途是可以为部件设计优化或确定尺寸稳定性指标提供一个设计起点。以各区域对天线指向与 $+X$ 轴夹角在一个轨道周期内变化峰峰值指标的贡献度分析为例。对天线指向变化贡献度最大的区域是天线,假设天线温度变化分别是初始温度的 0.75、0.5 和 0.25,则得到温度载荷变化后与初始载荷的夹角变化如图 12.11 所示。由图可见,在一个轨道周期内夹角变化峰峰值随温度载荷减小的比例与温度场减小的比例相当一致,说明通过对最大贡献度区域的温度载荷指标进行优化设计,可以显著减小结构变形。实际上,因为结构的变形是结构材料特性与温度场共同作用的结果,如果忽略结构材料特性随温度的变化,则在温度外载荷不变的情况下,通过选择或设计,使得该区域的热膨胀系数降低,则由此得到的热变形指标也将近似按比例降低。这个例子暗示了一个基于贡献度计算结果改善尺寸稳定性指标的方法,即通过高贡献度区域材料特性和热控措施的设计,可以显著改善结构的尺寸稳定性,而不是对所有区域都需要开展尺寸稳定性设计,这对简化尺寸稳定性设计,降低设计难度和产品成本,具有非常现实的意义。

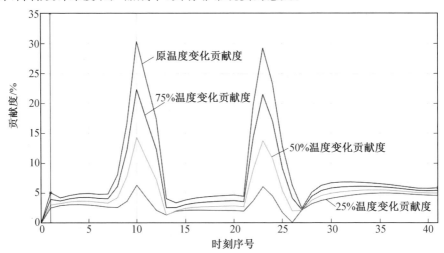

图 12.11　天线温度变化与贡献度关系

12.5　热设计与机械设计的贡献度

通过贡献度分析,可以将贡献度大的关键部件(区域)再进一步细化为热设计的关键部件和结构设计关键部件。细化的规则如下。

对于在轨载荷贡献度大的部件,如果单位载荷贡献度小,说明该部件的贡献主要由载荷引起,此时,根据热分析的结果对温度场进行优化控制,可实现尺寸稳定性指标的改善,该部件称为热设计关键部件;如果单位载荷贡献度大,说明该部件的贡献由载荷和结构自身的特性共同决定,该部件称为尺寸稳定性设计的结构关键部件。

综合前面两小节的讨论可以发现,贡献度与区域定义、指标、时间(时刻或时间区间)相关,在确定关键区域时,必须考虑贡献度的特性,应正确合理地划分区域和定义指标,并明确指标定义的时间特性。依据这些因素考虑不完备时计算得到的贡献度选择的关键区域很可能并不是真正的关键区域,这是选择尺寸稳定性关键区域时应该注意的问题。与此同时,根据贡献度的大小,调整相应区域的材料特性或载荷大小,可以明显改善结构的尺寸稳定性指标,这在设计初期对于选取关键区域和设定结构各个区域的指标分解具有重要的工程意义。

第 13 章

基于温度场反演的在轨尺寸稳定性分析

13.1 概　　述

以分析得到的在轨温度场作为载荷,计算航天器在轨热变形,目前已经是比较成熟的技术,在国内外已得到比较成熟的应用。如 LISA 航天器的光机热分析[1-2],欧洲太空局还制定了包含尺寸稳定性计算的载荷分析手册[3],以及国内高分二号[4]和某遥感卫星的在轨热变形分析[5]等。但航天器入轨后实际的变形情况很难精确获得,因为缺乏有效的计算方法。利用实际在轨温度场进行热变形分析的第一步是通过实测温度数据反演全场温度场,帅永、周晓敏等[6-7]采用自适应算法和加权算法求解航天器热平衡试验中多热源非线性温度场反演问题,并在地质领域开展了相关的研究,但目前的方法都是建立在温度测量数据较多的基础上[8-9]。当前的实际情况是星上资源有限,有些结构板上的温度测点仅有一个,通过数量如此少的已知信息反演温度场,目前尚没有很好的方法。本章以热分析计算结果为温度场分布模型,结合在轨实测温度数据,建立了一种基于模型的温度场反演方法,实现了在轨温度场的反演,进而得到实际航天器的在轨变形情况。

13.2　在轨航天器温度场特性

为研究在轨卫星温度遥测数据的变化规律,对低轨遥感卫星高分七号正式入轨工作早期从 2019 年 11 月 13 日 11 时 03 分 0 秒至 2019 年 12 月 15 日 0 点 22 分 0 秒期间,时间跨度共 480 轨的数据,剔除部分无效数据后形成完整的 474 轨的有效数据开展了数据挖掘分析工作。为研究整星结构在轨温度遥测数据的频域特性,对在轨温度数据进行了频谱分析。图 13.1 为几个轨道周期内典型位置处的温度变化,图 13.2 为某典型测点温度遥测数据的傅里叶幅值谱。通过频谱分析可知,一个轨道周期为 5 679.88 s(约 1.58 h,对应频率为 0.000 176 Hz)。根据太阳同步轨道卫星的外热流特点,选取卫星具有代表性的结构板上的温度进行了分析。从温度遥测数据的频域分析数据可以看出,数据的主要频率成分是轨道频率的 1 倍频,其次是轨道频率的 2 倍频。

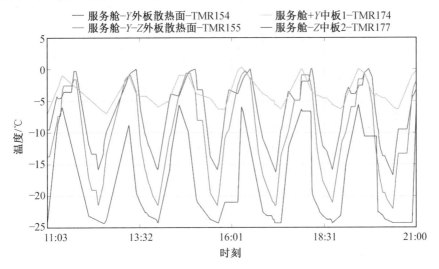

图 13.1　几个周期内典型位置处的温度变化(彩图见附录)

13.3　在轨温度场反演

由于星上资源有限,温度测点在结构上的布局较为稀疏,个别结构板上只有一个温度测点。目前,航天器在轨热分析技术已经比较成熟,计算精度不断提高,与实际在轨温度的差异并不大,尤其是温度的空间分布规律,计算结果与遥

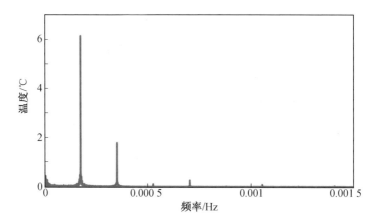

图 13.2　卫星典型位置温度测点遥测数据的傅里叶幅值谱

测数据一致性非常好。这为在轨实测温度数据与仿真分析结果进行结合反演温度场提供了一个可靠的工程背景。图 13.3 为卫星 3 个典型位置 1 个轨道周期内遥测温度与分析温度对比。从图中可以看出，在轨遥测温度与分析温度之间具有非常高的相关性。

基于上述讨论，在提出本书的温度场反演方法之前，首先引入如下假设：

① 分析温度场与在轨温度场具有相同的空间温度梯度的符号。该假设可通俗解释为分析温度场与在轨温度场在空间上升高和降低的方向趋势相同，但此处升高和降低的数值不要求一定相等。

② 在轨温度场为周期变化，且各个周期中，在每个时间相位相同的时刻，分析温度场与在轨温度场具有相同的空间温度梯度符号。

上述两条假设，简单来说就是假设分析温度场与遥测温度场在时间和空间上具有相关的变化规律。注意，此处并未强求变化规律一致，而仅仅满足一定的相关性即可。

在上述两条假设之后，可以用如下步骤生成反演温度场：

① 根据航天器整器结构温度测点分布情况，将航天器划分为 m 个区域，每个区域包含一个温度测点。

② 计算 1 个轨道周期内的整器在轨温度。

③ 假设划分好的某个区域中的 n 个节点在一个轨道周期内的时刻 t 的分析温度为 $T_i T_i(t), i = \{1, 2, \cdots, n\}$，且温度为 $T_k(t)$ 的节点 k 对应的遥测温度为 $T_{\mathrm{ref}} T_{\mathrm{ref}}(t)$，则该区域内在时刻 t 的温度可以反演为

$$T'_i(t) = T_i(t) - T_k(t) + T_{\mathrm{ref}}(t), \quad i = \{1, 2, \cdots, n\}$$

④ 对已经划分出的 m 个区域的每个区域重复步骤 3，得到一个周期内时刻 t 的整器反演温度场。

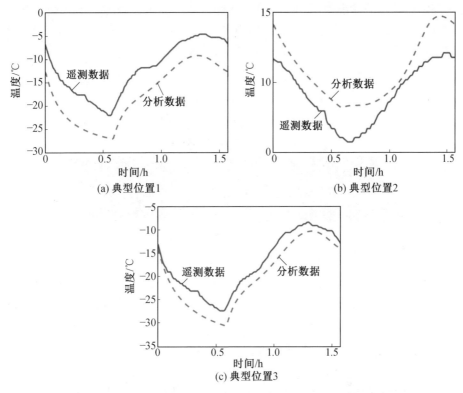

图 13.3　卫星 3 个典型位置 1 个轨道周期内遥测温度与分析温度对比

⑤ 对一个周期内的所有计算时刻重复步骤 ③ 和 ④，得到一个周期内的反演温度场。

⑥ 对在轨的每个周期重复步骤 ③ ～ ⑤，得到多周期、更长时间段内的反演温度场。

针对以上过程进行分析可知，当温度遥测点在航天器上分布足够多时（极限状态每个节点对应一个温度测点），反演精度与遥测数据精度一致；当遥测点减少时，反演精度逐渐趋向于仿真精度，虽然该方法在数学上实现比较简单，但其精度对目前的工程应用来说是可接受的。

13.4　应用背景

利用前几节叙述的方法，将高分七号卫星在轨遥测数据进行了整星温度场反演，并据此计算高分七号卫星有效载荷的在轨夹角稳定性。

高分七号卫星配置一组包含前视和后视的双线阵相机和激光测高仪两种主

要有效载荷,能够获取高空间分辨率立体测绘遥感数据和高精度激光测高数据,卫星构形及有效载荷配置示意图如图 13.4 所示。由于双线阵相机、激光测高仪之间需要配合使用,除成像载荷本身的测量精度外,卫星结构的在轨尺寸稳定性也是影响卫星图像定位精度的重要因素之一。

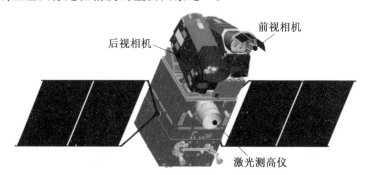

前视相机

后视相机

激光测高仪

图 13.4　高分七号卫星主载荷示意图

总体关于有效载荷安装面的尺寸稳定性要求为:前视相机、后视相机和激光测高仪安装面短期(10 min)在 XOZ 平面内相对夹角变化不超过 0.6″,长期(12 个月)在 XOZ 平面内相对夹角变化不超过 1.5″。为叙述方便,本书后面将这三个指标分别简称为前后视相机夹角、前视相机与激光夹角、后视相机与激光夹角。针对以上指标,细化为如下计算要求。

① 短期稳定性:各工况成像的 10 min 内(相机开机时刻为起点)的最大变化值不超过 0.6″。

② 整轨稳定性:各工况整轨 95 min 内的最大变化值(仅计算结果,指标不做要求)。

③ 长期稳定性:均以相机开始成像点为起点对应点相减,相减差值结果最大值不超过 1.5″。计算工况见表 13.1。

表 13.1　计算工况

工况	载荷每轨开机时间
1	相机 64 min 开机
2	相机 58 min 开机
3	相机 50 min 开机

根据前面的技术指标要求,下面给出短期尺寸稳定性和长期尺寸稳定性的数学计算方法。

假设某一夹角为 x_j^i,其中 i 为轨道数,$i=1,2,\cdots,m,m$ 为当前计算的总轨道数,当 $j=1,2,\cdots,n_t$ 时,m 为每轨开始成像时刻 t_0 开始直到成像完成时刻 t_{end} 之间,时长为 t_1 的 n_t 个点;当 $j=1,2,\cdots,n$ 时,m 为每轨的总点数,则有效载荷安装面在 m 个轨道中每轨夹角稳定性定义为

$$x_{\mathrm{o}} = \max_{i=1,\cdots,m} \left(\max_{j=1,\cdots,n} (x_j^i) - \min_{j=1,\cdots,n} (x_j^i) \right) \qquad (13.1)$$

成像期间短期稳定性定义为

$$x_{\mathrm{d}} = \max_{i=1,\cdots,m} \left(\max_{j=1,\cdots,n_t} (x_j^i) - \min_{j=1,\cdots,n_t} (x_j^i) \right) \qquad (13.2)$$

定义长期稳定性为

$$x_{\mathrm{c}} = \max_{j=1,\cdots,n_t} \left(\max_{i=1,\cdots,m} (x_j^i) - \min_{i=1,\cdots,m} (x_j^i) \right) \qquad (13.3)$$

13.5　整轨夹角稳定性

基于前面叙述的温度场反演方法,首先计算 1 个月期间的整轨夹角稳定性,各个夹角的变化曲线如图 13.5 所示,统计信息见表 13.2。

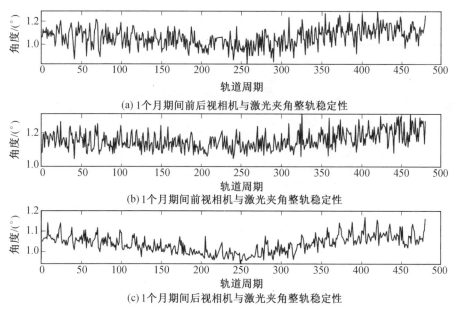

(a) 1 个月期间前后视相机与激光夹角整轨稳定性

(b) 1 个月期间前视相机与激光夹角整轨稳定性

(c) 1 个月期间后视相机与激光夹角整轨稳定性

图 13.5　1 个月期间整轨夹角稳定性

表 13.2　整轨夹角稳定性

安装面法线夹角在 *XOZ* 平面投影	最大值 /(″)	均值 /(″)	标准差 /(″)	变异系数 /%
前后视相机	1.29	1.06	0.08	7.74
前视相机与激光	1.31	1.16	0.05	4.75
后视相机与激光	1.17	1.04	0.04	4.09

比较采用仿真温度场计算得到的各项热变形指标的曲线,可以看出两者最明显的区别是:由仿真温度场计算得到的尺寸稳定性指标曲线非常光滑,且有规律,如果不是计算频域指标,计算 2～3 个轨道周期就能将所有可能的响应数据变化规律覆盖,如果以每一轨内某一指标随轨道数的变化为参数,该参数应该近似一条直线。但从图 13.5 可以看出,由本章在轨反演温度场计算得到的尺寸稳定性指标的变化在各个轨道之间存在明显的波动,两者存在明显的不同,而图 13.5 的这些波动是航天器在轨运行时客观存在的。

以上事实说明,基于在轨实际温度场的尺寸稳定性指标计算是必要的,它可以反映更真实的航天器实际在轨指标,这对后期完善设计、指标的合理分配,以及进一步挖掘尺寸稳定性指标变化规律都具有重要的工程实用价值。

13.6　成像期间短期夹角稳定性

1 个月内成像期间短期稳定性统计分析结果见表 13.3。图 13.6 为 3 个工况成像期间夹角短期稳定性。

表 13.3　1 个月内成像期间短期稳定性统计分析结果

工况	夹角	最大值 /(″)	均值 /(″)	标准差 /(″)	变异系数 /%	占比统计 99%	占比统计 95%
1	前后视相机	0.40	0.25	0.03	12.69	0.35	0.30
1	前视相机与激光	0.36	0.23	0.02	7.97	0.31	0.26
1	后视相机与激光	0.07	0.03	0.01	27.80	0.06	0.05
2	前后视相机	0.35	0.10	0.03	27.99	0.20	0.15
2	前视相机与激光	0.16	0.08	0.01	14.18	0.12	0.10
2	后视相机与激光	0.25	0.13	0.01	10.06	0.17	0.16

续表13.3

工况	夹角	最大值 /(″)	均值 /(″)	标准差 /(″)	变异系数 /%	占比统计	
						99%	95%
3	前后视相机	0.26	0.05	0.03	71.60	0.16	0.12
	前视相机与激光	0.28	0.21	0.02	11.35	0.25	0.24
	后视相机与激光	0.31	0.24	0.02	7.12	0.29	0.28

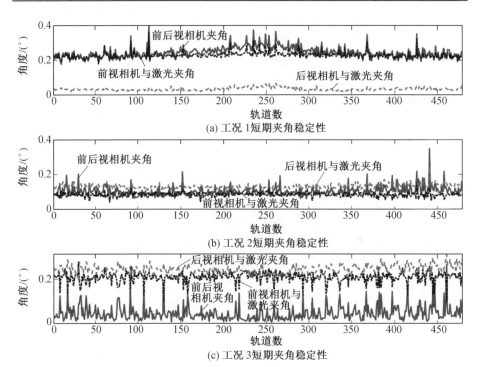

图 13.6　成像期间夹角短期稳定性(彩图见附录)

由表 13.3 和图 13.6 可以看出:① 在寿命初期的 1 个月内,各载荷安装面夹角短期稳定性指标最大值为0.4″,均满足不大于0.6″的指标要求;② 尽管前后视相机共同安装在一个刚度和尺寸稳定性均较好的一体化支架的同一侧,激光安装在另外一侧,但是前后视相机之间的夹角变化并不比其与激光之间的夹角更小,这体现了夹角变化规律的复杂性;③ 有95%的夹角稳定性的数值低于0.3″,即绝大部分轨道的夹角稳定性优于0.3″,它仅相当于全部数据最大值的75%;④3 个有效载荷的夹角稳定性随3个工况的起始时间、成像持续时间不同而出现比较明显的差异,这也体现了尺寸稳定性的复杂性。

13.7　成像期间长期夹角稳定性

根据式(13.3)计算得到长期稳定性,结果见表13.4和图13.7。结果表明,在1个月内,前后视相机安装面法线夹角长期稳定性为0.37″,前视相机与激光安装面法线夹角长期稳定性为0.35″,后视相机与激光安装面法线夹角长期稳定性为0.16″,均远小于1.5″的指标要求。

表13.4　1个月内成像期间长期稳定性分析结果　　　　　　　　　　(″)

工况	安装面法线夹角在 XOZ 平面投影		
	前后视相机	前视相机与激光	后视相机与激光
1	0.35	0.35	0.13
2	0.37	0.35	0.16
3	0.37	0.33	0.16

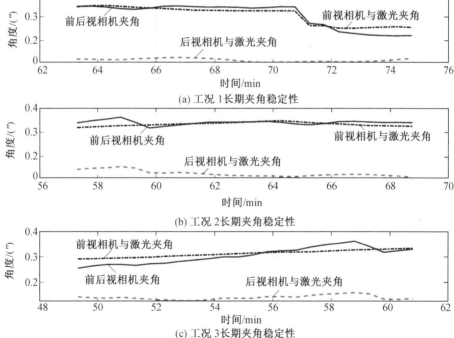

图13.7　成像期间夹角长期稳定性

从图13.7可以看出,一轨内的不同时刻,长期尺寸稳定性是不同的,这也为选择与长期稳定性有关的成像时间提供了依据。

13.8　长期稳定性拟合

总体对各个夹角的长期稳定性指标是在 1 年时间内定义的,而目前的分析仅覆盖了 31 天的数据,因此,通过当前的数据不能直接得到在轨 1 年期间的夹角稳定性。但是,分析表明,当前的长期尺寸稳定性数据呈现了比较强的指数衰减函数的变化规律,因此,可以利用已知 1 个月期间的数据,通过曲线拟合得到各个指标 1 年内的长期稳定性。

假设夹角长期稳定性指标为 y,轨道数为 x,则待拟合的幂函数为

$$y = a + b\mathrm{e}^{cx} \tag{13.4}$$

式中,a、b、c 为待拟合常数。

为研究拟合公式(13.4)对长期稳定性描述的正确性,以工况 1 夹角稳定性为例,将全部数据 474 轨数据分为两部分,前面 450 轨的数据用于拟合参数,后面 24 轨数据用于对拟合预示的结果进行评估。结果如图 13.8 所示。

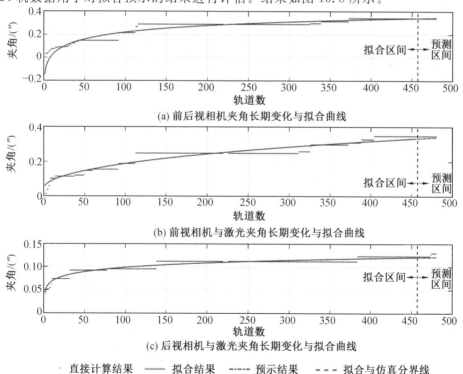

(a) 前后视相机夹角长期变化与拟合曲线

(b) 前视相机与激光夹角长期变化与拟合曲线

(c) 后视相机与激光夹角长期变化与拟合曲线

· · · · · 直接计算结果　　——— 拟合结果　　—·—·— 预示结果　　– – – 拟合与仿真分界线

图 13.8　成像期间夹角长期稳定性拟合

图中标出了各个夹角拟合预测与直接计算得到数据之间存在最大误差处的数值。3 个夹角直接计算和拟合预示之间的误差最大（6.594%），误差在工程可接受范围之内。因此，用拟合公式(13.4) 计算 1 年内的长期夹角稳定性能够达到工程需要的计算精度。

计算表明，1 年内夹角长期稳定性最大值为 1.01″，满足总体 1.5″ 的指标要求。

13.9　夹角尺寸稳定性频域分析

尽管高分七号夹角稳定性计算结果总体上与轨道周期高度相关，但是，每轨之间的数据还存在一定的差异，同时，每一轨的变化规律并不是完美的周期信号，因此，需要对夹角变化的频域特性进行分析，以挖掘数据的频域变化规律。

图 13.9 ～ 13.11 为各个夹角的傅里叶幅值谱曲线，表 13.5 为傅里叶幅值谱前 6 个最大的幅值与对应频率。从计算结果可以看出，在轨道 1 倍频处，3 个夹角的变化幅值比较接近，但在高频处，相差则比较大。而 3 个频域幅值的规律是，前视相机与激光的夹角变化规律和后视相机与激光的夹角变化规律比较一致，说明两个相机的变化同步性较好。

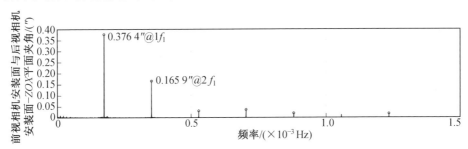

图 13.9　1 月内前后视相机夹角变化傅里叶幅值谱

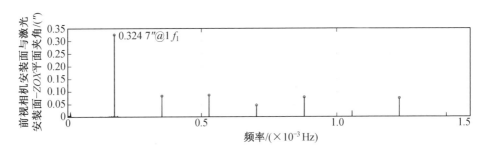

图 13.10　1 月内前视相机与激光夹角变化傅里叶幅值谱

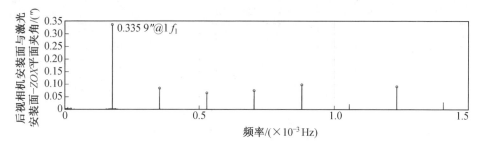

图 13.11　1月内后视相机与激光夹角变化傅里叶幅值谱

表 13.5　在轨夹角稳定性傅里叶幅值谱分析结果

前后视相机	前视相机与激光	后视相机与激光
$0.376\,4@\,1f_1$	$0.324\,7@\,1f_1$	$0.335\,9@\,1f_1$
$0.165\,9@\,2f_1$	$0.083\,09@\,2f_1$	$0.084\,41@\,2f_1$
$0.031\,03@\,3f_1$	$0.086\,35@\,3f_1$	$0.065\,47@\,3f_1$
$0.036\,66@\,4f_1$	$0.046\,55@\,4f_1$	$0.075\,12@\,4f_1$
$0.020\,46@\,5f_1$	$0.077\,98@\,5f_1$	$0.098\,02@\,5f_1$
$0.018\,38@\,7f_1$	$0.074\,92@\,7f_1$	$0.091\,03@\,7f_1$

为研究夹角在不同时间段的频域特性,以前后视相机夹角为例,以 2019－11－13 23:48:17 为起始时间,计算不同时段和不同时长的傅里叶幅值谱,分析结果见表 13.6。从计算结果可以看出,傅里叶变换幅值谱的前两个最大值在 6.344 h 到 28 天的不同时间段和不同时间跨度内,两个最大的幅值变化不大,且没有明显的趋势。因此,如果分析夹角频域特性,并不需要很长时间的数据。与此同时,这个分析结果也再次证明了通过拟合公式外推长期稳定性的计算是符合实际在轨规律的。

表 13.6　前后视相机夹角不同时段傅里叶幅值谱分析结果

计算时刻	距起始时刻时长	最大傅里叶幅值及对应频率
2019－11－14 06:08:56	6.344 h 约 4 轨	$0.362\,3@1f_1$ $0.152\,5@2f_1$
2019－11－14 11:54:13	12.099 h 约 7.7 轨	$0.367\,6@1f_1$ $0.161\,8@2f_1$
2019－11－14 23:55:39	1.005 天约 15 轨	$0.380\,7@1f_1$ $0.162\,5@2f_1$
2019－11－20 15:32:50	7.037 天约 107 轨	$0.374\,1@1f_1$ $0.165\,2@2f_1$

续表13.6

计算时刻	距起始时刻时长	最大傅里叶幅值及对应频率
2019 − 11 − 28 05:39:38	14.244 天约 216 轨	$0.377\ 9@1f_1$ $0.180\ 1@2f_1$
2019 − 12 − 05 00:02:37	21.01 天约 319 轨	$0.369\ 8@1f_1$ $0.174\ 6@2f_1$
2019 − 12 − 11 23:55:56	28.005 天约 426 轨	$0.375\ 5@1f_1$ $0.170\ 0@2f_1$

13.10 稳定性指标与温度相关性分析

双线阵相机、激光 3 个有效载荷之间的夹角变化是由星体温度场变化引起的,但各个位置的温度变化是不同的,找出温度变化与夹角变化规律一致的位置,对抑制结构在轨变形及未来通过温度变化反演夹角变化具有重要的工程意义。

表 13.7 为遥测温度与夹角相关性分析结果,表 13.8 为反演温度与夹角相关性的分析结果。

表 13.7 遥测温度与夹角相关性分析结果

工况描述		前后视相机夹角	前视相机与激光夹角	后视相机与激光夹角
整轨	最大正相关位置	TMR421	TMR404	TMR600
	最大正相关	0.920	0.796	0.864
	最小负相关位置	TMR173	TMR347	TMR610
	最小负相关	− 0.970	− 0.903	− 0.850
工况 1	最大正相关位置	TMR473	TMR371	TMR577
	最大正相关	0.995	0.986	0.786
	最小负相关位置	TMR162	TMR173	TMR175
	最小负相关	− 0.999	− 0.999	− 0.931
工况 2	最大正相关位置	TMR474	TMR579	TMR620
	最大正相关	0.851	0.795	0.982
	最小负相关位置	TMR583	TMR185	TMR611
	最小负相关	− 0.988	− 0.971	− 0.989

续表13.7

工况描述		前后视相机夹角	前视相机与激光夹角	后视相机与激光夹角
工况 3	最大正相关位置	TMR421	TMR553	TMR471
	最大正相关	0.956	0.998	0.997
	最小负相关位置	TMR363	TMR474	TMR553
	最小负相关	− 0.970	− 0.994	− 0.999

表 13.8　反演温度与夹角相关性分析结果

工况描述		前后视相机夹角	前视与激光夹角	后视与激光夹角
整轨	最大正相关位置	服务舱 + Z 板	+ Z 中板	一体化支架 + Z 中部
	最大正相关	0.970	0.903	0.955
	最小负相关位置	服务舱顶板	一体化支架	服务舱 − Y 中板
	最小负相关	− 0.958	− 0.977	− 0.862
工况 1	最大正相关位置	载荷舱 − Y 隔板	承力筒 + Z 侧	一体化支架
	最大正相关	1.000	1.000	0.982
	最小负相关位置	一体化支架	一体化支架	服务舱中板 − Y 侧
	最小负相关	− 1.000	− 1.000	− 0.964
工况 2	最大正相关位置	一体化支架	承力筒 + Y + Z 侧	一体化支架
	最大正相关	0.993	0.998	0.999
	最小负相关位置	载荷舱 + Y 外板	一体化支架	服务舱 + Y 中板
	最小负相关	− 0.995	− 0.998	− 0.999
工况 3	最大正相关位置	一体化支架	服务舱 + Y 中板	一体化支架
	最大正相关	0.960	1.000	1.000
	最小负相关位置	服务舱 − Z 外板	服务舱 − Y 中板	一体化支架
	最小负相关	− 0.96	− 1.000	− 1.000

　　从计算结果可以看出,在多种工况下,结构上存在温度变化与夹角变化相关性非常高的位置,同时,各个工况夹角与温度的相关性不同,最大或最小相关的数据也不同,这说明将温度变化规律与夹角变化规律关联时,需要具体问题具体分析,根据位置和工况的不同,选择不同位置的温度规律进行关联分析。

　　通过对比遥测温度与分析温度和夹角变化的相关性可以看出,因为分析温度场相比于遥测温度场具有更丰富的温度分布,因此,夹角变化与分析温度场之间具有更高的相关性。同时,这也说明通过分析可以获得与变形相关性最大(或最小)的温度测点位置,这为将来通过在轨状态反演过程中的温度测点布置和相关关联关系的建立提供了一个依据。

13.11　反演温度场对尺寸稳定性的重要性

本章的应用分析表明,采用反演温度场进行夹角稳定性的热变形计算,可以得到更真实的航天器在轨尺寸稳定性变化规律。各个轨道周期之间指标的变化规律,较长时间段内的长期稳定性指标的验证,都只能在有反演温度场的前提下才能进行,这是以仿真温度场预示在轨稳定性的常规仿真分析所无法完成的任务。对温度场与夹角变化相关性的分析,也为在轨尺寸稳定性指标的变形实时反演提供了一个依据。

本章参考文献

[1] 游思梁,陈桂林,王淦泉.星载辐射计扫描镜太阳辐射热—结构建模与仿真[J].中国空间科学技术,2011,31(1):62-69.

[2] STEPHEN M M, SHELLY C, WILLIAM B H. Structural, thermal, optical and gravitational modelling for LISA [J]. Classical and Quantum Gravity, 2004, 21(5): 603-610.

[3] ECSS Secretariat. ECSS-E-HB32-26A Spacecraft mechanical loads anaIysis handbook [S]. Noordwijk:ESA Requirements and Standards Division,2013.

[4] 左博,范立佳,杨松,等.高分二号卫星高精度结构热致变形分析研究[J].航天器工程,2015,24(6)增刊:64-70.

[5] 刘国青,罗文波,童叶龙,等.航天器在轨全周期热变形分析方法[J].航天器工程,2016,25(6):40-47.

[6] 帅永,张晓晨,卿恒新,等.基于 I-DEAS 的非线性多热源温度场反演研究[J].宇航学报,2011,32(9):2088-2094.

[7] 周晓敏,管华栋,熊清香.超千米竖井短掘短砌井壁温度场有限元模型反演研究[J].河南理工大学学报(自然科学版),2016,35(1):1-5.

[8] 霍海娥,霍海波,敬成君.不同正交基函数系反演边界温度场比较[J].河南科技大学学报(自然科学版),2014,35(4):26-29.

[9] 娄继琳.大功率真空电子器件内部温度推算及测量技术[D].南京:东南大学,2017.

第14章

基于神经网络的在轨变形反演

14.1 概　述

第13章通过先反演温度场后结合有限元模型计算在轨热变形的方法,为计算航天器实际在轨变形指标提供了技术途径,但该方法是建立在有限元计算基础上的,计算量大,计算精度依赖于温度场的反演精度和有限元模型的精度,该方法比较适用于在轨温度测点多、计算不要求实时性的场合。

当温度测点少,需要快速,甚至实时得到变形数据时,第13章的方法则不再适用。实际上,因为资源有限,航天器上提供能够用于结构热变形反演的温度测点不可能太多,此时的在轨变形计算问题可以表述为如何通过有限的在轨温度测量数据得到航天器在轨的实际热变形,更进一步,考虑到在轨航天器还可以对除温度以外的其他物理量进行测量,如位移、应变等,这个问题可以采用更一般的表述:如何通过少量有限的在轨测量数据,反演航天器的在轨尺寸稳定性指标。第13章的温度场虽然是从在轨测量温度数据反演而来的,但借助了分析模型,所以本质上还是一个数学上的正问题,而本章需要面临的问题则完全不同,需要首先建立输入 / 输出关系,然后对在轨输出进行预测,这是一个反演预测问题。

14.2　在轨预测问题特点

航天器在轨道空间呈周期性运动,其热环境具有一定的周期性,这使得航天器在轨温度和热变形是与时间相关的具有周期性的数据,本质上都是一种时间序列(time series)。

时间序列可以定义为一串与时间相关的有序实数序列,记为 $x=(x_1,x_2,\cdots,x_T),x_i\in\mathbf{R}$。时间序列预测是根据序列 x 所提供的信息进行分析后,对未来将要产生的序列 $x'=(x_{T+1},x_{T+2},\cdots,x_{T+k})$ 中各个变量可能取值的估计。当步长 k 的取值较小时,称为短期预测;当步长 k 的取值较大时,称为长期预测。随着 k 取值的增大,进行预测所需要的计算量和难度也随之增加。具体来说,时间序列预测是一种根据已经获得的历史信息数据对未来发展趋势进行估计的方法,即通过对时间序列包含信息的挖掘,进而找出数据内在的特征和规律性,建立能够处理时间信息的数学模型,并根据该模型和历史数据对未来进行预测[1]。

时间序列的预测都必须首先建模,然后利用模型进行预测。将其应用于航天器的在轨尺寸稳定性指标反演的过程则是首先在地面建立在轨可测量物理量与指标之间关系的时间序列模型,然后利用该模型以在轨测量数据为输入,计算在轨尺寸稳定性指标。

以时间序列方法进行航天器尺寸稳定性指标的在轨计算与常规的时间序列建模－预测过程的主要区别在于:常规的时间序列分析是在相同环境下的建模与预测,而航天器在轨尺寸稳定性计算过程则是在地面环境下的建模与在轨环境的预测。地面环境与在轨环境之间的差异是一直存在的,如何使地面经过验证的模型能够适用于在轨的预测,是采用时间序列方法进行在轨尺寸稳定性指标预测问题面临的挑战。能够满足这一要求的算法显然应该具有一定的自适应能力,即在地面得到的模型,在将其应用于在轨指标计算时,其仿真模型能够根据在轨的输入数据对模型有一定的自适应修改,以使地面建立的模型可用于在轨计算。深度学习一类的算法,显然能够满足要求。

目前,在非平稳时间序列预测领域中应用较多且有较好表现的是基于人工神经网络的时间序列预测方法。人工神经网络通过对人类大脑的模拟,可以解决复杂的非线性问题,是具有一定的自适应能力的数字模型[2-3]。

人工神经网络模型中传递信息和处理数据是通过每个神经元将前一层的所有输出作为输入并进行加权计算,得到的输出作为下一层神经元的输入。作为一种黑箱模型,人工神经网络模型的信息处理过程并不需要先验知识,无须建立额外的数理模型,只需要通过某种方式对神经元的权值参数进行调整,以使人工神经网络模型的输出尽可能地接近真实值。与传统基于统计学的时间序列预测方法相比,人工神经网络模型对时间序列的平稳性没有要求,因此其更适合对时间序列进行预测[4]。

在多种神经网络算法中,引入了时序概念的循环神经网络在时间序列预测方面具有更强的优势[5-11]。而长短期记忆(Long Short-Term Memory,LSTM)网络模型则具有更强的处理长时间距离信息的能力[12-13]。LSTM 网络模型已经被应用于大量和时间序列学习分析相关的领域中[14-15]。

14.3　LSTM 网络模型

对于神经网络来说,网络结构的不同直接影响网络的性能优劣。LSTM 网络结构设计一般包括网络层数设计、各层单元数设计等。

网络层数的设计主要是确定网络隐含层。一般来说,LSTM 网络模型的预测精度会随着 LSTM 层数的增加而提高,但是随着层数的增加,在进行网络训练时就要消耗更多的时间和资源。在网络层数设计时,必须要在预测精度与成本之间进行一定的权衡。

各层单元数设计直接影响到模型的泛化能力。输入层和输出层神经元数量相对好确定,即分别是输入数据维度和输出数据维度。隐含层神经元数量的确定比较困难,如果隐含层单元数量过小,则会导致训练欠拟合;如果隐含层单元数量过大,则会导致过拟合,并且随着神经元数量的增加,需要更多的时间去训练网络模型。无论是欠拟合还是过拟合都会导致网络模型预测精度不理想,因此需要找到合适的隐含层神经元数量,但是目前没有相应的理论对隐含层神经元数量的选取进行指导,常用的方法包括人工试错法和使用特定的优化算法进行超参数优化。

在理论研究和实际应用中,经常采用较为简单的三层网络,即一个输入层、一个隐含层和一个输出层,如图 14.1 所示。本章选用三层网络用于验证 LSTM 网络模型的可行性。

LSTM 网络模型对测试的预测流程如图 14.2 所示。首先获取用于验证算法的样本集,并进行数据预处理;然后将样本集按照时序以 70%、15%、15% 的比例划分为训练集、验证集和测试集,其中训练集用于网络模型参数学习,验证集用于防止训练过拟合,测试集用于对模型进行精度评估;接着将训练集和验证集输入 LSTM 网络模型中,并开始训练模型;最后将训练好的模型用于对测试集的预测。

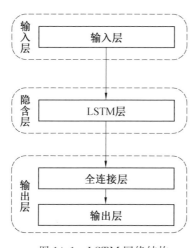

图 14.1　LSTM 网络结构

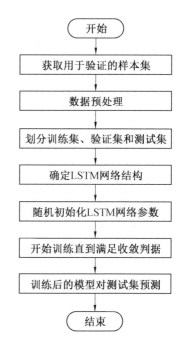

图 14.2　LSTM 网络预测流程

14.3.1　样本集与数据预处理

用于神经网络训练的样本集包括输入数据和输出数据,样本集的公式表示为

$$D=\{(x_1,y_1),\cdots,(x_i,y_i),\cdots,(x_N,y_N)\},\quad i=1,2,3,\cdots,N \quad (14.1)$$

式中,x_i 为输入数据,所有输入数据组成输入空间 X;y_i 为输出数据,所有输出数据组成输出空间 Y。

输入数据可以是航天器在轨测量的可用于预测尺寸稳定性指标的任何物理量数据;输出数据为航天器在轨尺寸稳定性指标数据。

尽管航天器可用于尺寸稳定性预测的在轨测量数据有限,但可获得的各种测量数据并不是都对尺寸稳定性指标预测有用,有些测量数据可能还会对建模过程产生干扰,所以,在进行建模之前,需要对测量数据进行筛选。只有符合要求的数据才会被列入输入数据集 X 中。

筛选方法包含两个步骤。

1. 人工筛选

航天器在轨测量数据包含机、电、热等各类信号,并不是所有数据都可用于尺寸稳定性预测,有些数据是可以根据经验和常识直接人工排除的。

2. 算法筛选

常用的算法筛选是相关性度量计算，筛选用的指标是最大信息系数（MIC）。

假设有 m 个输入变量，n 个输出变量，记 m_{ij} 为第 i 个输入变量 $X^{(i)}$ 与第 j 个输出变量 $Y^{(j)}$ 之间的 MIC 值，其信息系数矩阵为

$$\boldsymbol{M} = \begin{bmatrix} m_{11} & m_{12} & \cdots & m_{1n} \\ m_{21} & m_{22} & \cdots & m_{2n} \\ \vdots & \vdots & & \vdots \\ m_{m1} & m_{m2} & \cdots & m_{mn} \end{bmatrix} \tag{14.2}$$

MIC 的值越大，相关性越高。

目前应用较为广泛的相关系数包括：

①Pearson 相关系数。

$$m_{ij}^{\text{p}} = \frac{\sum_k (X_k^{(i)} - \overline{X}^{(i)}) \sum_k (Y_k^{(j)} - \overline{Y}^{(j)})^2}{\sqrt{\sum_k (X_k^{(i)} - \overline{X}^{(i)})^2} \sqrt{\sum_k (Y_k^{(j)} - \overline{Y}^{(j)})^2}} \tag{14.3}$$

②Spearman 相关系数。

$$m_{ij}^{\text{s}} = 1 - \frac{6 \sum_k d_k^2}{N(N^2 - 1)} \tag{14.4}$$

式中，N 为数据长度；d_k 为两个数据次序的差值，$d_k = rg(X_k^{(i)}) - rg(Y_k^{(j)})$。

③Kendall 相关系数。

$$m_{ij}^{\text{k}} = \frac{2(n_{\text{c}}^{ij} - n_{\text{d}}^{ij})}{N(N-1)} \tag{14.5}$$

式中，n_{c}^{ij} 和 n_{d}^{ij} 表示第 i 个输入变量 $X^{(i)}$ 与第 j 个输出变量 $Y^{(j)}$ 之间同序和不同序的数量。

14.3.2　LSTM 网络训练收敛判据

LSTM 网络模型训练达到收敛的判据如下：

① 验证集最小均方误差连续一定次数不更新。

② 训练集最小均方误差连续一定次数不更新。

③ 训练集均方误差减小幅度连续一定次数小于给定误差 ε。

上述三个收敛判据满足其一，即停止网络训练并认为其收敛。

14.3.3　LSTM 网络模型超参数优化

在神经网络模型中，除了可以直接通过梯度下降法进行训练优化的网络权

重参数外,还存在不可通过样本直接学习的超参数需要优化。在 LSTM 网络模型中,超参数包括隐含层层数、隐含层单元数量、学习率、正则化系数等。这些超参数的优化是一个组合优化问题,而对于每一组超参数组合,需要重新对神经网络模型进行训练才能进行量化评估,导致评估超参数配置的时间成本非常大。比较简单的超参数组合寻优方法是人工试错的方法,但是这种方法不仅需要充足的时间和耐心,还需要比较丰富的经验。因此,需要一种高效的、不依赖于分析经验的优化算法对神经网络超参数进行优化。

目前,常用的神经网络超参数优化算法包括网格搜索、随机搜索、遗传算法、粒子群算法和贝叶斯算法等。其中,贝叶斯算法对于求解目标函数未知、非凸、多峰和评价代价高的复杂优化问题有很强的适用性。作为一种自适应的超参数搜索算法,贝叶斯优化算法能根据当前已经试验的超参数组合推进后续对超参数组合的预测。基于贝叶斯优化算法的优势,本章选用该方法作为 LSTM 网络模型超参数的优化方法。

贝叶斯算法可以优化 LSTM 网络模型超参数需要给定一个待优化的目标函数,本章选用的是 LSTM 网络对样本数据测试集预测的 RMSE,其能够对网络模型的整体预测精度进行量化评估,是较为合适的目标函数。由于本章中数据量级较小,因此使用的是归一化后的数据计算目标函数,以尽可能避免计算过程中对精度的影响。

使用贝叶斯算法优化 LSTM 网络模型超参数,并将优化后的 LSTM 网络用于对航天器结构热变形的预测,具体流程如图 14.3 所示。

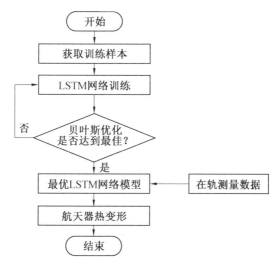

图 14.3　基于贝叶斯优化 LSTM 网络模型的预测流程

14.3.4　训练过程的重采样

贝叶斯优化算法可以给出 LSTM 网络模型超参数组合的最优解，实践表明，基于贝叶斯优化的 LSTM 网络模型对在轨尺寸稳定性指标能给出精度较高的预测。但是，贝叶斯优化 LSTM 网络模型超参数通常需要消耗较大的计算量和时间，这在一定程度上限制了其在航天领域上的应用。为提高优化效率，减小数据长度，以减少优化所需时间和计算量，可以将重采样方法加入到超参数贝叶斯优化过程中。

设原始样本集数据为 $D=\{(x_1,y_1),\cdots,(x_i,y_i),\cdots,(x_N,y_N)\},i=1,2,3,\cdots,N$，则步长为 k 的重采样方法是每 k 组抽取其中第 1 组数据作为新的样本集。重采样的数据组成新的样本集，记为 $D=\{(x_{k1},y_{k1}),(x_{ki+1},y_{ki+1}),\cdots,(x_{km+1},y_{km+1})\}$，其中 m 为小于 $N/(k-1)$ 的最大正整数。

通过重采样方法分别选取用于 LSTM 网络模型超参数优化的训练集和验证集，然后使用贝叶斯优化算法得到超参数组合最优解，最后用优化后的超参数组合赋值给使用原训练集和验证集用于预测测试集输出，工程实践表明，采用重采样方法可以在几乎不降低精度的前提下大幅提高计算效率。

14.3.5　评价指标

对神经网络预测精度的评价指标有很多种，其中最为简单的方法是图像法，即将目标值与预测值在同一张图上表示，曲线重合越多，预测性能越好，误差越小；曲线重合越少，预测误差越大。但是图像法是一种主观的方法，其不能对预测的精度进行量化评估。

目前存在多个量化指标，从多角度对 LSTM 网络模型预测结果进行精度量化评价，这些指标包括以下几种。

（1）均方根误差（RMSE）。

$$\mathrm{RMSE}=\sqrt{\dfrac{\displaystyle\sum_{i=1}^{n}\left(f(x_i)-y_i\right)^2}{n}} \tag{14.6}$$

式中，$f(x_i)$ 表示预测值；y_i 表示真实值，下同。

（2）平均绝对误差（MAE）。

$$\mathrm{MAE}=\dfrac{\displaystyle\sum_{i=1}^{n}\left|f(x_i)-y_i\right|}{n} \tag{14.7}$$

（3）平均相对误差（MRE）。

$$\mathrm{MRE}=\sum_{i=1}^{n}\left|\dfrac{f(x_i)-y_i}{n\,y_i}\right|\times100\% \tag{14.8}$$

(4) 最大绝对误差 MaxAE。

$$MaxAE = \max(|f(x_i) - y_i|) \tag{14.9}$$

14.4 LSTM 网络的预测应用

14.4.1 预测结果及精度

以第 13 章中高分七号卫星的温度数据和有效载荷夹角数据分别作为输入、输出,采用 LSTM 网络对输出数据进行预测。预测结果如图 14.4 所示。三个子图分别为三个夹角输出预测值与目标值之间的对比,其中纵坐标为输出数据角度,横坐标为时间。

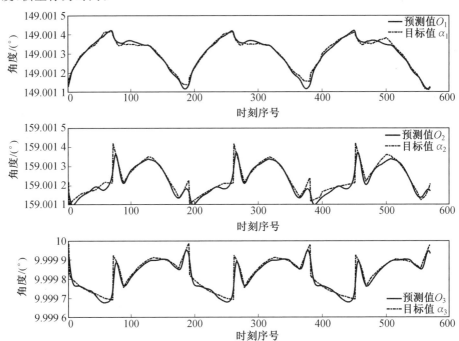

图 14.4　LSTM 模型预测结果与实测值对比

使用度量指标对 LSTM 网络预测结果进行量化评价,其平均相对误差 MRE 最大为 2.4%。由此可见,LSTM 网络的预测具有比较高的精度。

14.4.2 噪声对预测精度的影响

航天器在轨测量数据中不可避免会包含测量噪声,有测量噪声情况下的预测精度,对预测算法的工程应用更有实际意义。为此,考虑输入数据和输出数据都包含噪声情况下的预测结果,假设输入温度噪声均值为零,标准差为 $0.1 \sim 1\,℃$,输出测量角度测量误差均值为 0,标准差为 $0.05° \sim 0.5°$,预测误差随噪声变化如图 14.5 所示。

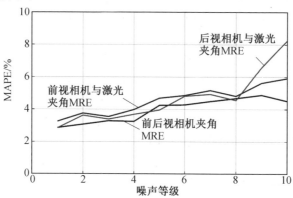

图 14.5　预测误差随噪声变化

从图 14.5 的曲线可以看出,预测误差随着噪声的加入有逐渐增大的趋势,但在最大测量误差的情况下,其预测误差也没有超过 10%,说明 LSTM 神经网络的预测算法具有很好的抗噪声鲁棒性,其算法具有工程适用性。

本章参考文献

[1] BOX G E P, JENKINS G M, REINSEL G C, et al. Time series analysis: forecasting and control[M]. New York: John Wiley & Sons, 2015.

[2] PALITA A K, POPOVIC D. Computational intelligence in time series forecasting: theory and engineering applications[M]. Heidelberg: Springer Science & BusinessMedia, 2006.

[3] CORTEZ P. Sensitivity analysis for time lag selection to forecast seasonal time series using neural networks and support vector machines[C]//The 2010 International Joint Conference on Neural Networks (IJCNN), Piscataway, NJ: IEEE, 2010: 1-8.

[4] ASSAAD M, BONÉ R, CARDOT H. A new boosting algorithm for improved time-series forecasting with recurrent neural networks [J]. Information Fusion, 2008, 9(1): 41-55.

[5] SAAD E W, PROKHOROV D V, WUNSCH D C. Comparative study of

stock trend prediction using time delay, recurrent and probabilistic neural networks[J]. IEEE Transactions on neural networks, 1998, 9(6): 1456-1470.

[7] HOCHREITER S. Recurrent neural net learning and vanishing gradient [J]. International Journal of Uncertainty, Fuzziness and Knowledge-Based Systems, 1998, 6(2): 107-116.

[8] GULCEHRE C, CHO K, PASCANU R, et al. Learned-norm pooling for deep feedforward and recurrent neural networks[C]//Joint European Conference on Machine Learning and Knowledge Discovery in Databases, Heidelberg: Springer, 2014: 530-546.

[9] BENGIO Y, SIMARD P, FRASCONI P. Learning long-term dependencies with gradient descent is difficult[J]. IEEE Transactions on neural networks, 1994, 5(2): 157-166.

[10] HOCHREITER S, BENIGO Y, FRASCONI P, et al. Gradient flow in recurrent nets: the difficulty of learning long-term dependencies[EB/OL]. [2022-10-15]. https://cdn. intechopen. com/pdfs/38411/InTech-Comparative_review_study_on_elastic_properties_modeling_for_unidirectional_composite_materials. pdf.

[11] SCHUSTER M, PALIWAL K K. Bidirectional recurrentneural networks [J]. IEEE Transactions on Signal Processing, 1997, 45(11): 2673-2681.

[12] HOCHREITER S, SCHMIDHUBER J. Long short-term memory[J]. Neural computation, 1997, 9(8): 1735-1780.

[13] GRAVES A. Long short-term memory[C]//Supervised sequence labeling with recurrent neural networks, Heidelberg: Springer, 2012.

[14] 王鑫, 吴际, 刘超, 等. 基于 LSTM 循环神经网络的故障时间序列预测 [J]. 北京航空航天大学学报, 2018, 44(4): 772-784.

[15] MA X, TAO Z, WANG Y, et al. Long short-term memory neural network for traffic speed prediction using remote microwave sensor data [J]. Transportation Research Part C: Emerging Technologies, 2015, 54: 187-197.

第15章

验 证 流 程

15.1 概 述

对于一般航天器结构的验证来说,无论是分析还是试验都可以单独或同时作为验证手段,其有效性都可以保证。例如结构的主动段承载能力验证,对于成熟型号来说,仅通过分析验证即可;对于新型号,通过在一定载荷下进行试验,其承载能力也可以得到验证。但尺寸稳定结构因为其变形尺度小,变形不仅与当前载荷有关,还可能受工艺、装配、环境等多因素的影响,材料特性参数和环境载荷不确定性的影响往往也不容忽略,因此,除非是有良好继承性的成熟设计,否则仅仅通过分析进行尺寸稳定性验证的可信度非常低。而尺寸稳定结构的试验验证则往往很难模拟实际在轨载荷,这使得一些尺寸稳定结构设计的指标成为不可测项。因此,就目前的航天科技水平而言,以试验进行部分验证,同时设计试验工况,将试验结果作为模型修正的依据,然后通过修正的、已被试验验证是正确的模型进行尺寸稳定性分析验证,是尺寸稳定结构验证的有效方法。

尺寸稳定结构的验证流程主要包括如下工作内容。

(1) 验证策划。

尺寸稳定性验证过程中的策划非常重要,切忌简单照搬其他产品的验证流程,应根据产品、环境、指标等各方面的特性,制订符合自身特点的策划。策划是贯穿整个验证流程的,从开始的顶层验证策划到实施阶段各项工作,都需要进行事前策划。

（2）验证方案。

对于成熟产品的试验验证来说，方案并不是必需的，但对于尺寸稳定性验证而言，制订验证方案这项工作不能省略。方案应是合理可行的，并通过仿真分析确认试验方案是有效的，同时，还应考虑时间进度和经费等约束。

（3）试验大纲。

试验大纲是对试验方案的细化，并将试验方案转化为对试验实施的要求。试验大纲给出试验件状态、试验工况、测量要求、工作分工等的详细描述，供试验实施单位作为开展工作的输入和依据。

（4）试验预分析。

试验预分析是尺寸稳定性试验验证必不可少的一个环节。通过预分析，首先可以得到试验有效与否的结论；其次，将其与试验过程中的试验结果进行对比，可以及时发现试验中出现的问题和异常；最后，预分析的模型也是试验后进行模型修正的一个最佳起点。

（5）试验实施细则。

因为尺寸稳定性试验的复杂性，制订专门的试验实施细则是必要的。实施细则包括了产品操作、加载、测量等多个环节的实施细化，通过编制实施细则，可以更进一步对试验的合理性进行检验，并指导具体试验的实施。

（6）试验总结。

对试验过程、试验数据、试验结果进行描述，并给出是否达到试验目的的结论。

（7）验证总结。

如果尺寸稳定性的验证是分析与试验两者共同进行的，则需要以分析和试验相结合完成最后的验证总结。

15.2　验证策划

15.2.1　验证方式

尺寸稳定性的验证方式包括以下几种。

1. 分析验证

如果尺寸稳定结构设计具有比较好的继承性或对新设计的结构通过分析得到的结果相对指标有 5 倍以上的裕度，则可以通过分析对设计进行验证而不必进行试验验证。

2. 试验验证

如果不满足分析验证中所列仅进行分析验证的条件,且具备试验验证条件的尺寸稳定结构,建议通过试验进行验证。

3. 分析与试验组合验证

如果尺寸稳定结构设计不满足分析验证和试验验证,但可以在材料级、构件级或系统级中开展部分试验验证,则此时可将分析与试验结合起来,通过试验修正模型,然后通过分析对尺寸稳定结构设计进行验证。

如果在策划验证方法的过程中发现尺寸稳定结构设计不能满足上述三条中的任何一条,则这种结构设计将面临比较大的风险,应避免这种情况的出现。

15.2.2　试验目的

试验目的可以有很多,但最主要的试验目的有两个:验证指标和修正分析模型。试验目的不同,决定了试验的难度、经费和周期不同。制订试验目的务必从实际出发,尤其是系统级试验,对验证指标这一试验目的的选择应该慎之又慎,否则不但达不到试验目的,还可能造成时间和经费的浪费。

15.2.3　试验层级

尺寸稳定结构的试验验证包括材料级、构件级和系统级试验验证。需要进行材料级测试的情况如下:

① 新材料或材料性能数据不清楚。

② 材料性能与使用环境有关,而使用环境下的数据并不掌握。

③ 材料性能数据精度不能满足尺寸稳定结构设计和分析要求。

当某一结构构件自身为尺寸稳定结构或作为识别出的尺寸稳定性敏感构件时,应进行构件级尺寸稳定性试验。此外,当尺寸稳定结构性能不仅与材料性能有关,还与制造工艺、结构特征构型有关时,也应进行构件级试验。

当尺寸稳定结构是整器构型类型或者尺寸稳定结构与整器结构耦合比较紧密而不能单独进行试验验证时,需要进行系统级试验。此处的系统级试验包括整器级和整舱级试验,可根据实际情况选择进行。

15.2.4　产品状态与组成

产品状态与组成包括产品是真实设计状态还是模拟状态,是部分真实还是全部真实,如果存在模拟部分,模拟的真实性如何,是否影响验证的有效性,是否能够达到验证目的,都需要通过详细分析后确定。产品状态还与测量物理量和测量方法有关。策划好产品的试验验证状态后,将策划的状态传递到设计与制造环节,投产试验件。在试验测量过程中可能需要在试验件表面进行贴靶标、喷涂和安装立方镜等操作,应将相应的要求纳入试验件的设计内容。

15.2.5　测量物理量与方法

尺寸稳定性指标有多种物理量的定义,有些物理量可以直接测量,例如位移;有些物理量则很难测量,需要测量其他物理量,然后通过计算得到,例如机械平面的法线指向,这可以看作是一种间接测量。对于间接测量的物理量可能存在多种测量方法,应选择具有足够工程成熟度的方法。尤其是转角类,当以立方镜指向进行转角测量时,应特别注意局部变形与整体转动之间是否具有严格的一致关系,应避免立方镜安装局部变形导致的两者不一致的现象出现。对于在航天结构中首次应用的新测量方法,应制订对该方法在工程中的适应性验证。还要考虑测量系统对试验环境的适应,如有些试验要在热真空环境下进行,此时就需要考虑试验系统应具备在热真空环境下正常工作的能力。

15.2.6　载荷环境模拟

载荷环境模拟分为完全模拟和部分模拟两种情况。对于完全模拟,重点考虑模拟的必要性、可行性和合理性;对于部分模拟,重点在于试验的有效性。无论采用何种模拟方式,都应该考虑试验的周期和经费的约束。

15.3　验证方案与大纲

编制验证方案和试验大纲时,应该根据前期策划,尤其应该根据产品自身验证的特点,制订有针对性的方案和大纲。

15.3.1　产品试验状态

产品的试验状态与设计状态相关,但在试验验证过程中,还存在是否需要安装有效载荷或其他次级结构的问题,需要安装的其他载荷和结构产品的状态也需要关注。安装其他结构,表面上看起来是增加了验证的真实性,但安装结构与试验件之间存在的耦合,也增加了试验的复杂性,同时还可能引入一些不确定性因素,需要在安装其他结构与否之间进行试验效果评估,找到一个平衡点,以此作为确定产品试验状态的依据。

15.3.2　产品的试验边界

产品在尺寸稳定性试验过程中的边界,除了机械边界以外,还可能存在其他的环境边界。如热变形试验过程中,如果不进行隔热处理,结构安装边界与外部环境就可能进行热量交换,使得边界上的温度与试验预设温度产生偏差,从而影响试验的有效性。因此,产品试验过程中应保证:

①　试验件的机械边界应保证结构仅仅被约束了刚体运动。

②　试验件在边界处的环境应保证与预设环境条件一致。

如果上述两条不能全部满足,应对边界影响进行分析,以确定边界影响是否在工程可接受范围。

15.3.3　试验载荷

试验载荷应能够覆盖在轨工作环境的载荷范围,并有一定的余量。如果因为试验客观条件不能在一项试验中覆盖,则应保证在材料、构件和系统级三项试验中至少有一项能够覆盖。

15.3.4　试验工况

以指标验证为目的的试验工况,应是考虑在轨工况包含一定不确定性后的载荷集。以模型修正为目的的试验工况,应能使结构变形与待修正参数之间有明显的关联,且各个用于模型修正的加载载荷应以简单载荷优先选择,因为简单载荷更容易模拟,且出现异常的概率低,出现异常后也比较容易排除故障;而复杂载荷工况,表面上看可能是更真实的模拟,但其加载更易受各种环境因素的影响,其加载精度常常并不理想,多数情况下,复杂工况的效率都不如简单载荷工况对修正模型更有效。

试验方案和大纲中规定的工况是初步暂定的,需要在预试验后根据预试验的结果做最终工况的确认。

15.3.5　试验预分析

尺寸稳定性试验前应进行试验预分析,尤其注意试验件在整器状态下、试验状态下的差异,包括工装和边界的影响,都应该纳入到预分析中,分析两者差异对试验有效性的影响是否可接受。

15.4　试验实施细则

15.4.1　测量系统

测量系统最重要的一个关注点是测量系统的精度。在开始测量之前,应对测量系统进行误差分析,以保证测量系统精度满足测量要求。在评估测量系统精度时,应特别关注如下两个重要的区分。

（1）区分测量仪器精度与测量系统精度。

评估测量系统精度时,不能将单个传感器或单个测量仪器的精度作为最终的测量系统精度,应将整个测量系统作为精度评估对象,包括测量信号传递过程中的噪声、数据处理的误差、环境噪声的影响等,都应该计入。

（2）区分实验室精度与试验现场精度。

测量系统在实验室环境时处于理想测量条件,干扰最小,可以达到或接近理论测量精度。但当测量系统在航天器试验现场进行测量时,常常不可避免地引入各种不可预期的干扰,这些干扰引入的测量噪声也必须在评估精度时予以考虑。

此外,测量系统应适应使用环境,如果没有相同使用环境下的经历,应进行试验测量系统的适应性验证。

15.4.2　试验工装

试验工装包括试验件工装和测量系统工装。试验过程中,最容易忽略的环节就是工装,而尺寸稳定性试验中影响最大的往往也是工装。对试验件工装来说,试验过程中应保证不引入额外的变形,也不能对试验件的变形产生额外的约束。而对于测量系统来说,其工装的变形必须在计算测量系统误差时予以考虑。如果不能剔除工装的影响,则需要对工装的影响进行评估,或对工装引起的测量偏差进行标定。

15.4.3　试验环境

尺寸稳定性试验对试验现场环境的要求非常严格,一些高精度测量的要求甚至可以用苛刻来形容。试验测量过程中应做到:

① 环境是恒温、恒湿的。

② 应尽量关闭一些容易产生噪声的设备,如风扇。

③ 严禁人员在试验测试现场走动。

④ 严禁任何可能改变试验环境的突然性动作,如开关门窗、空调、改变光照条件等。

15.4.4　背景噪声测试

在开始试验之前,应针对不加载的试验件进行背景噪声测试。因为没有加载,此时的测量值理论上应该为 0,但在试验现场,因为存在各种干扰,实际的测量值将是非零的,对测量值进行分析评估可以确定测量系统在试验现场的不确定度。测量背景噪声的另外一个目的是可以得到测量系统的时间漂移特性,因为尺寸稳定性试验的时间都比较长,测量系统的时间漂移特性对评估测量系统的精度非常重要。背景噪声的测量时长不应短于尺寸稳定性正式试验一个工况所需的时间,如果不能做到,则测量时长不应短于 8 h。

15.4.5　预试验

在正式试验开始之前应进行预试验,预试验过程中的产品状态、试验测量系统与正式试验一致,加载载荷可适当裁剪。预试验的目的如下。

(1)评估环境噪声影响。

如果在预试验加载情况下的测量值与背景噪声在同一量级,则说明背景噪声太大,此时需要采取措施,降低背景噪声。

(2)评估加载系统能力。

根据试验情况,评估试验系统的加载能力、加载精度是否满足试验技术要求。如果与试验前的预估有差异,需要评估加载系统对验证有效性的影响。

(3)评估测量系统精度。

将试验测量结果与预分析结果进行对比,看是否符合预期,如果不符合预期,必须找出原因所在,解决问题后才能开展正式试验。如果不能通过经验和理论分析得到测量结果不符合预期的原因,则建议对有理论解的标准试验件在相同环境下进行测试,以确定试验测量系统精度是否满足要求。

(4)评估试验件正式试验变形状态。

根据预试验状态,评估正式试验载荷下的变形,如果预估正式试验变形过大或过小,则需要根据测量系统的精度、量程,以及加载系统的能力对正式试验的载荷进行调整。

15.5　验证总结

验证总结是对全部分析、试验(材料、构件和系统级)验证工作的综合评价。

总结应对如下内容进行综合评述。

1. 试验目的达到情况

已完成的材料、构件和系统级试验的验证项目的说明,试验目的的达到情况。

2. 试验件状态

试验中的试验件状态,包括边界、安装附件情况。

3. 试验过程

试验流程执行情况,试验中有无异常情况出现。

4. 加载情况

试验过程中的加载是否满足要求。

5. 测量情况

试验系统搭建情况,试验中的测量精度是否满足要求,实际测量误差的评价。

6. 数据处理

试验数据的处理方法,数据处理结果判读与评价。

7. 环境

试验环境温湿度是否满足要求,环境干扰是否满足要求。

8. 分析模型修正

验证过程中有试验工作的,应根据试验结果对分析模型进行修正,并用修正后的模型再次对试验件的各个工况进行分析,并在此基础上完成最终状态的尺寸稳定性分析,以确定结构的尺寸稳定性指标满足情况。

以上各项中,如果试验中的状态与方案或大纲要求不一致,应进行重点说明。

15.6　尺寸稳定性专项验证流程

15.6.1　热膨胀性能试验

热膨胀性能试验一般包括材料级热膨胀系数和弹性模量测试以及空间环境对以上材料性能的影响测试、部件级热变形试验和系统级热变形试验。在高尺寸稳定性结构研制过程中,热膨胀性能试验验证流程如图 15.1 所示。

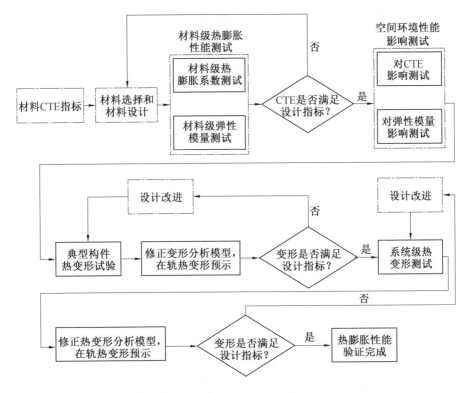

图 15.1　热膨胀性能试验验证流程

15.6.2　地面重力载荷试验

地面重力载荷试验一般称为重力释放试验,用于评估在轨零重力状态与地面组装和测试状态下的系统性能变化。在高尺寸稳定性结构研制过程中,重力载荷试验验证流程如图 15.2 所示。

图 15.2　重力载荷试验验证流程

15.6.3　湿膨胀性能试验

湿膨胀性能试验一般包括材料的湿膨胀系数测试和系统级湿变形试验。在高尺寸稳定性结构研制过程中,湿膨胀性能试验验证流程如图 15.3 所示。

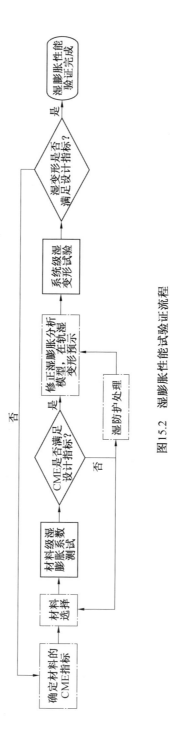

图15.2　湿膨胀性能试验验证流程

第 16 章

变形测量

16.1 概　述

　　航天器高尺寸稳定性结构试验验证包括材料、零件(或组件)和系统级状态的验证。验证过程中可能涉及载荷环境的模拟、试验测量系统的选配和搭建、高精度测量以及有效的后期数据处理技术。

　　在航天器尺寸稳定性结构设计和验证过程中,试验验证主要有以下目的:第一,获取对结构尺寸稳定性性能较为关键的材料性能参数,如热膨胀系数和弹性模量等,为结构尺寸稳定性设计提供基本的材料参数;第二,获取材料在空间环境作用下关键性能的退化规律,并对材料关键性能参数的取值范围和离散性进行评估,为结构尺寸稳定性设计中的鲁棒性设计提供依据;第三,获取结构部件在特定温度或载荷工况下的变形,为设计优化和修正分析模型提供依据;第四,获取结构系统在特定温度或载荷工况下的变形和尺寸稳定性指标的测试值,验证结构尺寸稳定性设计的合理性,并为在轨稳定性指标分析预示提供依据。

　　工程经验表明,对于金属结构来说,在准确测量了材料级的热膨胀系数后,大型金属结构部件的宏观热膨胀特性与理论计算比较一致;但为了减轻质量,对于大量使用复合材料结构的现代航天器来说,以材料级热膨胀特性为基础,对航天器整器热变形计算得到的结果往往与实际变形存在较大的误差。主要原因:首先,在复合材料结构制造过程中,大型结构比用于热膨胀系数测试的小型试样往往会有更多的缺陷;其次,形状复杂的结构也会对铺层设计产生影响,导致实际产品的铺层角出现因为工艺原因导致的偏转;最后,大型结构中各种复杂的连接(胶结、螺接等)也会对结构热变形产生难以预测的影响。不只是热变形,在结构尺寸稳定性涉及的尺度内测量其他类型的变形时,上述情况都不同程度地出现,这使得通过试验对尺寸稳定性进行验证非常必要。

16.2   对变形测量系统的要求

变形测量分为地面测量和在轨测量。本节叙述的是研制过程中的地面测量。

适用于航天器地面尺寸稳定性变形测量的系统应该满足如下要求。

(1)接触形式。

变形测量过程中,测量系统与试验件的任何接触都会在测量数据中引入干扰,因此,测量系统与被测试验件之间应该是无接触的,即优先选用非接触式测量。如果仅有接触式测量方法可供使用,则应对接触产生的干扰进行评估。如果必要,还需对接触部位进行适应性处理,以确保测量结果有效。

(2)对试验件状态的改变。

有些测量方法需要对试验件表面进行特殊处理,如贴靶标或进行喷涂。选择测量方法时,应首先了解测量方法对试验件被测表面的处理要求,因为正样件一般不允许对表面进行处理,所以,还要了解被试产品表面允许的处理方式与测量要求之间是否存在冲突。

(3)环境适应。

测量系统对试验现场的温湿度变化以及其他各种干扰应该是不敏感的。

(4)特殊要求。

有些测量需要进行很长时间,此时,测量系统的时间漂移特性必须满足要求;有些测量需要在高低温或真空下进行,此时测量系统则应具备在相应环境下正常工作的能力。

16.3   变形测量方法

16.3.1   数字图像相关测量方法

数字图像相关(Digital Image Correlation,DIC)测量方法是一种基于数字图像处理和数值计算的非接触变形测量技术。DIC测量方法最初用于二维变形测量[1]，后期又发展出基于双摄像机的三维 DIC 测量方法[2] 以及多相机测量方法[3]，该方法将物体表面随机分布的斑点或人工制作的散斑场作为观测对象，通过跟踪和匹配变形前后所采集图像的灰度信息，测量物体在外载荷作用下表面整体的瞬时位移场和应变场。其技术核心为数字图像相关技术和双目视觉测量技术。DIC 测量系统的精度可达 1 μm。一套简单的 DIC 测量设备如图 16.1 所示，它包含一组相机和一个单色光源。

图 16.1 数字图像相关测量设备

DIC 测量方法具有光路简单、可用白光作为光源、受外界影响小、对隔振条件要求不高、全场测量等优点。散斑图的形成有多种方法：可由激光照射漫反射表面后干涉产生激光散斑图；也可由人工喷涂黑白漆散斑化的方法形成人工散斑图；或者直接利用某些材料表面的自然特征形成自然散斑图。

DIC 测量方法的误差包括相机标定误差、散斑质量误差、环境因素误差、噪声因素误差、算法误差[4]。如何在试验过程中尽量降低各个误差，是 DIC 测量方法能够成功测量的关键，工程实践表明，如果不能正确处理好各项误差对测量的影响，则 DIC 系统的实际测量精度将远低于理论精度。此外，DIC 方法对一些平面或变化平缓的曲面测量效果较好，对一些在变形过程中产生较大位移的几何形状复杂的试验件进行测量时，测量结果有时不够令人满意。

DIC 测量方法目前在航天器结构变形测量中得到了广泛应用。例如，在 NASA 兰利研究中心，DIC 测量方法从小型的材料级试验到航天器全尺寸变形测量都得到应用，包括全尺寸的储箱屈曲试验测试、火星探测器着陆隔热层的变形测量等。DIC 测量方法在我国航天领域也有不少应用，如某航天器高稳定结构变形测量[5]、某相机安装平台和载荷适配结构变形测量[6]、太阳电池阵变形测量[7] 等。

DIC 测量方法的另外一个非常重要的用途是对有限元模型的修正[8]。将测量得到的全场变形与有限元计算结果对比，可以检验和修正有限元模型。因为在发射过程中一块泡沫击穿了机翼,2003 年,哥伦比亚号航天飞机在返回时解体,NASA 的有限元模型未能正确评估这一危险。在航天飞机随后的重返飞行计划时,NASA 根据 DIC 测量数据对其 FEA 的准确性进行了验证。

16.3.2　数字近景摄影测量法

摄影测量在工业测量和工程测量中的应用一般称为非地形摄影测量。其中,近景摄影测量(close range photogrammetry)是指测量范围小于 100 m、相机布设在物体附近的摄影测量。将以数字相(像)机为图像采集传感器,并对所摄图像进行数字处理的近景摄影测量称为数字近景摄影测量[9]。

数字近景摄影测量是通过在不同的位置和方向获取同一物体的 2 幅以上的数字图像,经计算机图像匹配等处理及相关数学计算后得到待测点精确的三维坐标。二维影像在像平面坐标系中是二维坐标值,但在摄影测量坐标系中可以利用摄影焦距参数将像点坐标转换成目标点的两个角度观测值,因而测量原理和经纬仪测量系统一样,均是三角形交会法。

摄影测量主要依靠对被测物上非连续的目标点测量来获取被测面形数据,测量时首先要在被测物上布置测点,通常采用定向回光反射标志点,然后用一台或多台相机从不同角度对物体拍照,再利用图像处理程序获得被测物上目标点的坐标。对于 10 m 范围内的物体,摄影测量精度可以达到 $60 \sim 80 \ \mu m$[10]。

数字近景摄影测量系统主要特点如下[11-12]:

① 非接触式测量。

② 被测对象大小不受限制。

③ 测量点数不受限制。

④ 对现场摄影的空间要求极低(最小只需 0.2 m)。

⑤ 现场摄影时间很短,几乎不受温度等变化的影响。

⑥ 对于双(多)相机系统,场地不稳定(如振动)或被测物不稳定(抖动、变形)均可以进行测量。

数字近景摄影测量已用于天线型面测量[13]、太阳电池阵变形测量[14]、詹姆斯·韦布空间望远镜(The James Webb Space Telescope,JWST)的集成有效载荷平台结构在常温和低温(约 35 K)环境下的变形测量试验[15]、普朗克望远镜和赫歇尔望远镜变形测试[16-17]等。

16.3.3　激光跟踪测量法

激光跟踪仪为一个球坐标测量系统,其测量原理为空间中某被测点通过测量极径 L 和两个方位角 α 和 β,即可确定被测点 P 的空间坐标。测量坐标系如图 16.2 所示。

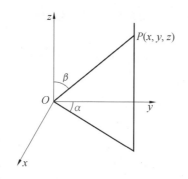

图 16.2　激光跟踪仪测量坐标系

对极径 L 的测量是借助靶球实现的,通过激光跟踪仪发出的光束与打到靶球上返回的光束进行干涉测距。在对靶球的测量过程中,若照射到目标反射镜上的光偏离目标反射镜的中心点,则光电元件就会输出差动电信号,该信号经放大后,通过伺服控制回路控制电机带动转镜转动,使照射到目标反射镜的光束方向发生变化,直至入射光通过目标反射镜中心为止。因此,利用扫描测头配合激光跟踪仪对目标不同状态、不同工况进行扫描测量,对比前后状态扫描外形尺寸的变化,可以实现大型尺寸变形测量。

激光跟踪测量系统有着测量精度高、测量范围大、可动态测量、实时快速、便携等优点,可实现大型结构 $10 \sim 100\ \mu m$ 级变形测量。

激光跟踪仪可进行天线型面变形测量、大型结构部件及大型舱段的变形测量[18]、光学镜面型面测量[19] 等。

16.3.4　激光干涉测量法

激光干涉测量法是以激光作为光源,以激光波长或者激光频率为基准,利用光的干涉原理进行精密测量的方法。该方法具有很高的灵敏度和精度,广泛应用于位移、长度、角度等的变化及振动方面的测量。双频激光干涉仪是一种以波长作为检测标准对被测长度进行度量的仪器,相对于单频激光干涉仪,其具有更高的精度,对环境的适应能力更强。双频激光干涉仪是公认的长度测量标准,其测量分辨率和精度可以达到纳米级。

激光干涉测量法目前广泛应用于各类材料和结构的热膨胀系数测试[20—21]。

16.3.5　电子散斑干涉测量法

将电子视频技术与散斑成像相结合可以测量被测物体表面的粗糙度、位移以及变形,这种技术被称为电子散斑干涉测量法(Electronic Speckle Pattern Interferometry,ESPI 或 Digital Speckle Pattern Interferometry,DSPI)。

早期的散斑干涉测量只能判断物体表面变形或位移的大小,但不能判断位移变形的方向,而且对振动的影响非常敏感。在实践中,在散斑照相机镜头前放置一个小角度的玻璃楔块,光线通过此玻璃将产生偏折。由于物体表面被激光(相干光)照明使得由于错位产生的两幅剪切图像相互干涉而形成了一个包含随机干涉图样的剪切散斑场,其条纹与位移的导数而不是位移相对应,因此可以判断位移和变形的方向。这种测量方法称为剪切散斑干涉或错位散斑干涉。

经过近四十年的研究和发展,电子散斑干涉测量法已经成为一种比较成熟的高精度无损计量技术。现在,电子散斑干涉测量法已广泛应用于振动、位移、形变、断裂及粗糙度等的测量,成为无损计量领域的有效工具。电子散斑干涉测量法测试的测试件的热变形具有高精度、全场性、非接触、实时性、高灵敏度和相对测量等特点,无须对温差进行精确测量,对试件的形状和尺寸没有特殊限定,对试件表面无须特殊处理。

电子散斑干涉测量法测量精度高,特别适合对材料进行 CTE 测试[22]。

16.3.6 经纬仪测量法

经纬仪准直时将物镜调焦到无穷远,准直灯发出激光束通过分划板中心平行照射到反射镜上,经反射再聚焦于分划板。人眼通过目镜观测反射光聚焦点与分划板的偏离情况,调节经纬仪竖直和水平码盘的手轮使聚焦点与分划板中心重合,再根据码盘读出准直方向与铅锤轴、水平轴的夹角。经纬仪测量系统一般由两台或者两台以上的经纬仪组成,基于前方交会原理实现空间三维坐标测量。

经纬仪测量系统具有测量范围较大、非接触、测量精度较高等优点。这些优点使得经纬仪测量系统广泛应用于大型结构[23-24]、大尺寸的面特征和单点坐标测量等领域。

16.3.7 传感器测量法

尽管尺寸稳定性测量中推荐优先使用非接触式测量,但受到各种客观因素的影响,有时还不得不使用接触式测量方法,本节介绍的传感器测量法则属于这一类。

传感器测量法是通过在被测物体表面粘贴传感器,当物体变形时传感器随之发生相同的形变,从而影响输出信号的变化。通过检测输出信号的变化量来测量物体表面的变形量。根据被测产品的特性可选用不同的传感器,测量精度一般在 $0.1 \sim 10 \, \mu m$。

1. 光纤光栅传感器

光纤光栅传感器是利用掺杂光纤天然的紫外光敏特性,将呈空间周期性分布的强紫外激光照射掺杂光纤,从而使掺杂光纤的纤芯折射率沿轴向周期性分布,得到一种芯内位相光栅,即光纤光栅,其中的短周期光纤光栅也称为光纤光栅(Fiber Bragg Grating,FBG)。根据 FBG 衍射原理,当多种波长的光束由光纤内入射到 FBG 上时,只有某一个波长的光被 FBG 反射,使其沿原路返回,其余所有波长的光都无损失地穿过 FBG 继续向前传输。

被 FBG 反射的波长称为布拉格波长,它由 FBG 的栅距及有效折射率决定。当 FBG 受外界温度或应变影响时,栅距或有效折射率发生变化,被 FBG 反射的布拉格波长亦产生相应变化;如果将 FBG 嵌入结构内部或刚性粘贴在结构表面上时,结构的应变或温度变化都会引起 FBG 的布拉格波长变化,因此可以通过监测 FBG 的反射波长实现结构的应变与温度监测。

光纤光栅传感器可在产品制造时埋入产品内部,对产品性能影响较小。光纤光栅传感器既可用于地面测量,也可用于在轨测量,是未来比较有前景的变形测量方式[25—26]。

2. 光电位置敏感探测器

光电位置敏感探测器(Position Sensitive Device,PSD)是一种基于非均匀半导体横向光电效应的、对入射光或粒子位置敏感的光电器件。与摄影测量不同的是,PSD 是一种连续型的模拟器件,克服了阵列型器件分辨率受像元尺寸限制的缺陷。PSD 的基本结构类似于光电二极管,一般的制作方法是在半导体衬底表面扩散或注入杂质形成 PN 结,并在扩散面的侧面形成电极,当光敏面被非均匀光照射时,由于横向光电效应,在平行于结平面的方向形成电势差,光生电流在扩散层被分流,通过电极收集电流,由于从电极输出的电流与入射光斑的重心位置相关,根据输出的电流能连续、直接地检出入射光斑的重心位置。

3. 电容传感器

电容传感器由可变电容量的电容器和相应的测量电路组成,通过将被测非电量变化转换为电容量变化,经电路处理转换为电压输出值的检测装置。由于电容传感器具有结构简单、体积小、灵敏度高,可实现非接触测量,并能在高温、强烈振动等恶劣工况下工作等一系列优点而广泛用于各种测量系统,在测量领域中具有十分重要的地位。电容传感器可精确检测位移、加速度、角度等多种几何、物理量,同时在压力、液位、成分含量等方面的测量中也发挥着重要作用。

4. 电阻传感器

电阻传感器是把位移、力、压力等非电物理量转换为电阻值变化的传感器。其工作原理是当有外力时,金属变细变长,则电阻值增加,若变粗变短,则电阻值减小。如果发生应变的物体上安装金属电阻,当物体伸缩时,金属体也按一定比例发生伸缩。电阻传感器主要包括电阻传感器、电位器式传感器等。

本章参考文献

[1] PAN B，QIAN K，XIE H，et al. Topical review：two-dimensional digital image correlation for in-plane displacement and strain measurement：a review[J]. Measurement Science & Technology，2009，20(6)：152-154.

[2] LUO P F，CHAO Y J，SUTTON M A，et al. Accurate measurement of three-dimensional deformations in deformable and rigid bodies using computer vision[J]. Experimental mechanics，1993，33(2)：123-132.

[3] 陈凡秀,陈旭,谢辛,等.多相机 3D－DIC 及其在高温变形测量中的应用[J]. 实验力学,2015,30(2):157-164.

[4] 钟俊杰,邵珩,聂中原,等.三维数字图像相关系统及其应用研究[J].新技术新工艺,2020(4):54-59.

[5] 陈翠圆. 面向航天器高稳定结构空间环境下变形测量技术研究[D]. 廊坊:北华航天工业学院,2019.

[6] 丁健,罗文波,袁宝峰,等.数字图像相关测量方法及其在航天器结构微变形测量中的应用[J].计量学报,2017,38(S1):89-93.

[7] 潘浩.太阳电池阵在工作温度环境中的应变 DIC 分析[D].南京:南京航空航天大学,2020.

[8] MUSIA S，NOWAK M，MAJ M. Stress field determination based on digital image correlation results[J]. Archives of Civil and Mechanical Engineering，2019，19(4):1183-1193.

[9] 于江,蒋山平,杨林华.基于数字近景摄影测量的天线变形测量[J].航天器环境工程,2008,25(1):56-58.

[10] 肖庆生,蒋山平,许杰,等. 摄影测量技术及其在航天器变形测量中的应用[J]. 航天器环境工程,2014(6):651-656.

[11] EDESON R，MORRIS N，TATNALL A，et al. Dimensional stability testing on a space optical bench structure[J]. AIAA journal，2009，47(1)：219-228.

[12] SIRLIN S W，LASKIN R A. Micro-precision control structure interaction technology for large optical space systems[J]. NASA N93-18826，1993，2：115-131.

[13] CHODIMELLA S，MOORE J，OTTO J，et al. Design evaluation of a large aperture deployable antenna[C]//47th AIAA/ASME/ASCE/AHS/

ASC Structures，Structural Dynamics，and Materials Conference 14th AIAA/ASME/AHS Adaptive Structures Conference 7th，2006：1603.

[14] BLACK J，PAPPA R. Photogrammetry and videogrammetry methods for solar sails and other gossamer structures[C]//45th AIAA/ASME/ASCE/AHS/ASC Structures，Structural Dynamics & Materials Conference，2004：1662.

[15] HAGOPIAN J G，OHL R，BOS B，et al. Optical alignment and test of the James Webb Space Telescope Integrated Science Instrument Module [C]//2007 IEEE Aerospace Conference，Piscataway，NJ：IEEE，2007：1-13.

[16] DOYLE D，PILBRATT G，TAUBER J. The herschel and planck space telescopes[J]. Proceedings of the IEEE，2009，97(8)：1403-1411.

[17] ROLO L，PARIAN J A，DOYLE D，et al. Terahertz antenna technology and verification：herschel and planck [J]. IEEE Transactions On Microwave Theory And Techniques，2010，58(7)：2046-2063.

[18] 刘建新，马强，杨再华. 激光跟踪测量系统及其在航天器研制中的应用 [J]. 航天器环境工程，2008(3)：286-290，200.

[19] ZOBRIST T L，BURGE J H，MARTIN H M. Accuracy of laser tracker measurements of the GMT 8.4-m off-axis mirror segments[C]//Modern Technologies in Space-and Ground-based Telescopes and Instrumentation，Bellingham，WA：SPIE，2010，7739：280-291.

[20] GOLDEN C，SPEAR E. Requirements and design of the graphite/epoxy structural elements for the Optical Telescope Assembly of the Space Telescope[C]. Danbury，CT：AIAA，SPIE，1833.

[21] 范开果. 激光干涉法测量材料线膨胀系数的实验研究[D]. 北京：北京工业大学，2007.

[22] RESTREPO R，URIBE-PATARROYO N，GARRANZO D，et al. Electronic speckle pattern interferometry technique for the measurement of complex mechanical structures for aero-spatial applications [C]//Speckle 2010：Optical Metrology，Bellingham，WA：SPIE，2010，7387：386-397.

[23] 任春珍，季宇，孙刚. 陀螺经纬仪在大型航天产品精测中的应用[J]. 航天器环境工程，2011，28(6)：632-635.

[24] 刘建新. 飞船精度测量技术方案及评定[J]. 航天器工程，2007，16(3)：106-113.

[25] PARK Y, KWON H, SHRESTHA P, et al. Investigation of LEO environment exposure monitoring potential using embedded FBG sensors [C]//2017 25th Optical Fiber Sensors Conference (OFS), Piscataway, NJ: IEEE, 2017: 1-4.

[26] AGGOGERI F, MERLO A, PELLEGRINI N. Modeling the thermo-mechanical deformations of machine tool structures in CFRP material adopting data-driven prediction schemes [J]. Mechatronics, 2020, 71:102436.

第 17 章

尺寸稳定结构技术发展展望

17.1　概　　述

尺寸稳定结构技术的难点在于工程实现。理论上,可以设计一个零膨胀结构,用纳米级精度的测量系统对其变形进行测量,似乎一切都比较简单,解决了所有的理论问题,这也是尺寸稳定结构设计在工程中往往会被轻视的原因。但实际情况是,零膨胀结构可能根本就制造不出来,那些实验室里号称纳米级精度的测量系统在工程现场的实际测量精度可能连微米级都不到,如果不能解决工程实现问题,尺寸稳定结构的设计就只能永远处于纸上谈兵状态。实现高水平尺寸稳定结构的设计还有很多实际问题需要解决,例如激光干涉仪空间天线(Laser Interferometer Space Antenna,LISA)镜面支撑结构要求热膨胀系数为 10^{-8} 量级,但产品的试验测量结果为 10^{-6} 量级,两者相差了 2 个数量级[1],NASA 在 2020 年将可控 CTE 材料研究列入专项[2]。本章主要介绍尺寸稳定结构技术的发展需求。

17.2　对不确定性研究的需求

17.2.1　不确定性的重要性

不确定性对尺寸稳定性具有非常明显的影响,且贯穿设计、分析和试验验证的各个环节。可以说,就航天器结构设计中涉及的各项功能而言,尺寸稳定性是最容易受到不确定性影响的设计项目。并且,尺寸稳定性指标越高,往往不确定性影响越明显,可以说,未来的高精度尺寸稳定性设计如果不考虑不确定性的影响,其工程实现不能满足设计要求的风险将大大提高。文献[1]中设计与试验之间出现的差异,一方面可能来自设计的偏差,另一方面也可能来自测量的误差,无论是前者还是后者,抑或是兼而有之,不确定性的影响在高精度尺寸稳定结构设计中的影响是真实存在的。

17.2.2　设计中的不确定性

本书第11章对尺寸稳定结构设计中的不确定性传递特性进行了阐述,结合本书和其他研究者的当前成果看,如何将尺寸稳定性中不确定性因素作为设计约束,将不确定性与尺寸稳定性指标进行关联,还缺乏一些比较深入的研究。就国内研究状况看,还需要在如下方面开展研究。

1. 材料不确定性研究

当前缺乏材料的不确定性统计特性数据,材料不确定性的分布规律和统计特征的研究不能满足设计的需要,如在不同的文献中,材料特性的随机分布有正态和威布尔等不同的类型,方差也有 5%、8% 和 10% 等不同的假设。需要根据我国当前航天器材料的实际应用情况,建立我国自己的材料特性库和不确定性分布模型,这是后续将不确定性因素引入尺寸稳定结构设计环节的关键。

2. 由不确定性产生的反要求

由尺寸稳定性指标导出对材料不确定性的反要求,从而从源头上使不确定性控制在可接受的范围内,目前的研究还比较薄弱。这个反要求能否实现,与最终产品能否满足要求直接相关。如果生产厂家对材料离散性的控制不能满足要求,则最终交付的尺寸稳定结构产品可能面临不满足设计要求的风险。

17.2.3　分析中的不确定性

1. 算法与资源

不确定性的传递存在多种分析方法,这些方法的选择受到计算资源、不确定性的认知程度、计算时间等多方面的限制,如何选择合适的计算方法,目前缺乏一些对工程有指导意义的准则。例如,当可以确定材料不确定性的分布规律和统计特征参数时,采用蒙特卡洛分析可以得到比较精确的尺寸稳定性指标的不确定性分布规律,但精确测定材料参数离散分布本身就是耗时耗力的工作;而如果对分布要求不是很精确,仅知其范围,则可以采用区间分析的方法计算不确定性传递,但区间分析得到的离散性往往又大大高于蒙特卡洛分析的离散结果,依据这一结果对材料离散性提出的要求可能过高,甚至在工程上无法实现。如何平衡可用资源与最终结果的工程适应性,还有很多工作可以做。

2. 精度与效率

不确定性分析在工程中不能广泛应用的一个原因是计算效率问题,蒙特卡洛方法精度高是众所周知的,但其计算耗时也最高,对于每次计算都要调用大型计算程序(如有限元计算)的蒙特卡洛分析来说,计算时间可能是工程实际中无法接受的,这限制了其使用。如何降低计算量的同时,还保证可以接受的精度,是需要研究的方向。本书将近似模型代替原始复杂模型是一个方向,但仍有待进一步深入研究其对尺寸稳定性问题的适用程度。

17.2.4   试验验证中的不确定性

试验验证中的不确定性是广义的,泛指测量过程中的各种干扰对测量结果的影响。

随着测量技术的发展,产生了各种高精度的测量技术,如对位移的纳米级精度测量已有多种成熟的商业产品,但实际测量过程中,温度、光照和振动等各种环境因素,都会对测量结果产生干扰,这些干扰使最终的测量精度可能有数量级的降低。如果这些干扰不能排除或者不能通过数据处理的方法剔除,则测量结果是不可信的。此外,有些尺寸稳定性指标是通过其他的测量间接计算得到的,计算的误差也需要予以考虑。目前工程中常见的错误认识包括:① 以单个测量仪器的精度代替测量系统的精度;② 以实验室精度代替试验现场精度;③ 不进行试验环境干扰的量化评估。

从单个测量仪器的精度出发,综合评估测量系统(包含环境因素)的实际精度,目前在航天器尺寸稳定结构的试验验证中,还有很多工作要做。

17.3   高精度多学科计算需求

1. 高精度需求

航天器尺寸稳定性的要求越来越高,如 LISA 的变形控制精度是皮米级,这对当前的计算精度提出了挑战。当前普遍采用的机热模型单独建模然后通过温度场映射进行变形分析的过程,已不能满足高精度尺寸稳定结构分析的要求,采用单一模型进行多学科分析的需求日益迫切。但单一模型在兼顾机热分析精度的同时,必然大大增加求解时间,如何解决计算量与精度之间的矛盾,还有很多工作需要开展。

2. 双向耦合需求

当前的多学科分析大多数是单向的，没有双向的耦合效应。例如机热耦合分析时，首先计算温度场，然后将温度场映射到结构模型上，计算热变形，热变形的结果不会影响温度场的变化，但对一些结构，热变形引起的变形可能对后续的温度场分布产生影响，如果计算时仅仅考虑单向耦合，势必引入计算误差。双向耦合与单一模型问题类似，也需要权衡计算精度与计算量之间的冲突。能够获得一个平衡点是解决问题的关键。

17.4　在轨测量及状态反演技术需求

1. 在轨测量需求

就目前已发射的绝大部分有尺寸稳定性要求的航天器而言，实际在轨变形状态基本上是未知的。尺寸稳定结构是否满足指标可以明确，但对于满足指标的设计还有多大的余量很难确切知晓；同样，如果指标不满足，还有多少改进就能满足指标，也无法确认。获得在轨变形测量数据对尺寸稳定性的在轨指标确认、设计完善和在轨故障诊断具有重要意义。目前的在轨测量基本上是以健康检测为目的，以尺寸稳定性为目的的测量极少。就目前研究进展而言，采用光纤光栅是比较有前景的测量方式[3]。

2. 变形反演需求

进行在轨变形测量非常必要，但一方面限于在轨资源有限；另一方面，有些尺寸稳定性指标可能无法测量，如载荷安装面的法线指向，很难在轨测量。此时需要通过其他的在轨测量数据，对变形或者尺寸稳定性指标进行反演。可以通过地面试验、仿真分析或在轨标定，建立以在轨可测物理量为输入，尺寸稳定性指标为输出的数学模型，然后以建立的模型进行实际在轨尺寸稳定性指标计算。在轨可测物理量可以是结构的变形，也可能是温度、电压等非机械量。本书第14章的工作还只是一个比较初步的尝试，后续还有很多工作需要开展。

一旦建立了反演计算模型，就可以对在轨尺寸稳定性指标进行实时计算，甚至直接根据预测结果，对航天器尺寸稳定性进行主动控制，这为尺寸稳定结构的主动控制提供了更多的可能。

本章参考文献

［1］ MACHADO J C，HEINRICH T，SCHULDT T，et al. Picometer resolution interferometric characterization of the dimensional stability of zero CTE CFRP［C］//Advanced Optical and Mechanical Technologies in Telescopes and Instrumentation，Bellingham，WA：SPIE，2008，7018：1174-1185.

［2］ MIRANDA D. 2020 NASA Technology Taxonomy［EB/OL］.［2022-07-13］. https：//ntrs. nasa. gov/api/citations/20200000399/downloads/20200000399. pdf.

［3］ 罗为，曹俊豪，卢孜筱，等. 航天器结构变形在轨自主测量技术进展［J］. 无人系统技术，2020，3(5)：54-59.

名词索引

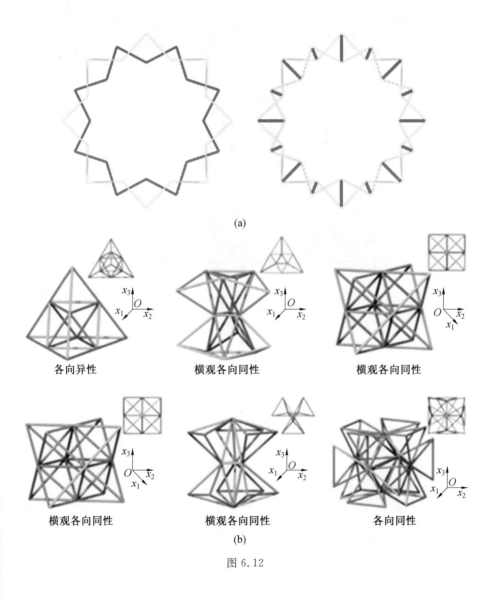

(a)

各向异性　　　　　横观各向同性　　　　　横观各向同性

横观各向同性　　　　　横观各向同性　　　　　各向同性

(b)

图 6.12

航天器尺寸稳定结构设计与验证

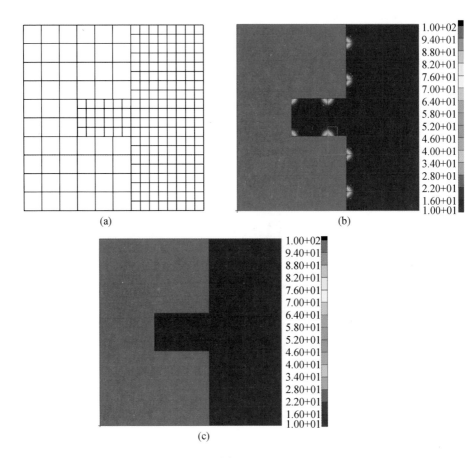

(a)

(b)

(c)

图 10.3

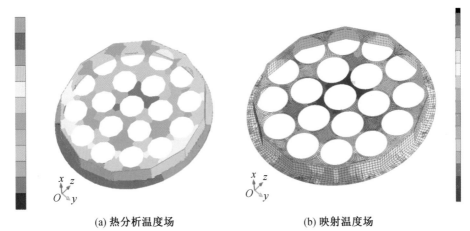

(a) 热分析温度场

(b) 映射温度场

图 10.5

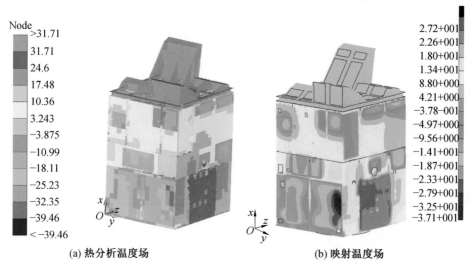

(a) 热分析温度场　　　　　　　　(b) 映射温度场

图 10.6

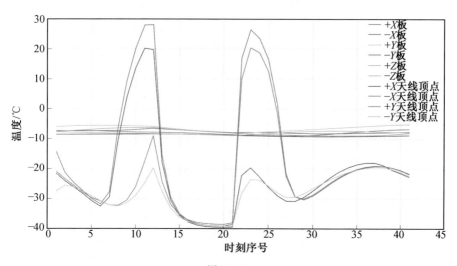

图 12.2

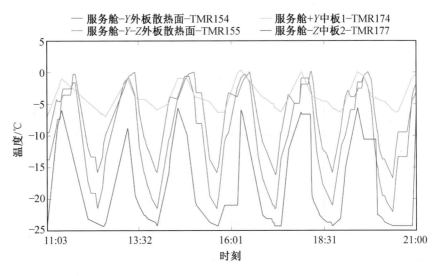

图 13.1

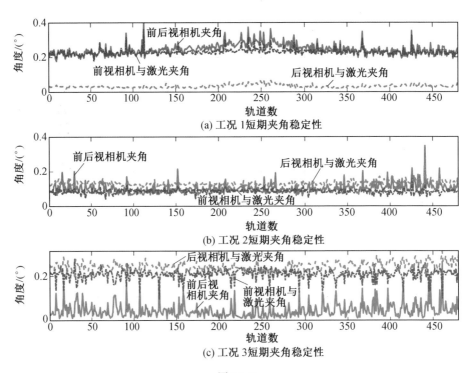

(a) 工况 1短期夹角稳定性

(b) 工况 2短期夹角稳定性

(c) 工况 3短期夹角稳定性

图 13.6